U0350877

生态农业丛书

国家出版基金项目
NATIONAL PUBLICATION FOUNDATION

生态林业工程研究与展望

王百田　沈国舫 等　著

科 学 出 版 社
龙 门 书 局
北　京

内 容 简 介

本书紧密结合我国生态林业工程实践，系统地介绍了生态林业工程的基本理论、国内外生态林业工程建设与研究的最近进展，论述了生态林业工程建设的重点区域（山丘区、平原区、风沙区、石漠化区、河岸缓冲带及沿海）生态林建设的技术，最后，在对前期生态林业工程建设经验与研究成果总结的基础上，提出了今后生态林业工程建设的调整方向及未来的发展趋势。

本书可供从事生态林业工程、生态农业工程、生态环境工程、水土保持、荒漠化防治、生态修复及土地整理的工程技术、科研人员、管理人员及大专院校师生阅读参考。

图书在版编目（CIP）数据

生态林业工程研究与展望 / 王百田等著. —北京：龙门书局，2024.1
（生态农业丛书）
国家出版基金项目
ISBN 978-7-5088-6362-7

Ⅰ. ①生… Ⅱ. ①王… Ⅲ. ①林业-生态工程-研究 Ⅳ. ①S718.5

中国国家版本馆 CIP 数据核字（2023）第 236747 号

责任编辑：吴卓晶 柳霖坡 / 责任校对：马英菊
责任印制：肖 兴 / 封面设计：东方人华平面设计部

科学出版社
龙门书局 出版
北京东黄城根北街 16 号
邮政编码：100717
http://www.sciencep.com

北京中科印刷有限公司 印刷
科学出版社发行 各地新华书店经销

*

2024 年 1 月第 一 版 开本：720×1000 1/16
2024 年 1 月第一次印刷 印张：16 3/4
字数：340 000
定价：169.00 元
（如有印装质量问题，我社负责调换）
销售部电话 010-62136230 编辑部电话 010-62143239（BN12）

生态农业丛书
序　言

　　世界农业经历了从原始的刀耕火种、自给自足的个体农业到常规的现代化农业，人们通过科学技术的进步和土地利用的集约化，在农业上取得了巨大成就，但建立在消耗大量资源和石油基础上的现代工业化农业也带来了一些严重的弊端，并引发一系列全球性问题，包括土地减少、化肥农药过量使用、荒漠化在干旱与半干旱地区的发展、环境污染、生物多样性丧失等。然而，粮食的保证、食物安全和农村贫困仍然困扰着世界上的许多国家。造成这些问题的原因是多样的，其中农业的发展方向与道路成为人们思索与考虑的焦点。因此，在不降低产量前提下螺旋上升式发展生态农业，已经迫在眉睫。低碳、绿色科技加持的现代生态农业，可以缓解生态危机、改善环境和生态系统，更高质量地促进乡村振兴。

　　现代生态农业要求把发展粮食与多种经济作物生产、发展农业与第二三产业结合起来，利用传统农业的精华和现代科技成果，通过人工干预自然生态，实现发展与环境协调、资源利用与资源保护兼顾，形成生态与经济两个良性循环，实现经济效益、生态效益和社会效益的统一。随着中国城市化进程的加速与线上网络、线下道路的快速发展，生态农业的概念和空间进一步深化。值此经济高速发展、技术手段层出不穷的时代，出版具有战略性、指导性的生态农业丛书，不仅符合当前政策，而且利国利民。为此，我们组织编写了本套生态农业丛书。

　　为了更好地明确本套丛书的撰写思路，于 2018 年 10 月召开编委会第一次会议，厘清生态农业的内涵和外延，确定丛书框架和分册组成，明确了编写要求等。2019 年 1 月召开了编委会第二次会议，进一步确定了丛书的定位；重申了丛书的内容安排比例；提出丛书的目标是总结中国近 20 年来的生态农业研究与实践，促进中国生态农业的落地实施；给出样章及版式建议；规定丛书撰写时间节点、进度要求、质量保障和控制措施。

　　生态农业丛书共 13 个分册，具体如下：《现代生态农业研究与展望》《生态农田实践与展望》《生态林业工程研究与展望》《中药生态农业研究与展望》《生态茶业研究与展望》《草地农业的理论与实践》《生态养殖研究与展望》《生态菌物研究与展望》《资源昆虫生态利用与展望》《土壤生态研究与展望》《食品生态加工研究与展望》《农林生物质废弃物生态利用研究与展望》《农业循环经济的理论与实践》。13个分册涉及总论、农田、林业、中药、茶业、草业、养殖业、菌物、昆虫利用、土壤保护、食品加工、农林废弃物利用和农业循环经济，系统阐释了生态农业的理论研究进展、生产实践模式，并对未来发展进行了展望。

　　本套丛书从前期策划、编委会会议召开、组织撰写到最后出版，历经近4年的时间。从提纲确定到最后的定稿，自始至终都得到了李文华院士、沈国舫院士和刘旭院士等编委会专家的精心指导；各位参编人员在丛书的撰写中花费了大量的时间和精力；朱有勇院士和骆世明教授为本套丛书写了专家推荐意见书，在此一并表示感谢！同时，感谢国家出版基金项目（项目编号：2022S-021）对本套丛书的资助。

　　我国乃至全球的生态农业均处在发展过程中，许多问题有待深入探索。尤其是在新的形势下，丛书关注的一些研究领域可能有了新的发展，也可能有新的、好的生态农业的理论与实践没有收录进来。同时，由于丛书涉及领域较广，学科交叉较多，丛书的撰写及统稿历经近4年的时间，疏漏之处在所难免，恳请读者给予批评和指正。

生态农业丛书编委会

2022年7月

前　言

　　从 1978 年国家启动三北防护林工程以来，我国生态林业工程建设已经伴随改革开放走过了 40 多年，历经了从十大防护林工程到六大重点林业生态工程，再到"一圈三区五带"的发展格局，进入山水林田湖草沙系统治理的新时代，生态优先的理念已深入人心。发展绿色生态产业是农林牧可持续发展的根本，生态林业不仅可以为农林牧业的发展提供优良的生态环境，而且还是我国生态环境修复的主体工程。

　　《生态林业工程研究与展望》作为生态农业丛书的一个分册，以生态学和生态工程方法为基础，按照不同区域生态环境的特点和差异性，紧密结合我国生态林业工程建设的实际，探讨了我国生态林业工程的特点，论述了不同类型生态林业工程的建设技术，对我国生态林业工程未来的发展进行了展望。本书将学术与科普相结合，科学理论与普适技术相结合，技术方法与典型案例相结合，以此向读者提供理论与实际相结合的专业读物，达到推广普及生态林业工程科技知识、指导技术实践的目的。

　　本书是在沈国舫院士的指导下完成的。所有撰写人员都是长期从事生态林业工程科研和教学的一线人员，主持过国家级和省部级相关科研项目，编委会主任曾获得国家级和省部级科技奖励。沈国舫院士审定了编写大纲，确定了全书内容，提出了稿件的修改意见，为本书的完成奠定了基础。北京林业大学王百田教授和沈国舫院士负责第 1 章、第 2 章、第 3 章、第 7 章和第 9 章的撰写，肖辉杰教授负责第 4 章的撰写，周金星教授和宁夏大学庞丹波助理研究员负责第 5 章和第 6 章的撰写，广东省林业科学研究院张卫强研究员、李一凡博士和李文娟工程师负责第 8 章的撰写。最后，由王百田教授和沈国舫院士完成全书统稿。博士研究生赵耀、刘涛参与了资料整理工作。

　　本书在撰写过程中，引用了大量珍贵的文献资料及研究成果，在此对文献的作者致以真诚的谢意。

　　本书由"十二五"国家科技支撑计划项目"林业生态科技工程"（项目编号：2015BAD07B00）和国家出版基金项目（项目编号：2022S-021）资助。

　　我国生态林业工程建设自中华人民共和国成立以来已经取得了举世瞩目的成

就，其工程建设的理论与技术成果丰硕，为本书的撰写奠定了基础。作者力图将国内外有关生态林业工程建设的新经验、新成果、新理论引入本书中，以反映生态林业工程建设与科研的水平，但是限于我们知识水平与实践经验，书中难免有不足和疏漏之处，衷心期望读者批评、指正。

《生态林业工程研究与展望》编委会

2022 年 12 月

目 录

第1章　绪论 ………………………………………………………… 1

  1.1　生态林业工程的概述 ……………………………………… 1

    1.1.1　生态林业工程的定义和内容 ………………………… 1

    1.1.2　生态林业工程的基础理论 …………………………… 4

    1.1.3　生态林业工程建设的任务 …………………………… 7

    1.1.4　生态林业工程特征 …………………………………… 8

  1.2　生态林类型与功能 ………………………………………… 8

    1.2.1　生态林类型 …………………………………………… 9

    1.2.2　生态林功能 …………………………………………… 11

  1.3　生态林业工程建设布局 …………………………………… 15

    1.3.1　生态功能分区与生态林业规划 ……………………… 15

    1.3.2　我国主要生态林业工程 ……………………………… 17

第2章　生态林业工程概况 ……………………………………… 20

  2.1　生态林业发展历史 ………………………………………… 20

    2.1.1　国外生态林业工程发展历史 ………………………… 20

    2.1.2　国内生态林业工程发展历史 ………………………… 24

  2.2　生态林业工程建设现状 …………………………………… 26

    2.2.1　生态林业工程建设规模 ……………………………… 26

    2.2.2　生态林业工程建设效果 ……………………………… 29

  2.3　生态林业研究现状及趋势 ………………………………… 31

    2.3.1　生态林业理论研究 …………………………………… 31

    2.3.2　生态林业技术研究 …………………………………… 33

第3章 山丘区生态林业工程··35

3.1 山丘区生态环境与生态林空间配置··········35
　3.1.1 山丘区农牧业生产特点··········35
　3.1.2 山丘区生态林类型··········42
　3.1.3 山丘区生态林空间配置··········43

3.2 黄土区生态林··········46
　3.2.1 生态环境特征··········46
　3.2.2 生态林配置与营造··········47

3.3 北方土石山区生态林··········56
　3.3.1 生态环境特征··········56
　3.3.2 生态林配置与营造··········57

3.4 黑土区生态林··········67
　3.4.1 生态环境特征··········67
　3.4.2 生态林配置与营造··········68

3.5 红壤紫色土区生态林··········73
　3.5.1 生态环境特征··········73
　3.5.2 生态林配置与营造··········74

第4章 平原区生态林业工程··84

4.1 农田防护林··········84
　4.1.1 农田防护林结构与功能··········85
　4.1.2 农田防护林配置与营造··········88

4.2 农林复合系统··········93
　4.2.1 农林复合经营··········93
　4.2.2 林下经济··········106

第5章 风沙区生态林业工程··113

5.1 风沙区生态环境特征··········113
　5.1.1 风沙区自然环境条件··········113
　5.1.2 风沙运动基本规律··········116

5.2 风沙防护林··········120
　5.2.1 防风固沙林··········120
　5.2.2 绿洲防护林··········125
　5.2.3 锁边林··········129
　5.2.4 典型风沙区综合治理模式··········130

5.3 草牧场防护林 ·· 133

    5.3.1 防护林空间配置与结构 ·· 134

    5.3.2 绿篱围栏与空中牧场 ·· 136

    5.3.3 庇护林 ·· 142

第 6 章 石漠化区生态林业工程 ··· 144

6.1 石漠化过程及影响要素 ··· 144

    6.1.1 石漠化过程 ··· 144

    6.1.2 石漠化的危害 ·· 149

    6.1.3 石漠化的成因 ·· 151

6.2 石漠化生态修复模式 ··· 154

    6.2.1 工程模式 ·· 154

    6.2.2 生物治理模式 ·· 156

    6.2.3 其他治理模式 ·· 160

6.3 生态林营造技术 ··· 162

    6.3.1 农田复合生态林营造技术 ··· 163

    6.3.2 生态修复林营造技术 ·· 166

第 7 章 河岸缓冲带生态林业工程 ·· 172

7.1 农业面源污染 ·· 172

    7.1.1 主要污染物 ··· 172

    7.1.2 污染物迁移运转规律 ·· 174

7.2 河岸缓冲带的作用 ·· 175

    7.2.1 污染物与泥沙的清除 ·· 175

    7.2.2 生态效果 ·· 182

7.3 河岸缓冲带结构与营造 ·· 185

    7.3.1 河岸缓冲带生态林结构 ·· 185

    7.3.2 河岸缓冲带生态林营造与管理 ··· 191

第 8 章 沿海生态林业工程 ··· 198

8.1 海岸防护林作用 ··· 198

    8.1.1 沿海主要灾害 ·· 198

    8.1.2 沿海生态林的防灾效果 ·· 202

8.2 海岸防护林营造 ··· 205

    8.2.1 海岸类型与特点 ·· 205

　　　　8.2.2　海岸林基本结构 ·· 207

　　　　8.2.3　海岸林营造技术 ·· 211

第9章　生态林业展望 ·· 222

　9.1　生态林业工程建设 ·· 222

　　　　9.1.1　山水林田湖草沙生态系统 ····································· 222

　　　　9.1.2　生态林营造技术 ·· 226

　9.2　生态林业工程研究 ·· 231

　　　　9.2.1　区域环境影响 ··· 231

　　　　9.2.2　复合生态系统 ··· 234

　　　　9.2.3　生态林业 ··· 235

参考文献 ··· 238

索引 ·· 250

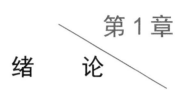

第1章

绪　论

从人类活动对自然界的影响来看，生态恶化源于毁林，生态改善始于兴林。目前人类所面临的生态环境问题，如温室效应、生物多样性锐减、水土流失、荒漠化扩大、土壤退化、水资源危机、大气污染等，都直接或间接与森林的破坏相关。在这样的大环境下，农业生产发展面临农田退化、面源污染、极端天气灾害等，进一步加剧了农田生态系统的脆弱性，制约了农业生产的可持续发展。森林植被能有效地调节气候、改善河川水文状况、维护农田生态平衡等，充分利用具有生态环境改善作用的生态林业工程建设，能为生态农业发展提供基础生态保障。

1.1　生态林业工程的概述

1.1.1　生态林业工程的定义和内容

1. 生态林业工程的定义

生态工程可简单地概括为生态系统的人工设计、施工和运行管理。生态工程是应用生态系统中物种共生与物质循环再生原理，结合系统工程最优化方法，设计的具有自我繁殖、自我更新、自我修复能力的分层多级利用物质的生态系统（钦佩 等，2008）。生态工程的目标就是在促进自然界良性循环的前提下，充分发挥物质与环境的生产潜力，防止环境污染与生态衰竭，达到提高生态效率、增加经济效益的目的。因此，它着眼于生态系统的整体功能与效率，追求系统的协调与综合调控，而不是单一因子和单一功能的解决；强调的是资源与环境的有效充分利用，而不是对外部高强度投入的依赖。它可以是纵向的层次结构，也可以发展成为由几个纵向工艺链索横向联系而成的网状工程系统。它是社会-经济-自然复合生态系统（马世骏和王如松，1984）。从理论上讲，生态工程主要包括3个方面的技术：一是资源利用技术，通过生态系统结构设计对能量与物质进行多级利用与转化，包括自然资源（如光、热、水、养、土、气）的多层次利用技术和作物秸秆等农业生产剩余物等非经济生物产品的多级利用技术；二是资源再生技术，把人类生活与生产活动中产生的有害废物，如生活中产生的污水、废气、垃圾、养殖场的排泄物等污染环境的物质，通过生态工程技术转化为人类可利用的经济产品或次级利用的原料；三是生态系统优化技术，是利用自然生态系统中生物种群之间共生、互生与抗生关系的技术，利用这些关系达到维持优化人工生态系统、提高系统产出效率的目的。1987 年马世骏和李松华联合主编了《中国的农业生态工程》一书，为生态工程的研究与应用奠定了基础；《应用生态工程学》（*Applications in Ecological Engineering*）中提出应当把生态工程与生物技术及生物工程、环境技术及环境工程加以区别，提出了应用于生态工程的 19 个生态学基本原理，总结了 33 个生态工程类型（Jørgensen，2009）。

林业是指培育、保护和开发利用森林资源的产业，是经济社会可持续发展的一项基础产业和公益事业，在生态建设和林产品供给上具有十分重要的作用。林业生产的基础是森林。森林培育是从林木种子、苗木、造林更新到林木成林、成熟和收获更新的整个过程中，按既定培育目标和自然规律所进行的综合培育活动。森林培育学的内容包括涉及培育全过程的理论问题，如森林立地和树种选择、森林结构及其培育、森林生长发育及其调控等基本理论问题，也包括培育全过程各个工序的技术问题，如林木种子生产和经营、苗木培育、森林营造、森林抚育及改造、森林主伐更新等（翟明普和沈国舫，2016）。森林培育可按林种区别不同的培育目标，技术体系应与培育目标相适应。森林培育是把以树木为主体的生物群落作为生产经营对象，其培育措施是以生物群落与其生态环境的辩证统一为基础，即所谓的适地适树。因此，对以树木为主的植物及其构成的群落与其生长的生态环境所具有的生物与生态特性有本质和系统的认识，成为森林培育必需的基础知识。

生态林业工程是生态工程的一个分支，涉及生态学、林学、水土保持荒漠化防治学、系统工程学等学科的理论与技术，充分利用森林植物及森林生态学系统的多种生态服务功能，目标是建设以木本植物为主体的生态工程，形成不同种类的复合生态系统，在区域或流域尺度上追求较高的生态效益、经济效益和社会效益。

因此，生态林业工程被定义为：根据生态学理论、林学理论，结合系统工程方法设计、建造与经营的以木本植物为主体的人工复合生态系统。其目的是保护、改善、修复生态环境与可持续利用自然资源，在较大范围内通过合理的空间配置、土地利用结构调整及与其他措施相结合，达到改善区域生态环境、为农牧业生产和国土生态安全提供保障的目的。

生态林业工程建设是随着林业发展战略转移、根据国家生态环境工程建设需求而对林业发展战略重新定位的结果，是防护林与防护林体系发展的必然结果（高志义，1997）。生态林业工程不仅是水土流失控制等生态环境治理的简单生物措施，更是从生态、环境与区域经济社会可持续发展的角度出发，综合农、林、牧不同土地利用类型，研究以森林植被为纽带的新的生态系统构建与管理的理论与技术。根据生态理论进行系统设计、规划和调控人工生态系统的结构要素、工艺流程、信息反馈关系及控制机构，可以在系统内获得较高的生态效益与经济效益，并在系统外产生显著的近邻空间溢出效应。

2. 生态林业工程内容

生态林业工程主要包括 5 个方面的内容。

（1）区域总体规划。生态林业工程区域总体规划，就是在平面上对一个区域的自然环境、经济、社会和技术因素进行综合分析，在现有生态系统的基础上，按照因地制宜、因害设防的原则，合理规划布局区域内的天然林和天然次生林、人工林，林业与农、牧、渔业的有机结合，以及林业与城乡、工矿生态景观绿化等不同结构构成的生态系统，使它们在平面上形成合理的镶嵌配置，构筑以森林为主体的或森林参与的区域复合生态系统的框架。

（2）物种组成设计。生物是生态系统中最活跃的组分，物种组成是生态系统中最重要的设计内容，其中生物与环境的辩证统一是设计的核心。要根据设计区域的环境条件与系统目标选择适宜的树种，要求所选择的树种在其生长发育过程中对环境具备较强的改良作用。合理的植物组成可以形成稳定的生物群落，产生较高的生态效益与经济效益。

（3）时空结构设计。时空结构设计是不同生态系统设计的重要内容，与物种设计一起形成生态林的森林群落结构。在空间上，就是立体结构设计，是通过对组成生态系统的物种与环境、物种与物种、物种内部关系的分析，在立体上构筑群落内物种间共生互利、充分利用环境资源的稳定高效的生态系统，通俗地说就是乔灌草结合、林农牧结合等；在时间上，就是利用生态系统内物种生长发育的时间差别，合理安排生态系统的物种构成，使之在时间上能够充分利用环境资源。

（4）食物链结构设计。利用生态学中的食物链原理，通过系统内部植物、动物、微生物及环境间的系统优化组合，设计出低耗高效的生态系统。从初级产品到产品的中间利用、再加工、资源的循环利用，使生态林业工程所建立的区域或流域生态系统的资源与环境得到充分利用以增加产出多样性，是提高生态系统效率与稳定性的生态林业工程设计的重要技术内容。

（5）特殊生态工程设计。特殊生态工程是指建立在特殊环境条件基础上的生态林业工程，主要包括工矿区生态林业工程、城市（镇）生态林业工程、严重退化的劣地生态工程（如盐渍地、流动沙地、崩岗地、裸岩裸土地、陡峭边坡）。由于环境的特殊性，必须采取特殊的工艺设计和施工技术才能完成生态林业工程的建设。

1.1.2 生态林业工程的基础理论

生态林业工程作为一个独立的生态工程领域，具有一般生态工程的共性，也具有以木本植物为主体生态系统的独特性，既蕴含古代朴素的哲学思想，也是现代生态和工程理论渗透交叉融合的结果。"共生、自生、多样性、平衡"的生态思想与"整体、协调、循环、再生"的系统思想是生态学与工程学的有机结合点。以木本植物为主体和纽带建立的生态林业工程，必须考虑森林群落自身的生态特性，也必须考虑木本植物与其他组分的结合，注重"林种、环境、效益"的林学思想与生态工程思想的结合成为生态林业工程建设的关键。

生态林业工程与自然环境、生物、人类社会紧密结合在一起，是包含自然、技术、社会的复合工程，涉及生态学、生物学、工程学、环境学、经济学、社会学等基础理论，其主要理论基础包括生态学理论、林学与防护林学理论、水土保持理论及工程学理论，其中通过人工促进植被恢复形成复合生态系统是生态林业工程建设的核心思想。

1. 生态学理论

生态系统是由生物组分与环境组分组合而成的结构有序的系统。生态系统的结构是指生态系统中的组成成分及其在时间、空间上的分布和各组分间借助能量流动、物质循环和信息传递而相互联系、相互依存，并形成具有自我组织、自我调节功能的复合体（Krebs，2003）。生态系统的结构包括 3 个方面，即物种结构、时空结构和营养结构。

（1）物种结构。物种结构又称为组分结构，是指生态系统由哪些生物种群组成，以及它们之间的量比关系，如浙北平原地区农业生态系统中粮、桑、猪、鱼的量比关系，南方山区粮、果、茶、草、畜的物种构成及数量关系。

（2）时空结构。生态系统中各生物种群在空间上的配置和在时间上的分布，构成了生态系统形态结构上的特征。大多数自然生态系统的形态结构都具有水平空间上的镶嵌性、垂直空间上的层次性和时间分布上的发展演替特征。

（3）营养结构。生态系统中由生产者、消费者、分解者三大功能类群以食物营养关系所组成的食物链、食物网是生态系统的营养结构。它是生态系统中物质循环、能量流动和信息传递的主要路径。

生态结构是否合理体现在生物群体与环境资源组合之间是否相互适应，是否能够充分发挥资源的优势，并确保资源的持续利用。从时空结构的角度，应充分利用光、热、水、土、生物资源，提高光能的利用率。从营养结构的角度，应实现生物物质和能量的多级利用与转化，形成一个高效的、无废物的系统。从物种结构的角度，应提倡物种多样性，这有利于系统的稳定和持续发展。

生态系统的退化与生态系统的脆弱性有密切关系，生态系统退化是在不同的干扰方式和强度作用下的结果。一个生态系统在干扰的压力下，其组分、结构和功能发生变化，向着不利于自身的方向发展，并且这个过程的每一个阶段都呈现出更容易向下一个阶段过渡的特点，生态阈值越来越低，对干扰的响应越来越脆弱。我国自然脆弱生态系统分布广泛、面积大，因此需要了解生态系统的脆弱性及其突变的阈值，以便制定适宜的生态系统恢复方案。

生态系统的脆弱性与环境因子有密切关系，环境因子的变化，特别是群落内部的小气候环境变化能反映生态系统的脆弱程度。我国地域辽阔，自然环境条件复杂，空间分异明显，人类对生态系统的干扰作用影响不同，因此，环境因子造成生态脆弱性的原因也不同。刘燕华和李秀彬（2007）根据环境因子特征和人类干扰情况将其大体上分为七大类：一是北方半干旱、半湿润区，主要原因是降水不稳定，潜在蒸发需求与降水比例的波动影响植物的利用；二是西北半干旱地区，降水资源严重不足导致风沙盛行、水土流失严重、植被缺乏；三是华北平原地区，排水不畅、多风沙、土地盐碱化；四是南方丘陵区，过垦、过樵导致水土流失；五是西南山区，干旱、过垦、过牧、过伐导致水土流失；六是西南石灰岩山地，容易出现溶蚀、水蚀现象，容易诱发地质灾害；七是青藏高原，容易出现高寒、侵蚀现象，增加气象灾害和地质灾害风险。此外，生态系统交错带的脆弱性比较高。在处于两种或两种以上的生态系统之间存在着一种"界面"，围绕这个界面向外延伸的"过渡带"的空间域，称为生态系统交错带。由于界面是两个或两个以上相对均衡的系统之间的"突发转换"或"异常空间邻接"，表现出其脆弱性，因此也称为生态环境脆弱带，如农牧交错带、水陆交错带、林农或林牧交错带、沙漠边缘带。生态系统交错带的脆弱性并不表示该区域生态环境质量最差和自然生产力最低，只是说它在对环境变化的敏感性、抵抗外部干扰的能力、生态系统的稳定性等指标方面表现出一定的脆弱性。如沙漠和湖泊的交错带是绿洲，绿洲的环境质量并不差，生产力也很高，但环境的变化往往极易导致绿洲的消失。

2. 林学理论

森林培育全过程的理论和实践的科学既包括适地适树、森林结构、森林生长发育过程、密度效应、种间关系等森林培育的理论问题，也包括造林、抚育采伐、主伐更新等各工序的技术问题。

森林培育是把以木本植物为主体的生物群落作为生产经营对象，其技术是建立在对生物群落与生态环境对立统一辩证关系深刻认识的基础上，适地适树是森林培育成功的基础。森林培育的对象既包括天然林，也包括人工林及其天然人工林相结合形成的森林。从森林培育的全过程来看，培育的技术措施主要体现在 3 个方面：一是林木遗传品质的保障，良种的选育和壮苗的培育是关键；二是林分结构的调控，包括森林植物群落的物种及年龄结构、水平空间结构、垂直空间结构的调控；三是林地环境的优化，包括土、水、气、养、热、生的改善与调控。森林培育的过程大体可以分为前期阶段、更新营造阶段、抚育管理阶段和收获利用阶段，每一个阶段都要对林木个体、林分群体、林分环境采取相对应的技术措施，以保障培育目标的达成。

3. 防护林学

防护林是指以保持水土、防风固沙、涵养水源、调节气候、减少污染，改善生态环境和人类生产、生活条件为主要目的的森林，是中国林种分类中的主要林种之一。它是指为了利用森林的防风固沙、保持水土、涵养水源、保护农田、改造自然及维护生态平衡等各种有益性能而栽培的人工林。根据防护对象的不同，可以分为水源保护林、水土保持林、防风固沙林、农田防护林、草牧场防护林、河岸河滩防护林、海岸防护林、工矿区防护林、道路防护林和环境健康林等不同类型。

森林是陆地生态系统的主要组成部分，在其生长、形成过程中所进行的物质循环和能量转换对周围的土壤、气候、水文、生物等因素产生深刻的、多方面的有利影响，对区域生态系统的平衡起着重要作用。防护林运用森林对环境特有的有利影响，通过合理配置和营造森林植物群落以充分发挥其积极的生态效应，为人类的生产和生活服务。例如：在水土流失严重的地区有目的地营造防护林，可控制水土流失，减缓洪水灾害，降低河流、水库泥沙淤积，保障农牧业生产的发展；在江河源的水源区营造水源保护林，可涵养水源、改善水质；在平原地区的农田周围营造防护林，可改善林网内的小气候、减缓气象灾害的影响、提高农作物的产量；在风沙危害地区营造防护林，可抵御沙漠扩大、防止沙漠化发展；在工厂周围营造防护林，可以降低噪声、拦截粉尘、吸收并阻止有害气体的扩散；随着现代科学技术的进步和人们物质文化水平的提高，森林的有益防护功能在丰富人类精神物质生活的旅游和疗养领域得到拓展，森林的康养作用越来越重要。

防护林体系指在一个自然地理单元（或一个行政单元）或一个流域、水系、山脉范围内，结合当地地形条件，土地利用情况和山、水、田、林、路、渠，以及牧场等基本建设固定设施，根据影响当地生产、生活条件的主要灾害特点，所规划营造的以防护林为主体与其他林种相结合的总体。在这一防护林体系中，各个林种在配置上错落有序，在发挥其防护功能上各显其能，在获得经济效益上相互补充、相得益彰，从整体上形成一个因害设防、因地制宜的绿色综合体，以期达到营造防护林的预期目的。

1.1.3 生态林业工程建设的任务

良好的森林植被在以国土安全、水资源安全、环境安全、生物安全等为主体的国家生态安全体系中发挥着无可替代的保障和支撑作用，是促进人与自然和谐共生，达成可持续发展、生活富裕和生态文明社会发展目标的绿色纽带与基础。按照生态林业工程建设的目的，其建设的主要任务可归结为以下两个方面。

1. 改善生态环境，促进人与自然的协调与和谐

森林是陆地生态系统的主体，这是因为森林是自然界最丰富、最稳定和最完善的碳贮库、基因库、资源库、蓄水库和能源库，具有调节气候、涵养水源、保持水土、防风固沙、改良土壤、减少污染等功能，对改善生态环境、维持生态平衡、保护人类生存发展的基本环境起着决定性的和不可替代的作用。离开了森林的庇护，人类的生存与发展就会失去依托。

生态林业工程建设不仅可以促进退化土地的植被恢复、扩大森林面积，还可以改善生态环境、促进人与自然的和谐共生。根据我国自然条件和社会经济发展的需要，保护、改善、建造以林为主的人工复合生态系统，保护野生动植物资源，发展森林资源，提高森林覆盖率，可维护生物多样性，防止土地荒漠化，使我国绝大部分地区的水土流失得到控制和根治，减少或减轻风沙、旱涝、台风、海潮、滑坡、泥石流等各种自然灾害对生产设施、道路、水利工程及城镇的危害，提高国土绿化水平和水土保持能力，为社会经济发展与居民生活提供良好的生态环境，推动全球环境的改善。

2. 为农牧业发展提供生态保障，促进农村经济发展

农业、农民和农村问题是关系我国改革开放和全面建成小康社会全局的重大问题。大力发展山区、林区、沙区林业特色经济和产业，促进农村经济社会发展，是生态林业建设的重要任务。生态林业工程建设可以保障农牧业稳产、高产，为促进农村经济可持续发展奠定基础，提供基础生态保障。

要坚持把生态林业工程建设与改善生态环境、发展地方经济、调整农业结构和推进乡村振兴战略紧密结合。生态林业工程建设不仅可以提供稳定可靠的基本农田防护，确保粮食与牧业生产安全，而且还能为农村提供新的致富门路和就业渠道，增加农民收入，为乡镇小企业提供充足的原料，开创新的加工领域，为农村开辟新的经济来源，促进农业结构调整，降低单一农业生产的市场风险。

1.1.4　生态林业工程特征

生态林业工程不是纯粹的森林培育，也不是简单的人工造林，生态林业工程包括传统的森林培育与经营技术，但是它又与传统的森林培育及森林经营有以下几方面的区别。

第一，工程目标。传统的森林培育及森林经营的主要目标在于提高林地的生产率，实现森林资源的可持续利用与经营。生态林业工程的目标不仅是提高林分本身的效益，更重要的在于提高整个人工复合生态系统的生态效益与经济效益，实现区域（或流域）生态经济复合系统的可持续发展。

第二，工程内容。传统的森林培育和森林经营以木材等林产品生产为主要目标，工程内容仅限于森林培育，工程范围仅限于造林和现有林经营区。生态林业工程则要考虑区域（或流域）自然资源利用与生态环境改善，工程范围包括山水林田湖草沙，通过优化区域（或流域）森林植被空间布局与林种配置形成新的复合生态系统，其中木本森林植被起到关键和纽带的作用。

第三，工程技术。传统的森林培育及森林经营的对象是森林，在设计、营造与调控森林生态系统过程中只考虑对经营对象林分采用造林与营林技术措施。生态林业工程则需要考虑在复合生态系统中针对林、农、牧、渔等各类子系统采用不同的技术措施，以满足整个复合系统的综合技术措施配套经营需求。

第四，生态系统。传统的森林培育只关心森林生态系统本身，在设计、建造与调控森林生态系统过程中，主要关心木本植物与环境的关系、木本植物的种间关系及林分的结构、功能、物质流与能量流；而生态林业工程则要关心整个工程区域以森林为纽带的人工复合生态系统，不同子系统内部的物种共生关系与物质循环再生过程，各子系统之间的物质、能量、信息的交换，以及整个人工复合生态系统的结构、功能、物质流与能量流。

总之，传统的森林培育主要关心森林生态系统自身的结构与功能，目的是建设或经营良好的森林生态系统；而生态林业工程主要是以森林植被为纽带建立新的复合生态系统，目的是改善区域（或流域）复合生态系统的结构与功能，追求区域（或流域）生态效益、经济效益、社会效益的优化，而不是森林子系统效益的最大化。

1.2　生态林类型与功能

根据《中华人民共和国森林法》，我国森林划分为防护林、用材林、经济林、薪炭林、特殊用途林 5 个一级林种。生态林多属于防护林林种，按照生态防护型目的，一般划分为水土保持林、水源保护林、防风固沙林、农田防护林、草牧场防护林、护岸林与护滩林、海岸防护林、工矿区防护林和道路防护林等。

1.2.1 生态林类型

1. 水土保持林

水土保持林是以调节地表径流，控制水土流失，保障和改善山区、丘陵区农林牧副渔等生产用地、水利设施，以及沟壑、河川的水土条件为经营目的的森林。水土保持林的配置可分为分水岭地带防护林、护坡林、梯田地坎防护林、沟道防蚀林、河岸护岸护滩林、山地池塘和水库周边防护林等。根据因害设防原则，采取林带、片、网等不同配置形式。水土保持林体系作为山丘区的防护林体系，它是根据区域自然历史条件和防灾、生态建设的需要，将多功能、多效益的各个林种结合在一起，形成一个区域性、多树种、高效益的有机结合的防护整体。这种防护体系的营造和形成，往往构成山丘区生态建设的主体和骨架，发挥着主导的生态功能与作用。

2. 水源保护林

水源保护林是森林生态系统的重要组成部分，又称为水源涵养林或水源林，是水土保持防护林种之一，泛指河川、水库、湖泊的上游集水区内大面积的原有林（包括原始森林和次生林）和人工林。它通过高耸的树干和繁茂的枝叶形成的林冠层，林下茂密的灌草植物形成的灌草层，林地上富集的枯枝落叶层和发育疏松而深厚的土壤层，起到截持、储蓄和过滤大气降水作用，从而对大气降水进行重新分配和有效调节，起到调节气候、保持水土、涵养水源、净化水质、降低洪峰、削减洪水量及增加枯水期流量等作用，发挥森林生态系统特有的水文生态功能。

3. 防风固沙林

防风固沙林是防止风蚀沙化、固定流沙的一种防护林。其作用在于抗御风沙侵袭危害农田、牧场、铁路、公路、渠道、水库和其他设施，防止沙化扩展。一般利用乔木、灌木和多年生草本植物组成片状、带状或块状人工植被。例如，防护林辅以沙障，可改变和调节近地层空气动力状况，保护乔木、灌木存活。造林措施的配置有 3 种方式。①在沙丘背风坡脚、丘间地种植乔木、灌木构成阻沙带，拦阻流沙前移；迎风坡下部种植灌木构成固沙带，创造不饱和风沙流条件，在吹蚀削平沙丘顶部后，再在沙丘上部造林以实现全面固沙。②在水土条件优越的宽阔丘间低地造林，增大地表粗糙度，使沙丘地层气流在林内受阻，降低风速，并使气流中的沙粒散布在沉积林内，实现固沙阻沙。对因沙丘前移而退出来的地段，可继续植林。③沿沙丘地边缘营造多条树带，组成阻沙林带。

4. 农田防护林

农田防护林是指为改善农田小气候和保证农作物丰产、稳产而营造的防护林。由于多呈带状，又称农田防护林带；林带相互衔接组成网状，也称农田林网。在林带或林网影响下，其周围一定范围内形成特殊的小气候环境，能降低风速，调节温度，增加大气湿度和土壤湿度，调节地下水位，抵御自然灾害，为农作物的生长和发育创造有利条件，保障作物高产、稳产，并为开展多种经营、增加农民经济收入奠定良好基础。

5. 草牧场防护林

草牧场防护林是指在草牧场上以防风、防寒、防止水土流失为目的的天然林与人工林，一般是由带、网、片状配置所形成的防护林体系。草牧场防护林在改善草牧场局部小气候，减轻各种自然灾害对牲畜生长与生存的不良影响，防止草原"三化"（退化、沙化、盐碱化），维护草原生态系统平衡，提高牧草产量和质量、单位面积的载畜量，增加草原生态经济系统的承载能力，提高整个草原生态系统的生产力和稳定性方面发挥着重要作用。

6. 护岸林与护滩林

护岸林一般指沿着堤岸呈行带状、结构紧密、乔灌相结合的林带，紧靠在堤岸内侧配置，与堤岸保持一定距离以防止根系侵入堤岸内部。河岸两侧防护林依据地形与水位条件从临水面向外逐次配置不同结构的林分，防护兼顾景观效果。

护滩林一般指配置在滩地上的片林，林分组成为灌木林、乔木林或乔灌草相结合的复层林，一般为结构紧密的林分。通常有以缓流挂淤为主要目的的滩地防护林、以堤岸保护为主要目的的滩地防护林和以宽阔滩地综合利用为主要目的的滩地防护林。

7. 海岸防护林

海岸防护林是指沿海岸带配置的以防风、防浪、防潮、保护海岸及沿海农、渔、牧业生产和人们生活安全为主要目的的防护林，一般由沿海岸边的基干防护林带和与其紧密结合的农田防护林、防风林、水土保持林组成。海岸防护林的主要作用是减轻台风和风沙的危害，防浪、防潮，减轻旱涝灾害，美化海岸环境，促进经济发展。根据不同防护目的和防护对象进行分类，海岸防护林常见的主要类型有防浪林、防潮林、防风林、农田防护林、水土保持林、水源保护林及生态景观林。不同林种的结构与特点不同，可以起到不同的防护效果。防浪林是指在潮间带的盐渍滩涂上造林种草，以防浪护堤和消浪促淤为主要目的的一个特殊林种，同时兼具防风、防飞盐、防雾、护渔和避灾等功能。适宜在沿海滩涂上生长的树种或草本植物可用于营造防浪林。防潮林可以降低潮水流速和减轻破坏力，阻止或减轻由于漂流物的移动而产生的二次危害。

8. 工矿区防护林

工矿区防护林包括生产、生活区以防止噪声、污染、粉尘、风沙为主的防护林和工矿区废弃地以生态恢复为目的的防护林。以废弃地生态恢复为目的的生态林的植物布局及配置模式与各类再塑地貌或废弃场地的特点及土地利用方向有关，在我国主要有：以林业利用为主的煤矸石的植物布局与配置模式；以农林复合生态系统为主的露天矿排土场植物布局与配置模式；以种养结合为主的浅塌陷区植物布局与配置模式；以防护为目的的道路边坡及周围地带植物布局与配置模式；以综合开发防护为目的的水库周围防护植物布局和配置模式；工矿区周围防护林植物布局和配置模式等。

9. 道路防护林

道路防护林是指在国道及各级公路、铁路、乡村道路、农田机耕路等道路两侧营造的防护林带。由一行到多行树木组成，配置形式多样，其主要目的是防止道路及周围的水土流失，巩固路基，保护路面，维护交通环境，延长道路的使用期限，美化道路景色，减少司机驾驶疲劳，增加行车安全。道路防护林从大的范围可以划分为公路防护林、铁路防护林、乡镇道路防护林及田间道路防护林等。田间道路防护林往往是农田防护林网的组成部分，按照防风林的结构设计与配置。

1.2.2　生态林功能

1. 防治水土流失，改良土壤

森林地上和地下部分防止土壤侵蚀功能主要有以下几个方面：林冠可以拦截相当数量的降水，减弱暴雨强度和延长其降落时间；可以保护土壤免受雨滴的击溅分散作用；可以提高土壤的入渗率，抑制地表径流的形成；可以调节融雪水，使吹雪的程度降到最低；可以减弱土壤冻结深度，延缓融雪，增加地下水贮量；根系和树干可以对土壤起到机械固持作用；林分的生物小循环对土壤的理化性质起到改良作用，对抗水蚀、抗风蚀能力起到增强作用；森林枯枝落叶层的分解和森林土壤微生物的活动能有效补充土壤养分，改良土壤质地结构。

首先，森林复杂的植物冠层垂直结构层次与林下不同分解程度的枯枝落叶层覆盖能够有效地截留降水，削减雨滴动能，拦截、分散、渗蓄雨水径流，起到防止地表水土流失、保护肥沃表层土壤的作用。其次，森林具有庞大的根系，能起到改善土壤结构和固持土体的作用，防止集中径流冲刷形成严重的沟蚀或其他重力侵蚀。最后，一般林地土壤的渗透力更强，可以储存更多的降雨，减缓降雨形成的洪水量与降低洪峰高度。在黄土区，乔木林和灌木林的土壤平均入渗率分别为 0.61mm/min 和 0.68mm/min，而坡耕地和梯田则分别为 0.12mm/min 和 0.20mm/min（张治国和赵红茹，1999）；在紫色土丘陵区，林地的土壤初始入渗速率、稳定入渗速率、平均入渗速率比草地分别提高了 21.03%～116%、30.43%～102.56%、26.35%～112.73%（莫斌 等，2016）。在重庆马尾松林地的研究表明，枯落物覆盖可以增大地表粗糙度，增加坡面水流阻力系数，使坡面径流量减少，同时增加土壤入渗量，土壤初始入渗率、稳定入渗率与平均入渗率均随枯落物覆盖量的增加而增大，降雨强度为 60mm/h 时，5°和 10°不同坡面枯落物覆盖量下坡面初始入渗率较裸地分别提高了 11%～16% 和 150%～270%，稳定入渗率分别提高了 26%～62% 和 750%～1580%，平均入渗率分别提高了 22%～45% 和 381%～878%（朱方方 等，2020）。

2. 涵养水源，净化水质

森林凭借其庞大的林冠、深厚的枯枝落叶层和发达的根系，起到良好的蓄水和净化水质的作用。一般意义上的一场暴雨，一般可被森林完全吸收。在没有森林的情况下，降水会通过江河很快流走。在有森林的情况下，森林就会对降水起到充分的蓄积和重新分配作用，将其大部分变为有效水，在原有林地土壤层等通过拦截、吸收、蓄积降水，涵养了大量水源。我国现有森林生态定位监测结果显示，我国热带、亚热带、温带和寒温带 4 种气候带的 54 种森林土壤综合涵蓄降水量为 40.93～165.84mm，中间值为 103.40mm，即森林土壤平均涵蓄降水量为 100mm 左右，相当于 1000t/hm²，华南、东南、西南等地区一般为 100mm 以上，华北、西北、华中等地区一般在 100mm 以下。我国主要林分类型土壤涵养水源量为 160.00～3728.69m³/（hm²·a）（《中国森林生态服务功能评估》项目组，2010）。

3. 防风固沙，治理沙化土地

森林的固沙作用主要体现在组成森林的乔木、灌木和草本植物对地表的覆盖和对近地表层风速的削弱。通过植物根系和枯枝落叶固着土壤颗粒或者被固定的沙土经过生物改良成为具有一定肥力的土壤，促进天然草本植物和灌木的生长发育，减少风蚀，阻止流沙扩散。同时，也通过冠层的阻拦与降低风速作用减少流沙的迁移。植被覆盖度为 0、17%、27%、36%、43%、48%、55%、66%，植被高度为 0～30cm 的试验表明，植被能显著增加沙丘地表的粗糙度，随着植被覆盖度的增加，风蚀量呈阶梯式下降，在植被覆盖度为 27%～43% 时风蚀量下降最为剧烈，沙丘草本植被覆盖度 43% 以上时具有较好的防风固沙效果，此时平均截留率达 88.02%（余沛东 等，2019）。对乌兰布和沙漠典型植被群落中土壤、植被和结皮 3 种风蚀可蚀性指标的研究证明，灌木林对降低土壤风蚀的效应更为显著（王佳庭 等，2020）。灌木积沙量与枝系结构复杂程度有密切联系，有叶期与无叶期差异较大，与灌木的形状有关（高兴天 等，2017）。当呈紧密结构半球状植株密度为 6 株/m^2、呈漏斗形上密下疏植株密度为 7 株/m^2 和呈线状具有弯曲弹性的植株密度为 6～10 株/m^2 时，平均输沙率可以减小到流沙表面输沙率的 50%（凌裕泉 等，2003）。

4. 减缓自然灾害，稳定农业产量

生态林可以减缓极端气象要素对农业生产的不良影响，改善区域气候环境，提高农作物产量（严洪，2010）。1984 年夏季，中国科学院兰州高原大气物理研究所的科研人员在河西走廊张掖的开阔农田和戈壁上，对比观测了地面至 16m 不同高度层的温度、湿度。观测结果表明，绿洲农田上不同高度层的昼夜气温均比附近的戈壁显著偏低，日最高气温甚至可低至 30℃ 左右，蒸发量约减少 50%。对塔克拉玛干沙漠北部沙漠边缘地带、绿洲荒漠交错地带、农田防护林、城市绿地 4 种不同下垫面大气降尘进行观测，发现 6 月它们的降尘量分别为 656.35g/m^2、311.37g/m^2、267.84g/m^2 和 258.24g/m^2，防护林能明显抑制降尘（杨晨 等，2016）。

农田防护林抵御的自然灾害主要有以下几种。①尘暴。尘暴是风沙危害的主要形式。强烈的风沙常导致表土侵蚀，风吹走或刮露出肥料、种子，甚至发芽的幼苗，沙土落入农田，又造成沙压，使种子不能出土。有时由于沙割（沙粒不断抽打叶片），而使幼苗枯萎。我国尘暴主要发生在春季，不仅延误农时，造成作物减产，而且还会导致土地沙漠化，失去耕种价值。②干热风。干热风是指气温为 32～35℃、相对湿度为 25%～30% 时，风速≥3m/s 的风导致农作物强烈蒸腾，因生理干旱而严重减产，减产幅度可达 10%～30%。③风灾。风灾是指风力过大导致作物生理干旱而萎蔫或枯死。当风速≥10m/s 时，作物同化作用降低，风速过大还会造成机械损伤，如倒伏、落花落果、成熟籽粒脱落等。④低温冷害。低温冷害是指生长季节遭遇气温 0℃ 以上低温而使植物受害的一种农业气象灾害。低温冷害多发生于秋季水稻抽穗扬花期。当冷空气入侵、气温降到 20℃ 以下时，花药不能开裂，15℃ 以下开花停止，造成不育或灌浆不饱满而致减产。⑤其他自然灾害，如涝害、土壤盐渍化、霜冻及冰雹等。

我国各农田防护林带区的气候条件、土壤类型及作物品种、耕作技术等虽然差异较大，但总体来说各区林带、林网对农作物的生长发育都有明显的促进作用，作物产量和产品质量都得到不同程度的提高。

宁夏平原农田防护林的小气候效应对作物产量影响的研究结果表明，农田防护林具有降低风速和空气温度、提高空气湿度和土壤含水量、提高玉米产量的作用，林网内风速比对照点降低 38%，空气相对湿度比对照点增加 5.1%，玉米产量比对照点提高 8.8%（何俊和李妍红，2019）。在辽宁风沙区，农田防护林能减轻风沙对农作物的危害，在玉米灌浆期、成熟前发生风灾时，能保护玉米不倒伏。有林网保护的地块花生种子风剥率基本为 0，保苗率为 80%～90%。农田防护林能减轻农作物受风沙危害：彰武县冯家镇得力村玉米平均增产 35.0%，花生平均增产 40.6%；昌图县三江口镇庄家窑村玉米平均增产 17.8%，花生平均增产 23.9%，烟草、地瓜等经济作物只能在有林网保护的区域内种植（张日升，2017）。在新疆，防护林可使绿洲内部的小麦产量增加 11.0%、棉花产量增加 8.8%；2007 年和 2011 年农田防护林防风固沙服务功能的总价值分别为 73.50 亿元和 128.08 亿元，防风固沙价值中起主要作用的是防护林的防护价值；新疆农田防护林林产品及防风固沙总价值年均增加 17.650 亿元。其中，防护的价值增加最大，为 8.240 亿元；其次为固沙和林产品，分别为 5.405 亿元和 4.005 亿元（朱玉伟 等，2015）。

5. 防风护牧，改善草场环境

在干旱、风沙大的牧场上建立草牧场林带，可以改变生态环境，提高草原生产力，促进畜牧业的发展。草牧场防护林对放牧条件下的家畜来说，主要是改善局部地段的小气候条件，使牲畜增强体质，减少疾病。同时改善牧草和牧场条件，提高单位面积牧草产量。在寒冷季节，羊群剪毛后不能保暖，寒风侵袭容易造成严重灾害，从而促使一些国家营造大量的护牧林。

草牧场防护林能提高土壤的温度和空气的湿度，降低风速，减少蒸发和蒸腾，控制土壤风蚀，改良土壤结构，改善其防护区域的小气候条件，从而促进牧草的生长和发育，提高牧草的数量和质量。内蒙古乌兰察布市在干旱草原边缘营造的防护林带背风面树高 25 倍范围内风速比空旷地平均降低 34.1%，空气湿度增加 3.2%～13.8%，旱季土壤含水量比空旷地增加 22.4%～83.5%，5～20cm 处土壤温度提高 0.7℃，盛暑降温 0.4℃，旱作饲料增产 34.7%～64.3%（段文标 等，2002）。在河北坝上，当旷野风速为 3.84m/s 时，在树高 1～10 倍范围内风速降低 8%～40%；当风速达到 5～6 级时，在林内树高 1 倍和 5 倍范围内防风效果最好，风速降低为 67.97%～94.27%（牛庆花 等，2018）。对内蒙古四子王旗 20 世纪 70 年代营造的人工白榆草牧场防护林及其林下和周边草地的研究表明，林带背风面和迎风面平均地上生物量分别为 1769kg/hm² 和 1588kg/hm²，平均地下生物量分别为 4990kg/hm² 和 4782kg/hm²，草地优势种羊草和西北针茅在地上生物量中所占比例分别为背风面 62.4%、林内 36.1%、迎风面 28.0%（李永华 等，2008）。

草牧场防护林除了起到防护作用外，其林木本身的枝、叶还可以作为枯草期补充饲料或用材。一些乔灌树种的树叶含有一定量的粗蛋白质、粗脂肪、钙、磷等物质。这些树种中的蛋白质等含量和优质牧草相比虽然较低，但木本植物总产量高于草本，可作为冬春饲料缺少时的补充饲料。也可建立林间放牧场，提高草场利用面积。牧场林带内冬季温暖，夏季凉爽，对牲畜发育有促进作用。林木的合理更新可给牧区提供木材。与草库伦及划区轮牧结合进行，还能起到生物圈栏的作用。

1.3　生态林业工程建设布局

1.3.1　生态功能分区与生态林业规划

根据《全国生态功能区划（修编版）》提出的全国生态功能区划方案，将生态系统服务功能分为生态调节、产品提供、人居保障三大类，对国家和区域生态安全具有重要作用的生态功能区有水源涵养、生物多样性保护、土壤保持、防风固沙、洪水调蓄、农产品提供、林产品提供、大都市群及重点城镇群 9 个类型和 242个生态功能区，并确定其中 63 个为重要生态功能区，覆盖我国陆地国土面积的49.4%。其中前 5 个为重要的生态调节区，也是生态林业工程建设的重点区域。

根据《全国生态环境建设规划（2000—2050 年）》，我国地域辽阔，区域差异大，生态系统类型多样，参照全国土地、农业、林业、水土保持、自然保护区等规划和区划，将全国生态环境建设类型区划分为 8 个类型区域。

（1）黄河上中游地区。本区域包括晋、陕、内蒙古、甘、宁、青、豫的大部或部分地区。64 万 km^2 的黄土高原地区是世界上面积最大的黄土覆盖地区，气候干旱，植被稀疏，水土流失十分严重，水土流失面积约占水土流失总面积的 70%，是黄河泥沙的主要来源地。该区的规划重点为综合运用工程措施、生物措施和耕作措施治理水土流失，建设水土保持林草措施体系。

（2）长江上中游地区。本区域包括川、黔、滇、渝、鄂、湘、赣、青、甘、陕、豫的大部或部分地区，总面积为 170 万 km^2，水土流失面积为 55 万 km^2。该区的规划重点为以改造坡耕地为中心，开展小流域和山系综合治理，恢复和扩大林草植被，控制水土流失；保护天然林资源，支持重点林区调整结构，营造水土保持林、水源保护林和人工草地，有计划有步骤地使 25° 以上的陡坡耕地退耕还林（果）还草，25° 及以下的坡地改修梯田。

（3）三北风沙综合防治区。本区域包括东北西部、华北北部、西北大部干旱地区。这一地区风沙面积大，多为沙漠和戈壁，适宜治理的荒漠化面积为 31 万 km^2。由于自然条件恶劣，干旱多风，植被稀少，草地"三化"严重，生态环境十分脆弱。该区的规划重点为在沙漠边缘地区采取综合措施，大力增加沙区林草植被，控制荒漠化扩大趋势；推广旱作节水技术，禁止毁林毁草开荒，采取植物固沙、沙障固沙、引水拉沙造田、建立农田保护网、改良风沙农田、改造沙漠滩地、人工垫土、绿肥改土、普及节能技术和开发可再生能源等各种有效措施，减轻风沙危害；因地制宜，积极发展沙产业。

（4）南方丘陵红壤区。本区域包括闽、赣、桂、粤、琼、湘、鄂、皖、苏、浙、沪的全部或部分地区，总面积约为 120 万 km^2，水土流失面积约为 34 万 km^2。土壤类型中红壤占一半以上，广泛分布在海拔 500m 以下的丘陵岗地，以湘、赣红壤盆地最为典型。该区的规划重点为生物措施和工程措施并举，加大封山育林和退耕还林力度，大力改造坡耕地，恢复林草植被，提高植被覆盖率。沿海地区大力造林绿化，建设农田林网，减轻台风等自然灾害造成的损失。

（5）北方土石山区。本区域包括京、津、冀、鲁、豫、晋的部分地区及苏、皖的淮北地区，总面积约为 44 万 km^2，水土流失面积约为 21 万 km^2。部分地区山高坡陡，土层浅薄，水源涵养能力低，暴雨后经常出现突发性山洪，黄泛区风沙土较多，极易受风蚀、水蚀危害；东部滨海地带土壤盐碱化、沙化明显。该区的规划重点为加快石质山地造林绿化步伐，进行多林种配置，积极开展缓坡整修梯田，合理利用沟滩造田；陡坡地退耕还林种草，支毛沟修建拦沙坝等，积极发展经济林果和多种经营。

（6）东北黑土漫岗区。本区域包括黑、吉、辽大部及内蒙古东部地区，总面积约为 100 万 km^2，水土流失面积约为 42 万 km^2。区域内天然林与湿地资源分布集中，土地以黑土、黑钙土、暗草甸土为主，是世界三大黑土带之一。由于地面坡度缓而长，表土疏松，极易造成水土流失，损坏耕地，降低地力；加之本区森林资源严重过伐，湿地遭到破坏，干旱、洪涝灾害频发，对农业的稳产高产造成危害，甚至对一些重工业基地和城市安全构成威胁。该区的规划重点为停止天然林砍伐，保护天然草地和湿地资源，完善三江平原和松辽平原农田林网，综合治理水土流失，减少缓坡面和耕地冲刷；改进耕作技术，提高农产品单位面积产量。

（7）青藏高原冻融区。本区域面积约为 176 万 km^2，其中水力、风力侵蚀面积为 22 万 km^2，冻融侵蚀面积为 104 万 km^2。该区域绝大部分是海拔 3000m 以上的高寒地带，土壤侵蚀以冻融侵蚀为主。人口稀少，牧场广阔，东部及东南部有大片林区，自然生态系统保存较为完整，但天然植被一旦被破坏将难以恢复。该区的规划重点为以保护现有的自然生态系统为主，加强天然草场、长江黄河源头水源保护林和原始森林的保护，防止不合理开发。

（8）草原区。我国草原分布广阔，总面积约为 4 亿 hm^2，占国土面积的 40%以上，主要分布在内蒙古、新、青、川、甘、藏等省（自治区），是我国生态环境的重要屏障。长期以来，受人口增长、气候干旱和鼠虫灾害的影响，特别是超载过牧和滥垦乱挖，江河水系源头和上中游地区的草地"三化"加剧，有些地方已无草可用、无牧可放。该区的规划重点为保护好现有林草植被，大力开展人工种草和改良草场（种），配套建设水利设施和草地防护林网，加强草原鼠虫灾害防治，提高草场的载畜能力；禁止草原开荒种地，实行围栏、封育和轮牧，建设草库伦，做好草畜产品加工配套。

1.3.2 我国主要生态林业工程

1. 构建"一圈三区五带"的生态林业发展格局

以国家"两屏三带"（青藏高原生态屏障、黄土高原—川滇生态屏障，东北森林带、北方防沙带和南方丘陵山地带）生态安全战略格局为基础，以服务京津冀协同发展、长江经济带建设、"一带一路"建设三大战略为重点，综合考虑林业发展条件、发展需求等因素，按照山水林田湖生命共同体的要求，优化林业生产力布局，以森林为主体，系统配置森林、湿地、沙区植被、野生动植物栖息地等生态空间，引导林业产业区域集聚、转型升级，加快构建"一圈三区五带"的林业发展新格局。

"一圈"为京津冀生态协同圈。其旨在打造京津保核心区并辐射到太行山、燕山和渤海湾的大都市型生态协同发展区，增强城市群生态承载力，改善人居环境，提升国际形象。

"三区"为东北生态保育区、青藏生态屏障区、南方经营修复区。其作为我国国土生态安全的主体，是全面保护天然林、湿地和重要物种的重要阵地，也是保障重点地区生态安全和木材安全的战略基地。

"五带"为北方防沙带、丝绸之路生态防护带、长江（经济带）生态涵养带、黄土高原—川滇生态修复带、沿海防护减灾带。其作为我国国土生态安全的重要骨架，是改善沿边、沿江、沿路、沿山、沿海自然环境的生态走廊，也是扩大生态空间、提高区域生态承载力的绿色长城。

2. 重点生态林业工程

国家重点生态林业工程主要包括以下几个工程。

（1）天然林资源保护工程。该工程包括长江上游、黄河上中游地区和内蒙古等重点国有林区，以及其他林区的天然林资源保护。该工程要求全面停止国有天然林商业性采伐，协议停止集体和个人天然林商业性采伐。将天然林和可以培育成为天然林的未成林封育地、疏林地、灌木林地等全部划入天然林保护范围，对难以自然更新的林地通过人工造林恢复森林植被。在东北生态保育区、青藏生态屏障区、南方经营修复区、长江（经济带）生态涵养带、京津冀生态协同圈、黄土高原—川滇生态修复带等天然林集中分布区域，重点开展天然林管护、修复和后备资源培育，适宜地区继续开展公益林建设。

（2）退耕还林工程。这是我国林业建设中涉及面广、政策性强、工序复杂、人们参与度高的生态建设工程。该工程采取"以粮代赈，个体承包"的措施，有计划分步骤地推进退耕还林还草，突出治理陡坡耕地，恢复林草植被，解决重点地区的水土流失问题，最终实现生态、经济的良性循环。退耕还林应以恢复林草植被、治理水土流失为重点，与生态移民、能源建设、结构调整、乡村发展相结合，宜乔则乔，宜灌则灌，宜草则草，完善相关政策，逐步建立长期稳定的生态效益价值补偿机制，确保"退得下，还得上，稳得住，能致富"。稳定和扩大新一轮退耕还林范围和规模，在黄土高原—川滇生态修复带、京津冀生态协同圈、北方防沙带、长江（经济带）生态涵养带等区域的 15 片重点水源涵养、水土流失、岩溶石漠化和风沙的地区，将具备条件的 25° 以上坡耕地、严重沙化耕地、重要水源地的 15°～25° 坡耕地和严重污染耕地退耕还林，增加林草植被，治理水土流失。

（3）湿地保护与恢复工程。对全国重点区域的自然湿地和具有重要生态价值的人工湿地，建立比较完善的湿地保护管理体系、科普宣教体系和监测评估体系，实行优先保护和修复，恢复原有湿地，扩大湿地面积。对东北生态保育区、长江（经济带）生态涵养带、京津冀生态协同圈、黄土高原—川滇生态修复带和沿海防护减灾带的国际重要湿地、湿地自然保护区和国家湿地公园，以及其周边范围内非基本农田耕地实施退耕（牧）还湿、退养还滩。

（4）防护林建设工程。"三北"和长江中下游地区等地的重点防护林建设工程是我国涵盖最大、内容最丰富的生态林业工程，具体包括三北防护林第四期工程，长江流域、沿海、珠江流域防护林二期工程和太行山绿化、平原绿化二期工程。防护林建设工程旨在解决三北地区的防沙治沙问题和其他流域各不相同的生态问题。通过开展大规模植树造林活动，集中连片建设森林，形成大尺度绿色生态保护空间和连接各生态空间的绿色廊道，构建国土绿化网络。在北方防沙带，加快建设科尔沁、毛乌素等百万亩（1 亩≈667hm²）防风固沙林；在东北生态保育区，推进松辽平原、松嫩平原农田防护林体系建设；在京津冀生态协同圈，以京津保核心区过渡带为重点建设成片森林；在燕山、太行山水源涵养区，海河流域，坝上高原建设水源保护林和防风固沙林；在丝绸之路生态防护带，加快建设西安至乌鲁木齐绿色通道、泾渭河流域水土保持林、六盘山和祁连山水源保护林、天山北坡防风固沙林、南疆河谷荒漠绿洲锁边林、桐柏山和大别山保水固土林等区域性防护林体系；在黄土高原—川滇生态修复带，加快开展黄土高原综合治理林业示范建设、横断山脉水源保护林建设和六盘山生态修复建设；在沿海地区，以提升防灾减灾能力为重点，加快红树林等海岸基干林带建设；在长江（经济带）生态涵养带，以营造水源保护林、水土保持林、护岸林为重点，加快中幼林抚育和混交林培育；在南方经营修复区，以水源保护林建设和水土流失及石漠化治理为重点，加强南北盘江、左右江、东江、红水河等流域防护林和珠江—西江经济带生态建设；在南方血吸虫病流行区继续实施林业血防工程。开展破损山体修复和农田防护林建设。

（5）防沙治沙工程。以北方防沙带和丝绸之路生态防护带西段为重点，开展固沙治沙工作，加强防沙治沙综合示范区和沙化土地封禁保护区建设，开展国家沙漠公园试点建设，坚持分区化、规模化、基地化治理，努力建成 10 个百万亩、100 个十万亩、1000 个万亩防沙治沙基地。在京津冀生态协同圈，加强林草植被保护和退耕退牧还林还草，提高现有植被质量。在南方经营修复区、长江（经济带）生态涵养带，重点加大对大江大河上游或源头、生态区位特殊地区石漠化的治理力度，保护和恢复森林植被，减轻风沙危害，减少水土流失，增加土地生态承载力。

（6）濒危野生动植物抢救性保护及自然保护区建设工程。开展野生动植物重要栖息地区划，优化完善自然保护体系，推进自然保护区、保护小区管护、宣教等基础设施和能力建设，在保护薄弱和空缺地带划建自然保护区、保护小区，建设关键地带生态廊道。以大熊猫、东北虎、远东豹、亚洲象、藏羚羊等珍稀物种为代表，建立一批国家公园、国际观鸟基地、世界珍稀野生动植物种源基地，开展自然保护和生态体验基础设施建设。实施对极度濒危野生动物和极小种群野生植物的拯救保护工作，改善和扩大其栖息地，开展野外种群复壮。建设野生动植物救护繁育中心和基因库，依法查没野生动植物制品储存展示中心。开展国家级自然保护区生态本底调查，构建自然保护区和野生动植物监测、监管与评价预警系统。建设野生动物疫源疫病监测防控体系。

（7）林业产业建设工程。在自然条件适宜地区和东北、内蒙古重点国有林区，建设国家储备林和木材战略储备基地。加强林业资源基地建设，加快产业转型升级，促进产业高端化、品牌化、特色化、定制化，满足人们对优质绿色产品的需求。建设一批具有全国影响力的花卉苗木示范基地，发展一批增收带动能力强的木本粮油、特色经济林、林下经济、林业生物产业、沙产业、野生动物驯养繁殖利用示范基地，加快发展和提升森林旅游休闲康养、湿地度假、沙漠探秘、野生动物观赏产业，加快林产工业、林业装备制造业技术改造、自主创新，打造一批竞争力强、特色鲜明的产业集群和示范园区，建立林业产业和全国重点林产品市场监测预警体系。

第 2 章
生态林业工程概况

2.1 生态林业发展历史

2.1.1 国外生态林业工程发展历史

欧洲从工业革命开始就对森林资源进行了大量的破坏性开采,大量的原始混交林被转换成了针叶纯林,再加上过度放牧和开垦等导致水土流失、土地生产力下降,生态环境问题频发。特别是 20 世纪中期以来,随着人口激增对资源掠夺性开采导致生态环境危机大爆发,各国政府和人民都认识到了森林在维护与改善生态环境中具有突出的作用,开展了以森林植被恢复与保护为主体的生态林业工程建设(张河辉和赵宗哲,1990;柏方敏 等,2010)。其中,著名工程包括日本的治山治水工程(张科利 等,2005)、苏联的斯大林改造大自然计划(陈凤桐,1952)、美国的罗斯福工程(李世东,2001;Norman,1989)、北非五国的绿色坝工程(李世东,2021)、澳大利亚的天然林保护恢复工程(陈健波 等,2010)、加拿大的绿色计划(朱文元,1991)、法国的生态林业(陆春乾,1996)、菲律宾的全国植树造林计划(李世东,2001)、印度的社会林业计划(朱可仁,1992)、韩国的治山绿化计划(关百钧,1995)、尼泊尔的喜马拉雅山南麓高原生态恢复工程(李世东,2021)等。下面介绍日本、苏联、美国、北非五国和澳大利亚的生态林业工程发展历史。

1. 日本

生态背景:第二次世界大战期间,日本山林俱毁,河川失修,全国水库的库容一半被淤积,一时水患频发。1953 年日本发生了大水灾,日本内阁设置治山治水对策协议会,提出了《治山治水基本对策纲要》供国会审议,因资金短缺,结果未获批准。直到 1959 年伊势湾台风水灾造成 5000 人死亡的惨剧发生之后,治山治水才重新提到了议事日程之上。日本政府紧急制定了《治山治水紧急措施法》,随后又相继出台了《灾害对策基本法》《防灾基本计划》《新河川法》等,确立了治山治水事业有计划实施与经济发展同步推进的体制,并设立了包括治山事业、治水事业在内的国土保全管理机构。

建设规划：日本早在 1897 年就制定了第一部《森林法》。日本关于森林和林业的规划体系主要包括两项规划，每 5 年修改 1 次。一项是根据《森林·林业基本法》制定的《森林·林业基本计划》，一项是根据《关于国有林野的管理经营的法律》制定的《关于国有林野的管理经营的基本规划》（万福军，2011）。日本针对本国多次发生大水灾的情况，提出治水必须治山、治山必须造林的基本方针，以 5 年为单位制定相应的工程计划。

工程实施：日本于 1954～1994 年连续制定和实施了 4 期防护林建设计划，防护林面积的比例由 1953 年占国土面积的 10%提高到 1991 年的 32%，其中水源保护林占 69.4%，并在 3300hm² 的沙岸宜林地上营造了 150～250m 宽的海岸防护林。1987 年 2 月日本开展第七个治山五年计划，到 1991 年，总投资达 19 700 亿日元，造林费用由政府补贴 50%，其中中央政府补贴 40%，地方政府补贴 10%。

2.　苏联

生态背景：苏联国土总面积为 2240 万 km²，1990 年森林总面积为 79 200 万 hm²，森林覆盖率为 35.4%，其中防护林面积为 17 800 万 hm²，占森林总面积的 22.5%，占国土总面积的 7.9%。然而 20 世纪初，由于森林植被较少和特殊高纬度地理条件，农业生产经常遭到恶劣气候条件等因素的影响，产量低而不稳，为了保证农业稳产高产，大规模营造农田防护林被提上了议事日程。

建设规划：1948 年，苏共中央公布了"苏联欧洲部分草原和森林草原地区营造农田防护林，实行草田轮作，修建池塘和水库，以确保农业稳产高产计划"，这就是通常所称的斯大林改造大自然计划。计划于 1949～1965 年，营造各种防护林 570 万 hm²，营造 8 条总长 5320km 的大型国家防护林带（面积 7 万 hm²），在欧洲部分的东南部，营造 40 万 hm² 的橡树用材林。

工程实施：1949 年，斯大林改造大自然计划开始实施，由于准备工作不足，技术和管理上都出现了一些问题，影响了造林质量。1953 年林业部又被撤销，该计划随之搁浅。据统计，1949～1953 年共营造各种防护林 287 万 hm²，保存 184 万 hm²。1966 年，苏共重新设立了国家林业委员会。1967 年，苏共中央发布了《关于防止土壤侵蚀紧急措施》的决议，决议将营造各种防护林作为防止土壤侵蚀的主要措施，再次把防护林建设列入国家计划，防护林建设进入新的发展阶段。到1985 年，全苏联已营造防护林 550 万 hm²，防护林比重已从 1956 年的 3%提高到1985 年的 20%，其中农田防护林 180 万 hm²，保护着 4000 万 hm² 农田和 360 个牧场。营造国家防护林带 13.3 万 hm²，总长 11 500km，这些林带分布在分水岭、平原、江河两岸、道路两旁，与其他防护林纵横交织、相互配合，对调节径流、改善小气候、提高农作物产量等起到了明显作用。

3. 美国

生态背景：美国建国初期，人口主要集中在东部的 13 个州，其后不断地向西进入大陆腹地。到 19 世纪中叶，中西部大草原 6 个州人口显著增长。1870 年西部开垦面积约 12 万 hm², 到 1930 年已扩大到 753.3 万 hm², 60 年里增长了 60 多倍。由于过度放牧和开垦，19 世纪后期就经常风沙弥漫，各种自然灾害频发。特别是 1934 年 5 月发生的一场特大黑风暴，风沙绵延 2800km，席卷全国 2/3 的大陆，大面积农田和牧场毁于一旦，使大草原地区损失肥沃表土 3 亿 t，6000 万 hm² 耕地受到危害，小麦减产 102 亿 kg，当时的美国总统罗斯福发布命令，宣布实施大草原各州林业工程，因此这项工程又被称为罗斯福工程（李世东，2001）。

建设规划：罗斯福工程纵贯美国中部，跨 6 个州，南北长约 1850km，东西宽 160km，建设范围约 1851.5 万 hm²，计划用 8 年时间（1935～1942 年）造林 30 万 hm²，平均每 65hm² 土地上营造约 1hm² 林带，实行网、片、点相结合；在适宜林木生长的地方，营造长 1600m、宽 54m 的防护林带；在农田周围、房舍周围营造防护林网；在不适宜造林地带，选出 10% 左右的小块土地营造片林，根据当地土壤情况，因地制宜地营造林带、林网、林片，以防止土地沙化、保护农田和牧场。

工程实施：工程区立地条件复杂多样，建设中采取乔木和灌木树种、针叶和阔叶树种相结合，因地制宜地使用 40 多种树木植树造林，营造的林带多为 400～800m 长、15～30m 宽，带间距 400～800m。8 年中，美国国会为此拨款 7500 万美元。到 1942 年，共植树 2.17 亿株，营造林带总长 28 962km，面积 10 多万 hm²，保护着 3 万个农场的 162 万 hm² 农田。1942 年以后，由于经费紧张等原因，大规模工程造林暂时中止，但仍保持着每年造林 1 万～1.3 万 hm² 的速度。林带设计上，占地少的 1～5 行的窄林带越来越受到重视，单行林带在前期更受重视；1975 年以后，双行密植的窄林带逐步受到重视。到 20 世纪 80 年代中期，人工营造的防护林带总长度 16 万 km，面积 65 万 hm²（李世东，2021）。

主要建设对策：国会通过法案，授权政府从私人手中购买通航河流两岸的林地作为国有林，以保护河流两岸。严禁国有林、公有林原木出口，对国有林、公有林给予亏损补贴。对营造林予以支持，年造林基金支出 19 亿美元（超过林业税 13 亿美元）。与此同时，美国对营造林实行低利率贷款，一般年利率为 3.5%，贷款期限为 35 年。

4. 北非五国

生态背景：撒哈拉沙漠的飞沙移动现象十分严重，威胁着周围国家的生产、生活和人民生命安全，特别是摩洛哥南部、阿尔及利亚和突尼斯的主要干旱草原区、利比亚和埃及的地中海沿岸及尼罗河流域等尤为严重。为了防止沙漠北移，控制水土流失，发展农牧业和满足人们对木材的需要，北非的摩洛哥、阿尔及利亚、突尼斯、利比亚和埃及政府决定，在撒哈拉沙漠北部边缘联合建设 1 条跨国生态工程。

建设规划：1970 年，以阿尔及利亚为主体的北非五国决定用 20 年（1970～1990 年）的时间，在东西长 1500km、南北宽 20～40km 的范围内营造各种防护林 300 万 hm²。其基本内容是通过造林种草，建设 1 条横贯北非国家的绿色植物带，以阻止撒哈拉沙漠的进一步扩展或土地沙漠化，恢复这一地区的生态平衡，最终目的是建成农林牧相结合、协调发展的绿色综合体，使该地区绿化面积翻一番，这项工程被称为绿色坝工程。后来，各国又分别做出了具体计划，如阿尔及利亚的《干旱草原和绿色坝综合发展计划》、突尼斯的《防治沙漠化计划》和摩洛哥的《1970—2000 年全国造林计划》等。

工程实施：北非五国绿色坝工程从 1970 年开始，经过 10 多年的建设，到 20 世纪 80 年代中期，已植树 70 多亿株，面积达 35 多万 hm²，初步形成 1 条绿色防护林带，防止了撒哈拉沙漠进一步扩展。后来，北非五国加快造林速度，到 1990 年，已营造人工林 60 万 hm²，使该地区森林总面积达到 1034 万 hm²，森林覆盖率达到 1.72%。

主要建设对策：阿尔及利亚政府动员了全国力量，利用机耕、飞播等手段进行植树造林，并规定干部、军人、职工、学生在每年前 3 个月的星期五轮流参加义务植树活动，但主要依靠军队的力量。据统计，军队造林面积占造林总面积的 75%，国家规定，年龄在 30 岁以下的青年，除身患疾病、家庭有特殊困难的以外，均须服兵役 2 年，其间一半时间从事军事训练，一半时间从事造林、修路等，军队总部还设有技术局，负责造林的技术指导。作为国家林业主管部门的国家森林工程局十分重视该工程建设，在没有军队的地带，组织有关力量按照规划设计开展造林。

5. 澳大利亚

生态背景：澳大利亚几百年来一直受到风、水和盐碱的侵蚀，使许多土地荒芜，这些灾害的破坏力虽然缓慢但却十分无情，最富饶的新南威尔士农牧区也不能幸免。同时，地球臭氧空洞也给澳大利亚大陆带来了危害。澳大利亚北部的个细软沙质的黄金海岸，原是世界上最好的冲浪区，但现在受阳光紫外线的直线照射，成为世界上患皮肤癌比率最高的地区。此外，澳大利亚现在已有数十种哺乳动物灭绝。澳大利亚的树林正在迅速减少，而且有 100 多种开花植物已绝迹。

建设规划：澳大利亚从 19 世纪 80 年代开始限制用于商业目的的天然林采伐。联邦政府从保护生态环境和森林永续利用的长期发展战略出发，制定了一系列约束力较强的政策、法规，在征得州政府同意后付诸实施。同时，政府投资 2.4 亿美元，力图使大部分地区重新绿化，用于改善生态环境。1990～2000 年，为了控制土地剥蚀，计划植树 10 亿株。

工程实施：澳大利亚天然林的 26%禁止采伐，其余 74%允许采伐，但需要满足繁多的附加条件，使这些天然林因为申请手续烦琐、采伐门槛太高而被放弃采伐，或让想采伐者因获利甚微而放弃采伐的念头。到 2000 年已经人工植树 200 多万株。

主要建设对策：对于天然林保护，一是由联邦政府与州政府签订具有法律效力的区域性林业协定，二是制定天然林保护具体目标，维护天然林的可持续经营。同时，通过人工造林扩大森林资源，成立"拯救丛林"保护组织，鼓励个人发展植树业。对可循环使用的纸制品减征 20%的销售税，以鼓励厂商多利用回收资源来生产纸制品，减少使用自然资源。探索控制野兔、野猪一类有害动物的方法。

2.1.2 国内生态林业工程发展历史

根据《国语》记载，公元前 550 年，太子晋曾向周灵王说过"不堕山，不崇薮，不防川，不窦泽。夫山，土之聚也；薮，物之归也；川，气之导也；泽，水之钟也。"可见，保护山林以固土的思想远在周灵王时期就形成了。明朝的刘天和将柳树在治水中的作用总结为"六柳"，即卧柳、低柳、编柳、深柳、漫柳和高柳。清末梅曾亮写的《书棚民事》详细地论述了山林与水源涵养、农田、水土流失的关系，说服老百姓否定了安徽巡抚毁林开荒的主张。这些例子都说明祖先在生产和生活实践中已经认识到了森林与环境之间的朴素关系，也是现代生态林业工程的重要思想来源之一。经过几代人的努力，我国生态林业工程建设取得了巨大的成绩，备受世人瞩目。从 20 世纪 50 年代初开展的大规模植树造林，到 20 世纪 70 年代末先后开始的十大生态林业工程、六大重点林业工程建设，再到现在的"一圈三区五带"生态林业工程建设布局，我国生态林业工程建设已经进入全面打造"青山绿水"的新时期。

20 世纪 50 年代初，我国百废待兴，政府为了改善生产与生活环境，在风沙区和严重水土流失区开始大规模营造各种类型防护林。其中典型工程有华北西北各地防风固沙林，主要针对冀西风沙危害严重、农业生产不稳的局面。1949 年 2 月，华北人民政府农业部在河北省西部京广铁路沿线的 3.53 万 hm^2 风沙区成立冀西沙荒造林局，与正定、新乐等 5 县密切配合组织农民合作造林。随后，东北西部防护带、内蒙古东部防护带，以及黄河南岸的豫东防沙林带建设工程相继启动。1951 年 9 月，东北人民政府林业部林政局经全面勘察，制定了《营造东北西部农田防护林带计划（草案）》，规划的建设范围包括东北西部及内蒙古东部风沙等灾害严重的 25 个县（旗），总面积为 833 万 hm^2。到 1952 年 1 月，东北人民政府发布了《关于营造东北地区西部防护林带的决定》，将原计划（草案）范围向东北延伸、东西加宽，东起辽东半岛和山海关，北至黑龙江的甘南县、富裕县，长达 1100km，宽约 300km，总面积 2278 万 hm²，扩大到 60 多个县（旗），计划造林 300 多万 hm²，是当时全国规模最大的防护林工程。1952 年中央政府组织了华北 5 省（自治区、直辖市）防护林考察工作。1954 年陕西、甘肃、宁夏等省（自治区）提出了北部大型防风固沙林计划，即"绿色长城"。1950 年在甘肃等风沙区设立了防沙林场，开展风沙治理的综合研究与示范，选择杨、柳、沙枣等树种建造防沙林带。到 1978 年，其中著名的林带有陕北毛乌素沙带南缘防沙林带（长 580km）、宁夏灌区外缘防沙林带（长 160km）、河西走廊前沿防沙林带（长 910km）、内蒙古乌兰布和沙漠东缘防沙林带（长 175km）。1951 年 2 月，全国林业会议决定，在黄河、淮河、永定河及其他严重泛滥的河流上游山地，选择重点营造水源林。同年，河北、察哈尔两省在永定河上游，华东、中南两个大区在淮河中上游，都配合治水建立了营林机构。对西北的黄河支流泾、渭河流域，东北的松花江、浑河、老哈河，湖北的汉水、湖南的沅江、江西的赣江、广东的韩江等流域也进行勘查，准备造林。我国沿海地区台风、风沙、盐碱等自然灾害严重影响农业生产和人们生活，1952 年江苏省首先做出了营造沿海防护林的决定，其后辽宁、山东、河北、广东、广西和福建等省（自治区）也相继开始营造防护林，主要造林树种为刺槐、黑松、杨、柳、紫穗槐、木麻黄、湿地松、火炬松、加勒比松、栎类、相思树和柑橘等（《当代中国》丛书编辑部，1985）。

到了 20 世纪 70 年代末期，伴随国家改革开放，防护林的营造出现了新的形势，以三北防护林体系建设为龙头，我国进行了系统的防护林建设规划，开始了科学的防护林体系建设。自 1978 年三北防护林体系建设工程规划、启动以来，我国政府先后批准实施了以减少水土流失、改善生态环境、扩大森林资源为主要目标的十大生态林业工程，主要包括三北防护林体系建设工程、长江中上游防护林体系建设工程、沿海防护林体系建设工程、平原绿化工程、防治荒漠化工程、太行山绿化工程、黄河中游防护林体系建设工程、珠江流域综合治理防护林体系建设工程、淮河太湖流域综合治理防护林体系建设工程、辽河流域综合治理防护林体系建设工程。1998 年开始，以黄河流域和长江流域为重点试点退耕还林还草工程、天然林资源保护工程，2000 年以后扩展到全国，以保护、恢复森林资源为基础的生态林建设进入新的阶段。

进入 21 世纪以来，生态建设、生态安全、生态文明的观念已深入人心，在全国生态环境建设全面规划的基础之上，国家对生态林业工程进行了重新整合，以原来十大生态林业工程体系建设为基础，整合确定了全国六大生态林业工程建设任务，使生态林业工程建设的内涵得到进一步深化和加强。通过六大生态林业工程的实施，建立起布局合理的森林生态网络体系，重点地区的生态环境得到明显改善，与国民经济发展和人们生活改善要求相适应的木材及林产品生产能力基本形成。进入新时期，以国家"两屏三带"生态安全战略格局为基础，按照山水林田湖生命共同体系统构建"一圈三区五带"的生态林业新格局，对于保障国家生态安全、实现可持续发展具有重要的战略意义。

2.2　生态林业工程建设现状

2.2.1　生态林业工程建设规模

防护林工程与天然林资源保护工程、退耕还林还草工程的持续推进，成为扩大我国森林植被面积、扭转生态环境恶化趋势的主要驱动力。

（1）天然林资源保护工程。天然林资源保护工程于 1998 年在全国试点，2000 年在全国全面启动，工程范围主要包括长江上游地区、黄河上中游地区、东北、内蒙古等重点国有林区，共 17 个省（自治区、直辖市），涉及 724 个县（旗、市、区）、160 个重点企业。其主要任务是：控制天然林消耗、恢复森林植被；全面停止长江上游、黄河上中游地区天然林的商品采伐；调减东北、内蒙古等地的木材产量；加快黄河、长江流域工程区宜林荒山荒地造林绿化，分流林业企业职工。

（2）退耕还林工程。1999 年，我国开始实施退耕还林政策。2002 年，国务院西部开发办公室召开退耕还林工作电视电话会议，确定全面启动退耕还林工程。到 2017 年，退耕还林工程累计投入退耕还林工程的资金达 4500 多亿元。到 2020 年，全国计划实施完成 8000 万亩退耕还林。

（3）三北防护林工程。按照总体规划，三北防护林工程的建设东起黑龙江的宾县，西至新疆的乌孜别里山口，北抵国界线，南沿天津、汾河、渭河、洮河下游、布尔汗布达山、喀喇昆仑山，东西长 4480km，南北宽 560～1460km。地理位置在东经 73°26′～127°50′，北纬 33°30′～50°12′。工程包括陕西、甘肃、宁夏、青海、新疆、山西、河北、北京、天津、内蒙古、辽宁、吉林、黑龙江 13 个省（自治区、直辖市）的 551 个县（旗、市、区）。工程建设总面积 406.9 万 km²，占国土陆地总面积的 42.4%。三北防护林工程规划从 1978 年开始到 2050 年结束，历时 73 年，分 3 个阶段、八期工程进行建设。三北防护林工程规划造林 3508.3 万 hm²（包括林带、林网折算面积），其中：人工造林 2637.1 万 hm²，占总任务的 75.2%；飞播造林 111.4 万 hm²，占总任务的 3.2%；封山封沙育林 759.8hm²，占总任务的 21.6%。四旁植树 52 亿株。

（4）长江流域防护林工程。1989～2000 年，在 271 个县（市、区）实施了长江中上游防护林体系建设一期工程，1995～2000 年，在 36 个县（市、区）实施了淮河太湖流域综合治理防护林体系建设工程。2001～2010 年，二期工程建设范围扩大到整个长江流域、淮河流域及钱塘江流域，涉及 17 个省（自治区、直辖市）的 1035 个县（市、区），土地总面积 216.5 万 km²，占国土面积的 22.5%。规划造林面积 687.72 万 hm²，其中人工造林 313.24 万 hm²，封山育林 348.03 万 hm²，飞播造林 26.45 万 hm²。规划低效防护林改造 629.13 万 hm²。2011～2020 年，三期工程建设包括长江、淮河、钱塘江流域的汇水区域，在延续二期工程范围的基础上，遵循流域完整性和尊重地方政府意愿等基本原则，确定三期工程涉及青海、西藏、甘肃、四川、云南、贵州、重庆、陕西、湖北、湖南、河南、安徽、江西、江苏、山东、浙江、福建 17 个省（自治区、直辖市）的 1026 个县（市、区），土地总面积 220.61 万 km²。规划造林总规模为 530.21 万 hm²，其中人工造林 151.7 万 hm²，封山育林 378.5 万 hm²，飞播造林 0.012 万 hm²。规划低效林改造 361.29 万 hm²。

（5）珠江流域防护林工程。1996 年启动实施了珠江流域防护林体系建设一期工程（1996～2000 年），2001～2010 年实施二期工程，2011～2020 年实施三期工程。一期工程包括 47 个县，完成造林 67.5 万 hm²，森林覆盖率由 1996 年的 24.9% 提高到 2000 年的 39.1%；二期工程中包括 6 个省（自治区）187 个县（市、区），规划面积占珠江流域面积的 91.95%，累计完成营造林 121.16 万 hm²，完成低效林改造 105.87 万 hm²，工程区森林覆盖率由 2000 年的 44% 提高到 2010 年的 51.5%，森林面积由 2558 万 hm² 增加到 2970 万 hm²。

（6）京津风沙源治理工程。为了减少京津地区沙尘危害，不断提高工程区经济社会可持续发展能力，构建北方绿色生态屏障，我国于 2000 年启动京津风沙源治理工程。2001～2010 年，一期工程建设区包括内蒙古、河北、山西、天津、北京 5 个省（自治区、直辖市）的 75 个县（旗、市、区），总面积 45.8 万 km²。2013～2022 年，二期工程扩大至包括陕西在内 6 个省（自治区、直辖市）的 138 个县（旗、市、区），比一期增加了 63 个县，面积比原来增加了 24.8 万 km²。

（7）太行山绿化工程。太行山绿化工程总体规划于 1987 年开始工程试点建设，1994 年全面启动。一期工程实施期限为 1994～2000 年，工程建设涉及北京、河北、山西、河南 4 省（直辖市）110 个县（市、区）。2001 年，国家继续启动实施《太行山绿化二期规划（2001—2010 年）》，建设范围涉及以上 4 省（直辖市）77 个县（市、区、国有林管理局）。二期工程累计完成造林 90.2 万 hm²，其中人工造林 30.7 万 hm²，封山育林 47.2 万 hm²，飞播造林 12.3 万 hm²，森林覆盖率达 21%。太行山绿化三期工程规划（2011～2020 年）建设范围涉及北京、河北、山西、河南 4 省（直辖市）78 个县（市、区、国有林管理局）。工程区分七大区

53 个重点县，总面积 839.6 万 hm²。工程规划投资 181.8 亿元，营造林总任务 167.7 万 hm²，其中人工造林 81.6 万 hm²、封山育林 49.6 万 hm²、飞播造林 4 万 hm²、低效林改造 32.5 万 hm²。规划到 2020 年，工程区将新增森林面积 79.6 万 hm²，森林覆盖率将提升 9.7%。

（8）沿海防护林工程。我国大陆海岸线北起辽宁省鸭绿江口，南至广西壮族自治区北仑河口，全长 18 340km，另有岛屿海岸线 11 558km，涉及沿海 11 个省（自治区、直辖市）及 5 个计划单列市的 344 个县（市、区）。1988 年林业部编制了《全国沿海防护林体系建设总体规划》，1989 年开始工程试点建设。1991～2000 年，在全国沿海 11 个省（自治区、直辖市）的 195 个县（市、区）全面实施了沿海防护林体系建设工程。2001～2010 年实施二期工程，吸取了 2004 年底印度洋海啸的教训，2005～2006 年，国家林业局对二期工程规划进行了修编，将建设期限延长至 2015 年，进一步扩大了工程建设范围，丰富了工程建设内容，实施《全国沿海防护林体系建设工程规划（2006—2015 年）》。上期规划结束以后，经国务院批复，国家林业局和发改委联合印发了《全国沿海防护林体系建设工程（2016—2025 年）》，规划中体系建设内容包括如下。①沿岸基干林带建设总面积 587 999hm²。其中，人工造林面积 344 488hm²，占建设任务的 58.6%；灾损基干林带修复面积 161 832hm²，占建设任务的 27.5%；老化基干林带更新面积 81 679hm²，占建设任务的 13.9%。②纵深防护林规划期建设总面积 887 970hm²。其中，人工造林面积 411 287hm²，占建设任务的 46.3%；封山育林 190 400hm²，占建设任务的 21.5%；低效防护林改造 286 283hm²，占建设任务的 32.2%。

（9）平原绿化工程。为改善农业生产环境条件，1988 年开始实施平原绿化工程，主要进行宜林地造林、防护林带营造、林农间作、村镇绿化。工程区涉及北京、天津、河北、山西、内蒙古、辽宁、吉林、黑龙江、上海、江苏、浙江、安徽、福建、江西、山东、河南、湖北、湖南、广东、广西、海南、四川、陕西、甘肃、宁夏、新疆 26 个省（自治区、直辖市）的 957 个县（旗、市、区），占全国总县数的 45%，是我国商品粮棉油主要生产基地。1988～2000 年为一期工程，涉及 920 个县（旗、市、区）。2001～2010 年为二期工程，扩大到 944 个县（旗、市、区），2011～2020 年为三期工程，涉及 24 个省（自治区、直辖市）的平原县、半平原县和部分平原县，共计 923 个县（旗、市、区）。工程区土地总面积 25 046.2 万 hm²。其中，林地 5914.0 万 hm²，占工程区土地总面积的 23.6%；耕地 5693.9 万 hm²，占工程区土地总面积的 22.7%；牧草地 1080.9 万 hm²，占工程区土地总面积的 4.3%；其他土地 12 357.4hm²，占工程区土地总面积的 49.3%。规划建设总任务 706.39 万 hm²，其中人工造林 492.44 万 hm²，修复防护林带 128.07 万 hm²，林农间作 85.88 万 hm²。

2.2.2　生态林业工程建设效果

从 1978 年三北防护林工程建设开始以来，经过全国天然林保护工程、退耕还林工程和防护林建设工程，我国森林面积由 1981 年的 1.1873 亿 hm² 提高到 2018 年的 2.2 亿 hm²，森林覆盖率由 12.36% 提高到 22.96%，特别是生态环境脆弱区的林草植被覆盖率大幅提升，为国土绿化与生态环境改善做出了巨大的贡献。

（1）天然林保护工程。天然林保护工程一期结束，11.1 亿亩森林得到了有效管护；通过人工造林、封山育林、飞播造林等生态恢复措施，森林面积净增 1.26 亿亩，森林蓄积量净增 4.52 亿 m³，长江上游地区森林覆盖率由 33.8% 增加到 40.2%，黄河上中游地区森林覆盖率由 15.4% 增加到 17.6%。随着工程区森林植被不断增加，森林生态系统功能逐步恢复，局部地区生态状况明显改善。据测算，2000～2015 年我国天然林保护工程区累计涵养水源 30 180 亿 m³，固土 6951 亿 t（杨师帅 等，2022）。新疆玛纳斯河流域河流含沙量由 1991～2000 年的年均 3.43kg/m³ 降至 2001～2010 年的年均 2.75kg/m³ 和 2011～2015 年的年均 1.45kg/m³（李吉玫和王丽，2020）。监测到 2000～2015 年长江干流各站点的径流量和输沙量都呈减小趋势，但是径流量减少不明显，减少率均小于 8%，而输沙量大幅度减少，减少率均大于 47%，特别是 2012 年后长江上游输沙量减少幅度大。长江中下游 2005 年后输沙量已经得到一定的控制，其主要原因除了水利水保措施外，森林植被恢复也是一个重要原因（杨维鸽 等，2019）。

（2）退耕还林工程。《中国退耕还林还草二十年（1999—2019）》数据显示，自 1999 年试点启动以来，到 2019 年全国累计实施退耕还林（草）5 亿多亩，匹配荒山造林和封山育林 3 亿多亩，工程区森林覆盖率平均提高 4.2%。通过 20 多年的建设，全国退耕还林工程建设减少了水土流失和风沙的危害，扭转了生态恶化的趋势；调整了农村产业结构，转移了农村剩余劳动力，改变了生产方式和生活方式。据《2016 退耕还林工程生态效益监测国家报告》评估，全国退耕还林工程每年产生的生态效益总价值量约为 1.38 万亿元，其中涵养水源 4490 亿元、保育土壤 1146 亿元、固碳释氧 2199 亿元、林木积累营养物质 143 亿元、净化大气环境 3438 亿元、生物多样性保护 1802 亿元、森林防护 606 亿元。

（3）防护林建设工程。三北防护林工程是我国启动实施的第一个重大生态工程，几代人经过 40 年的艰苦努力，在我国北疆筑起了一道抵御风沙、保持水土、护农促牧的绿色长城，为生态文明建设树立了成功典范。《三北防护林体系建设 40 年综合评价报告》显示，三北防护林工程 40 年累计营造防风固沙林 788.2 万 hm²，治理沙化土地 33.62 万 km²，保护和恢复沙化草原 1000 多万 hm²，工程区年均沙尘暴日数从 6.8d 下降为 2.4d，有效地遏制了风沙蔓延态势，维护了国土生态安全；营造水土保持林 1194 万 hm²，累计治理水土流失面积 44.7 万 km²，工程区水土流失面积相对减少 67%，其中防护林贡献率达 61%；重点治理的黄土高原林草植被覆盖度达到 59.06%，年入黄河泥沙减少了 4 亿 t 左右，侵蚀强度大幅下降，有效地控制了水土流失灾害，增强了土壤蓄水保土能力；营造带片网相结合的区域性农田防护林 165.6 万 hm²，有效庇护农田 3019.4 万 hm²，工程区粮食年增产 1057.5 万 t，低产区粮食产量提高了约 10%，有效构筑农业生态屏障，保护粮食生产安全；营造各类经济林 463 万 hm²，年产值达到 1200 亿元，营造的用材林折合木材储备量达 18.3 亿 m³，经济效益达 9130 亿元，有效培育了生态富民产业，促进了农村经济社会发展。2018 年，三北防护林工程获"联合国森林战略规划优秀实践奖"。

通过长江流域防护林体系工程建设，工程区的森林植被得到了迅速恢复，森林植被涵养水源、保持水土、调节径流、削减洪峰的防护功能有了较大的提高（张永利，2013）。通过一期工程建设，工程区森林覆盖率从 19.9% 增加至 29.5%。流域水土流失面积逐渐减少。特别是在长江中上游地区，共完成水土流失治理面积 6.5 万 km²，治理区土壤侵蚀量由 9.3 亿 t 降低到 5.4 亿 t。通过二期工程建设，工程区森林覆盖率从 30.3% 增加至 34.9%，年土壤侵蚀量减少 2.29 亿 t（覃庆锋 等，2018）。

据《长江流域防护林体系建设三期工程规划（2011—2020 年）》报道，安徽省北部的利辛县，过去干热风危害较为严重，小麦大幅减产。2001~2009 年通过实施长江流域防护林体系工程建设，大面积营造农田防护林网 5.33 万 hm²，建设以铁路、公路、沟渠为主的绿色长廊 1964km，以村庄绿化为点、道路绿化为线、农田林网建设为面的防护林体系初步建成，干热风危害得到有效遏制。全县小气候条件和生态环境大为改善。据测定，农田防护林网内与无林网区的对照点相比，风速降低 32.9%~47.7%，相对湿度提高 7.1%~20.5%，土壤蒸发量平均减少 27.4%，作物蒸腾量平均减少 34.1%，冬季气温提高 0.5~1℃，夏季气温降低 0.6~1.4℃，干热风出现的频率也由建网前的每年三四次减少到现在的每年不足 1 次。河南省桐柏县实施长江流域防护林工程以来，开展新农村生态林业村建设，近城山体绿化、廊道绿化等活动使工程区生态环境和小气候条件得到了明显改善，一大批昔日的荒山秃岭和水土流失严重的坡耕地披上绿装，森林植被快速恢复，全县森林覆盖率由 2000 年的 40.1% 增长到 2009 年的 50.3%，全县荒山绿化率达 90.8%，沟河渠路绿化率达 96.8%。

平原地区是我国粮食供给安全的保障，但是强风、干热风、倒春寒、霜冻、沙尘暴、灌区土壤盐渍化等自然灾害威胁粮食生产的稳定性。农田林网、农林间作可以有效降低不良环境因素对农业生产的影响。《全国平原绿化三期工程规划(2011—2020年)》数据显示,农田林网可以使所控制耕地的粮食产量增加10%~20%。山东省齐河县2003年以后的3年间,全县造林5.67万 hm²,使有林地面积达到6.67万 hm²,粮食产量从4.81亿kg增加到8.62亿kg,充分体现了林网通过改善农田小气候、改良土壤等促进粮食增产稳产的作用。2001~2010年的二期工程期间,河南省年均粮食和棉花产量分别达到了1949年的5.9倍和12.2倍,2006年和2007年更是连续两年粮食产量突破千亿斤大关,成为全国第一产粮大省,充分体现了平原地区标准化防护林网在农业生产中的防灾减灾、促进农业稳产高产的作用。同时,生态林业工程还可以增加木材供给,促进农民就业增收。到2010年底,我国平原地区活立木总蓄积量已达到8.58亿 m³,占全国的6.4%;竹材产量近3亿根,占全国的26.1%。

2.3　生态林业研究现状及趋势

2.3.1　生态林业理论研究

1935年英国生态学家坦斯利(Tansley)首次提出"生态系统(ecosystem)"的概念。1940年美国生态学家林德曼(Lindeman)提出了著名的林德曼定律(Lindeman's law)。1962年美国生态学家奥德姆(Odom)首先使用了"生态工程(ecological engineering)"一词。我国学者马世骏教授给出了生态工程的定义:生态工程是应用生态系统中物种共生与物质循环再生原理,结合系统工程最优化方法,设计的分层多级利用物质的工艺系统。生态工程的目标就是在促进自然界良性循环的前提下,充分发挥物质的生产潜力,防止环境污染,实现经济效益和生态效益同步发展(马世骏和王如松,1984)。1989年,美国 Mitsch(米奇)和丹麦 Jørgensen(乔根森)主编、马世骏等多国学者参编的世界上第一本生态工程专著《生态工程:生态技术导论》(*Ecological Engineering*:*An Introduction to Ecotechnology*),成为生态工程学这门新兴学科诞生的起点。书中将生态工程定义为:为了人类社会及其自然环境的利益,而对人类社会及其自然环境进行设计,它提供了保护自然环境,同时又解决难以处理的环境污染问题,这种设计包括应用定量方法和基础学科成就的途径。1992年创办了有关生态工程的国际性学术刊物《生态工程》(*Ecological Engineering*),1993年国际生态工程学会(International Ecological Engineering Society,IEES)正式成立。

生态林业工程作为生态工程的一个分支,在研究一般生态工程学的基础理论的同时，结合了防护林体系理论、流域综合治理理论与林学理论，对林分结构、生态功能、农林牧复合生态系统等不同子系统的能量交换与物质交换等进行了广泛的理论研究，促进了生态林业工程理论的进一步发展与完善。

在防护林体系理论研究方面，20世纪60年代，关君蔚（1962）对我国水土保持林进行了分类，提出了水土保持林体系的概念，并指出了水土保持林研究的方向：一是适地适树问题，二是造林技术问题，三是不同类型区水土保持林林种、配置及占地面积问题，四是水土保持林效益问题。在此基础上提出了防护林体系的概念，指出如果将防护林的林种比喻成细胞，那么防护林就是一个有机体。防护林体系就是要根据自然条件和发展生产的特点，将有关林种有机结合成一个整体，有利于保障生产，改善环境条件和自然面貌（贾文龙，2008）。我国防护林分为风旱、沙地、水土保持、环境保护及其他四大类共21个基本防护林林种，基本涵盖我国不同地理类型区，满足了我国防护林体系的建设需求，是防护林体系规划设计的主要科学依据。从森林的防护作用到防护林，再到防护林体系是森林生态理论与实践的重大进展，是通过人工构建特殊的森林结构以产生特定的生态功能，满足人类对生态环境的目的性需求（关君蔚，1998）。

1980年水利部在山西省吉县召开的"水土保持小流域治理座谈会"上提出了生物措施与工程措施相结合的观点，并确定了以小流域为单元进行水土流失综合治理的基本原则，从此开启了生态环境以流域为单位进行综合治理的模式（王礼先和朱金兆，2005）。流域无论大小都是一个相对独立的单元，是一个社会-经济-自然复合生态系统，大流域中的次级流域可以作为流域生态系统中的子系统。因此，对任何一个流域都可以将其作为一个生态系统单位进行管理，可研究不同尺度流域生态系统的水、热、气、养、生状态变化，以及流域之间的物质交换与能量交换。流域防护林体系工程也正是基于流域复合生态系统的基本特性进行配置与营造，通过流域生态系统结构的变化而改善流域生态系统的服务功能，解决流域内水土流失、洪水、水源涵养与保护、极端气候调节等生态环境问题（张光灿 等，1999a；吕仕洪 等，2003；陆传豪 等，2016）。因此，从20世纪90年代开始，有关生态林业工程中的树种选择、林分结构、空间布局、流域内的土地利用与产业结构调整、林分水平上与流域（区域）水平上复合生态系统的结构与功能的关系等成为理论研究的重点（郭浩和范志平，2004；彭绍云，2016）。

我国的林业发展经历了从以木材生产为主到以生态环境保护为主的历程，肩负着改善生态环境和促进经济发展的双重使命。在长期的森林培育科学研究中系统地研究了地理环境与立地多样性、生物多样性、森林保护与森林培育的关系、森林数量与质量的关系、天然林与人工林的关系等方面的理论问题，认识到中国的现代林业必须走可持续发展的道路，必须以生态优先、高效持续为主要特征。随着森林经营观念的转变和一些重大生态林业工程的启动，传统的林学理论研究结合生态学理论逐渐奠定了生态林业工程的研究方向。结合生态林业工程建设实践，针对生态林的结构与功能、生态林的效益、生态林的区域或流域布局与配置等理论问题，组织科研院所和大专院校进行了重点研究，1998 年由王礼先等主编的我国第一本《林业生态工程学》出版。

20 世纪 90 年代以来，我国在生态林业工程建设理论方面取得了如下进展。①在防护林体系研究方面，提出并完善了我国的防护林体系理论，建立了我国防护林体系及其分类，并创建了生态控制理论应用于生态林业工程的规划设计。②流域或区域生态林空间布局与流域林种安排理论，主要依据水土流失、风沙灾害等因子研究生态林空间规划方法、不同防护林林种及配置位置、方式与防护目标的结合理论。③结合小流域水土流失综合治理，主要研究了小流域内林草措施与工程措施、农业措施相结合，土地利用和水土保持措施相结合，对小流域进行系统治理，形成综合生态经济效益的理论。④复合农林业高效可持续经营技术，包括农林不同植物的种间关系及其配置、经营理论与技术，不同类型复合系统的能量、物质、信息流动转移理论。这些研究对我国生态林业工程顺利建设和稳定高效发挥生态防护功能起到了关键支撑作用。⑤生态林业工程效益分析，研究效益评价的指标及其衡量方法，通过构建不同指标体系对生态林业工程的生态效益、经济效益、社会效益进行定量计量与分析，对工程建设效果进行评价，为工程规划设计与管理提供技术、经济信息支持。

2.3.2　生态林业技术研究

20 世纪 90 年代后，随着生态科学理论与应用技术的发展成熟，生态工程与传统的生产方式相结合，在我国的农业、林业、渔业、牧业、环境保护及工业设计等领域得到了广泛的应用，出现了许多具有地域特色的生态工程模式。如珠三角地区传统的基塘模式、东部沿海地区的滩涂治理开发模式、北方地区"四位一体"生态模式、人工湿地污水处理生态模式、小流域水土流失综合治理模式、生态工业园区建设模式等都取得了显著的社会效益、经济效益和生态效益，为解决资源与环境问题、促进可持续发展做出了重要贡献，获得了国际学术界的好评。生态工程作为一门迅速发展的新兴学科，被人们普遍接受，其分支的生态农业工程、生态林业工程、生态草业工程、生态水利工程、恢复生态工程等从理论和实践层面正在不断完善。

生态林业工程是随着生态工程的发展和防护林工程建设而逐渐兴起的。自从 1978 年三北防护林工程建设以来，随着全国重大生态林业工程项目的相继顺利实施，亟须运用新的林学、生态、工程理论与技术指导生态林业工程建设，针对不同区域性生态林业工程的实际情况，研究工程建设亟须解决的关键与重大技术问题。在技术研究方面，着重研究生态林培育技术、在流域或区域不同空间尺度上的生态林空间配置技术、农林复合及林下经济经营技术、特殊立地上以植被恢复与生态防护为主要目的的林分结构优化与营造技术。

　　20 世纪 90 年代以来，我国在生态林业工程建设技术领域取得了如下进展：①研究了生态林的培育技术，涉及树种选择与适地适树、林分密度调控、林分结构与防护功能、经营管理等，重点研究涉及适地适树方法、以降水资源综合利用为基础的径流林业技术、以水资源承载力为基础的林分密度调控、以防护林防护成熟过程为基础的林分经营管理等；②研究了以植被恢复与生态保护为主要目的的生态林营造技术，特别是针对困难立地的特殊造林与植被恢复技术，包括干旱半干旱地区、干旱干热河谷、石质山地、喀斯特岩溶区、干旱风沙区等的植被恢复技术及相应的抗逆性植物材料选育技术，以工矿废弃地复垦、人工边坡生态修复绿化为目的工程绿化技术；③在小流域生态林业工程规划设计及建设方面取得了较大进展，主要包括立地类型划分与适地适树理论、与工程措施及农业措施相结合的林分空间配置方法、林分稳定性调控技术；④在农林复合及林下经济方面，在全国各地针对林、农、草、药、菌等发展出了多种类型复合系统和提高生态经济效率的经营技术，服务于不同的气候带与产业模式；⑤在生态修复技术研究方面，重点研究了以促进植被自然恢复为目的的人工促进植被恢复技术，包括各种封育措施、人工诱导植物生长措施、人工改良环境措施、植被保护措施等技术，将其应用于生态系统的自然和人工修复中，取得了良好的效益。

第 3 章

山丘区生态林业工程

3.1 山丘区生态环境与生态林空间配置

我国土地总面积中山区面积（包括山地、高原和丘陵）占土地总面积的 69%，平地面积（包括平原和高平原）约占土地总面积的 31%。全国有 1670 个县属于山丘区县，其人口数量约占全国人口数量的 1/3，全国约有 1/3 的粮食生产于山丘区，森林、经济林主要分布于山丘区。山丘区也是江河的主要水源地及生态环境调节器，与平原区有着密切的自然生态联系。因此，山丘区既是生态环境治理的重点区域，也是国家重要的生态屏障。

3.1.1 山丘区农牧业生产特点

1. 自然环境

我国陆地面积广，气候差异大，不同区域山丘区环境条件有极大的差异性，包括北部温带干旱区的高山区，温带半湿润区的中山和低山区，暖温带半湿润区的中山和低山区，北亚热带湿润区的中山和低山区，中亚热带的中山、低山和丘陵区，南亚热带的中山、低山和丘陵区，青藏高原区。我国山丘面积最大的是贵州省，山丘面积占全省总面积的 95.6%；其次是云南和四川，分别占全省总面积的 92.2% 和 91.9%；其他多山丘省（自治区）有陕西（83.2%）、福建（78.6%）、广西（72.9%）、浙江（68.2%）、江西（68.2%）、湖南（61.2%）、广东（61.0%）、湖北（61.0%）。

多种类型的生态环境和丰富的生物资源是山丘区农林牧业经济发展的优势。山地土壤背景复杂，土壤种类繁多，既有地带性土壤，也有非地带性土壤，表现出一定的垂直分布特征。降水、光照与海拔及坡向相关。我国山丘区植被与动植物种类具有纬向地带性特征，也具有垂直地带性特征，随着山区地质、地形、地貌、气候和土壤的变化，自然形成了多种类型的生态环境，适于不同的生物种群生长，在不同立地上分布有不同珍稀树种、药材、花卉、牧草及野生动物，为农林牧业生产提供了多样性的空间与物种资源（周子康，1985；张静和任志远，2016）。

历史上我国由于人口压力一度使山丘区自然资源遭受到不同程度的破坏，但是在改革开放后随着退耕还林工程、天然林资源保护工程、防护林工程等工程与政策的实施，山丘区自然资源逐步得到恢复与保护。

山丘区多种生态系统类型的复合体支撑了山丘区农牧业生产与人类文明发展，从古到今形成了多种多样的具有地域特色的自然-经济-社会复合生态系统，经过不断发展和完善，对山丘区农村农业经济的发展和生态环境保护起到了弥足珍贵的作用。在空间上山地生态环境质量格局存在差异，一方面主要表现为随着海拔的变化形成不同的垂直带层，另一方面是由于自然环境的持续变化和人类经济活动的强烈影响产生土地类型的进化性或退化性互逆演替序列（刘彦随和方创琳，2001）。因此，山地普遍存在自然灾害频繁、水土流失严重、土壤肥力下降与养分失调、缺乏系统的生态环境综合治理方案等问题（侯学煜，1983），需要通过生态系统结构与功能调节从根本上解决这些问题。本章主要介绍黄土区、北方土石山区、黑土区和红壤紫色土区。

2. 存在问题

1）自然灾害频繁

山丘区是干旱、洪涝、寒冷、冰冻等气象灾害，以及山洪、泥石流、滑坡、崩岗等地质灾害的多发区，严重制约农林牧业的发展，甚至威胁工矿、交通、水利设施及居民的生命财产安全。其中，旱灾在我国全国广泛存在，发生的严重程度和频率越来越高，成为影响农牧业稳定生产的最重要因素。西北干旱半干旱地区发生干旱往往会造成农作物绝收等严重的后果，东部山区普遍存在规律性的季节性干旱，华北、西南山区春旱频繁发生，东南山区常发生夏旱。

由于过度开发利用和植被毁坏，缺乏坡面、沟系的综合防治措施，暴雨经常引起山洪、泥石流、滑坡、崩岗等自然灾害的发生，造成沟道两岸基本农田的毁坏，导致下游河道、水库、湖泊的淤积。1988年的长江特大洪水与上游的森林破坏有密切关系；2010年甘肃舟曲的泥石流与流域上游森林植被的乱砍滥伐有很大关系（严斧，2016）。

2）水土流失严重

我国是世界上水土流失最严重的国家之一。《2018年中国水土保持公报》发布的结果显示，全国水土流失总面积273.69万km^2，其中水力侵蚀面积为115.09万km^2（占流失总面积的42.05%），风力侵蚀面积为158.60万km^2（占流失总面积的57.95%）。按照侵蚀强度分，轻度、中度、强烈、极强烈、剧烈程度的侵蚀面积分别为168.25万km^2、46.99万km^2、21.03万km^2、16.74万km^2、20.68万km^2，分别占侵蚀总面积的61.47%、17.17%、7.68%、6.12%、7.56%。其中，重点预防区土地总面积为 326.69 万 km^2，水土流失面积为 111.95 万 km^2，水土流失面积占预防区土地总面积的 34.27%；轻度、中度、强烈及以上强度侵蚀面积分别为 64.71 万 km^2、20.95 万 km^2、26.29 万 km^2，占水土流失总面积的 57.80%、18.71%、23.48%；重点治理区土地总面积为 166.25 万 km^2，水土流失面积为 55.14 万 km^2；轻度、中度、强烈及以上强度侵蚀面积分别为 36.66 万 km^2、9.90 万 km^2、8.58 万 km^2，占水土流失面积的 66.49%、17.95%、15.56%。

各地自然条件与社会经济发展历史不同，影响到水土流失的特点也不同，需要相对应地采取综合防治措施（吴发启和张洪江，2012）。我国主要涉及西北黄土高原区、东北黑土漫岗区、北方土石山区、南方红壤丘陵区、南方石质山区 5 个山丘水土流失类型区。

（1）西北黄土高原区水土流失的特点。黄土高原区主要分布在黄河中上游，水蚀面积约 45 万 km^2。该区的自然条件是土层深厚（50～100m）、土质疏松（主要是粉砂壤土）、沟多沟深（沟密度 3～5km/km^2，沟深 30～50m）、地面坡度陡峭（大部分为 15°～25°，有的甚至达 35°），雨量稀少、暴雨集中（大部分地区年降水量 400～500mm，北部只有 200～300mm；汛期降雨量占年降水量的 60%～70%），植被稀少（原有天然林面积只占总面积的 6%，到处是光山秃岭）。在这样不利的自然条件下，加上历史上不合理的经济活动（主要是毁林毁草，陡坡开荒种植），造成水土流失中面蚀与沟蚀都十分严重。据观测，一般土壤侵蚀模数 5000～10 000t/（km^2·a），有的甚至高达 20 000～30 000t/（km^2·a）。面蚀主要产生在坡耕地上，15°～25° 陡坡土壤流失强度为 75～150t/（hm^2·a）。沟蚀中平均沟头前进速度为 3m/a 左右，有的甚至 1 年能溯源侵蚀前进 30 多 m；在沟中由于沟底下切，加剧了沟壑两岸崩塌、滑塌等重力侵蚀，成为小流域泥沙的主要来源。据黄土丘陵区一些小流域的典型观测，沟壑面积占丘陵区总面积的 40%～50%，沟壑的产沙量占丘陵区总产沙量的 50%～60%。

（2）东北黑土漫岗区水土流失的特点。东北黑土漫岗区主要分布在松花江中上游，是大兴安岭向平原过渡的山前波状起伏台地，也是我国主要的商品粮生产基地之一，水蚀面积约 13 万 km^2。东北黑土漫岗区的地形特点是坡度较缓（一般为 3°～5°），但坡面较长（一般为 800～1500m）。黑土的有机质含量较高，耕作层疏松，底层黏重，透水性很差，暴雨时耕作层容易饱和，形成地表径流，加上农民长期有顺坡耕作的习惯，极易造成水土流失，使黑土层逐年变薄，粮食单产降低。许多地方已由面蚀发展到沟蚀，坡面被切割得支离破碎，不仅减少了耕地面积，更加剧了旱灾的发生。在上游林区，由于人口增加，土地大量、盲目开垦和发展，水土流失面积不断扩大。由于地面广阔空旷，风力畅行无阻，该区还有一定的风蚀存在。

（3）北方土石山区水土流失的特点。北方土石山区主要分布在松辽、海河、淮河、黄河四大流域的干流或支流的发源地，共有土石山区面积约 75 万 km²，其中水土流失（主要是水蚀）面积 48 万 km²。地面组成物质是石多土少，石厚土薄，地面土质松散，夹杂石砾。由于水土流失，坡耕地和荒地中土壤细粒被冲走，剩下粗沙和石砾，造成土质粗化；有的甚至岩石裸露，不能利用（石化）。由于土层薄，裸岩多，坡度陡，沟底比降大，暴雨中地表径流流量大、流速快、冲刷力和挟运力强，经常形成突发性山洪，致使大量泥沙砾石堆积在沟道下游和沟外河床、农地，冲毁村庄，埋压农田，淤塞河道，危害十分严重。

（4）南方红壤丘陵区水土流失的特点。南方红壤丘陵区主要分布在长江中下游和珠江中下游，以及福建、浙江、海南、台湾等地。红壤分布的总面积约 200 万 km²，其中丘陵山地约 100 万 km²，水蚀面积 50 万 km²，是我国水土流失程度较高且分布范围最广的地类。本区的水土流失除了一般面蚀与沟蚀外，还有崩岗这种特殊的流失形态。面蚀主要产生于坡耕地和荒坡。坡耕地的土壤流失量随着坡度的增大而加剧。一般 5°～10° 坡耕地土壤流失量为 15～30t/hm²，15°～25° 坡耕地为 45～75t/hm²。荒坡有灌草等植物覆盖的一般流失轻微，许多地方由于铲草皮作肥料，破坏了地面植被覆盖，致使水土流失剧增。

在四川和重庆的丘陵区、湖南的沅江和衡阳地区、江西的赣南地区，以及广东的南雄、兴宁，贵州的章赫等地，分布有大量的紫色页岩地区，其水土流失特点与南方红壤丘陵区相同。

（5）南方石质山区水土流失的特点。南方石质山区主要分布在长江上游和珠江上游的四川、云南、贵州、广西 4 个省（自治区），以及甘肃、陕西两省的南部，分布面积共约 94 万 km²，水土流失面积约 34 万 km²。从危害特点来看：一是石灰岩山区坡耕地的石漠化，使耕地的面积减少、质量降低，威胁着当地民众的生存，以贵州、广西两省（自治区）分布最广；二是泥石流多发区，对沟口和下游危害剧烈，主要分布在云南和四川的接壤地区。

3）土壤肥力下降与养分失调

土地是人类赖以生存的基础，是一种有限的不可再生资源，耕地面积的减少将给子孙带来极大隐患。暴雨时，中坡耕地的水土流失特别严重，土壤中的氮、磷、钾、有机质等养分都同时流失，造成土地日益瘠薄；田间持水能力降低，又加剧了干旱的发展，其结果是农作物产量很低，人们收入低。据统计，中华人民共和国成立以来全国因水土流失而损失的耕地约 266.67 万 hm²，全国 4200 万 hm² 坡耕地和 666.67 万 hm² 风蚀耕地，平均每年要流失土壤 30～150t/hm²，全国每年至少有 50 亿 t 沃土付之东流，上亿吨氮、磷、钾养分随之流失，超过了全国 1 年的化肥用量（孙习稳和李晓妹，2002）。土壤肥力下降已成为发展粮食生产的严重障碍，在南方土层较薄的地方，严重的水土流失可使疏松表土流失殆尽，最后基岩裸露成为光板地。在热带、亚热带地区见到的"红色沙漠""白沙岗""光石山"都是水土流失导致的恶果。

水土流失、风沙等造成土壤养分流失，同时不适当的耕作、过量施用化肥，也造成土壤养分失调，特别是氮肥大量施用造成土壤碳氮比例失调，导致土壤有机质含量下降，进一步恶化了土壤的理化性质，影响土壤水、肥、气的协调性。另外，由于化肥、农药及动物饲料中添加的激素较多，导致土壤面源污染和水体污染，不仅恶化了土壤性质，而且还影响了生物多样性发育，直接或间接影响到农牧业的产量和品质。

4）缺乏系统的生态环境综合治理方案

我国山区的气候、地形、土壤、生物具有丰富的多样性，具有发展农牧林产业的优越环境与条件。但是由于信息与技术滞后，缺乏系统的生态环境综合治理方案，导致生态环境仍然存在这样或那样的问题，制约了自然资源潜力的发挥。

在山区，一提到生态环境治理，往往想到的就是植树造林，但是对因地制宜、因害设防的基本原则却有所忽略，没有系统性的生态环境问题诊断，没有针对性的应对措施，没有全面的、系统性的规划设计，更没有考虑与其他土地利用类型、其他植物措施的结合，经常忽略草本植被的独特作用，从而导致生态环境治理总体效益不高。

3. 生产特点

1）坡耕地占比高

山丘区坡耕地占绝对优势是农林牧业生产的最基本特征，一般坡耕地占总土地面积的比例可达到 70%～90%。根据中国科学院的统计，全国耕地中坡度大于 6° 的占 28.4%，大于 25° 的占 4.56%。在贵州大于 15° 的坡耕地超过了 50%，在贵州、云南、四川、重庆等西南地区大于 25° 的坡耕地超过了 10%，其中有的地方甚至超过了 30%。

地形条件对环境因素具有强烈的再分配作用，不同的地形条件意味着不同的生态环境，表现出对外力作用的敏感性不同。坡耕地的坡度、坡长、坡位、坡向及海拔等地形条件，决定了坡耕地对农林牧业生产的适宜性。仅从坡向上看，在我国北方地区，阳坡与阴坡的水分条件相差悬殊，成为植被分布差异的主要因素；而在我国华中、华南山区，海拔 1000m 以上山的西北坡的年降水量一般比东南坡少 200～300mm，光照条件也比较弱。坡耕地也是水土流失的主要源地，坡耕地的水土流失面积占全国水土流失总面积的 60%～80%，从 2003 年开始国家逐步对 25° 以上坡耕地进行退耕还林还草。

2）农业生产具有多样性

生态环境的多样性、土壤的多样性、植物资源的多样性综合形成了不同区域多种多样的农林牧业生产类型，南方和北方、东部和西部、高海拔区和低丘陵区呈现出显著不同的农业生态适宜环境和农林牧业生产的地域特征。不同地区农林牧物种结构各异，为市场提供农林牧产品的数量和质量与当地的资源、环境及生产传统相关。

在同一地理纬度带农业生产环境的差异性主要受到海拔和地形的影响（陈楷根和曾从盛，2000）。地形主要是坡形、坡位、坡度，不同地形上土壤的种类和厚度不一样，降雨的入渗与产流潜力不同，导致土壤的水、热、养、气、生有显著差异，即使在同一个坡面上也会形成大大小小不同的微环境，从而造成农林牧业的生产适宜性不同。自然条件下形成丰富多彩的植物群落结构的差异性，人工条件下种植不同的农林植物种，水平结构上形成近似自然的斑块镶嵌体农林牧景观，垂直结构上植物种类、配置方法、耕作制度、栽培技术等发生明显变化，形成立体生态景观。

山地农业资源利用的生态模式要遵循垂直地带性分异规律，考虑到山区显著的地域差异性，应着眼于山地各自然带层（地区），并以区域内各种土地生态类型为操作单元，在空间上，可包括宏观、中观与微观 3 个层次的模式。表 3-1 所示为秦巴山地农业资源利用空间模式（刘彦随，1999）。

表 3-1　秦巴山地农业资源利用空间模式

垂直带层格局/m	宏观模式（全局尺度）	中观模式（带层尺度）	微观模式（单元尺度）
亚高山地（3251～3767）	产业-利用型土地生态系统	以林业为主，发展木材生产与加工业，辅以中草药和高山牧草利用	冷杉、落叶松、药材、高山灌丛草甸
中山地（2501～3250）	防护-开发型土地生态系统	以林业为主，林特产专业化开发、加工与发展涵养水源林相协调	油松、华山松、桦木、板栗、食用菌
低山地（1601～2500）	产业-防护型土地生态系统	重视水土保持育林，经济林果业和类杂粮旱作种植以生态环境防护为前提	栎类、马尾松、中华猕猴桃、核桃、薯类
丘陵台地（1001～1600）	防护-产业型土地生态系统	以陡坡生态防护林牧业为重点，在缓坡台地适当发展农作物种植业	侧柏林、竹林、玉米→小麦、油菜→玉米
河川沟谷地（600～1000）	开发-防护型土地生态系统	河川地以集约农业为主，沟谷地适度发展畜牧业与经济林果业	水稻→小麦、水稻→油菜、小麦→玉米、沟坡草灌、苹果、板栗、柿子、柑橘

四川省攀西地区安宁河流域下段山地为青藏高原、云贵高原和四川盆地边缘山地间的过渡地带，山川呈南北走向。特殊的气候构成使这里的河谷高山自然

条件垂直分布特征极为明显，大致可分为 7 个气候带，气候带的复杂交错又使动植物物种繁多，立体垂直自然资源谱带和农业生产结构的立体配置特征相对应。表 3-2 所示为四川省攀西地区安宁河流域下段山地自然条件与农林牧业生产关系（唐洪潜和郭正模，1996）。

表 3-2　四川省攀西地区安宁河流域下段山地自然条件与农林牧业生产关系

垂直气候带	海拔/m	土壤类型	植被·树种	农作物	畜种
高山寒带	>4000	草甸土、灌丛草甸土	高山灌丛、草甸	—	绵羊、山羊、牦牛
高山亚寒带	3201～4000	山地暗棕壤	亚高山常绿针叶林	土豆、荞麦、燕麦	黄羊、山羊、猪（放养）
山地寒温带	2601～3200	山地黄棕壤	山地针阔混交林	玉米、土豆	黄羊、山羊
山地凉温带	2201～2600	山地红棕壤	常绿阔叶林（苹果、梨、核桃）	玉米、小麦、水稻	猪、水牛、山羊
山地暖温带	1601～2200	山地红壤	常绿阔叶林	水稻、玉米、小麦	猪、水牛
河谷亚热带（上段）	1000～1600	褐红壤	干热河谷灌丛	双季稻、玉米	猪、水牛
河谷亚热带（下段）	<1000	褐红壤、燥红壤	稀疏草丛（香蕉、木瓜等热带作物）	双季稻、蔬菜、甘蔗	猪、水牛

　　薛家沟流域位于秦岭山脉南坡中段，属柞水县下梁镇，为乾佑河二级支流，南北长 1.70km，东西宽 0.94km，面积 1.60km²。流域属于丘陵台地，海拔 900～1450m，沟道狭窄，最宽处不过 70～80m。地貌类型为中山川垣地貌，基岩为花岗岩和砂岩，山大沟深坡陡，相对高差 300m，坡度多大于 25°，坡向多为阳坡和半阳坡。依据流域地形的立体分异特性，通过山水林田路综合治理与开发，建成川平地以粮食作物种植为基础、坡地以经济林和防护林为主导的山地林、果、药、菌立体开发模式，改善人们生活与生产条件，促进经济、社会和环境共同发展。图 3-1 所示为薛家沟流域土地立体开发模式示意图（李智广和刘务农，2000）。

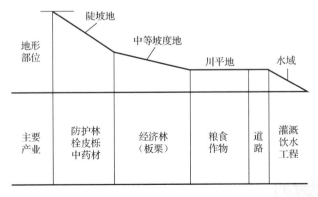

图 3-1　薛家沟流域土地立体开发模式示意图

3.1.2 山丘区生态林类型

山丘区一般都具有发展农林牧业生产的条件和优势。与平原区不同，山丘区具有进行多种经营、从事多种种植业并取得多种产品的优越条件，充分合理地利用山丘区水土资源、气候资源、生物资源的优势，可发挥巨大的生产潜力。为了以中、小流域为单元建成生态与经济高效、持续、稳定的人工生态系统，在合理规划土地利用方向和生产内容的条件下，各个生产用地上必须及时采取适合山丘区条件的生产措施和水土保持措施。其目标就在于创造良好生产条件的同时，获取所期望的经济效益。从这个意义上来看，山丘区的各项水土保持措施，不仅要具有保持水土功能，对山区生产起到生态保障作用，还要兼顾生产功能。充分利用山丘区丰富的环境特点提供必要的木质与非木质经济产品，成为山丘区生产事业建设中必不可少的组成部分。

山丘区的生产特点决定了水土保持就是农业生产的生命线。因此，生态林要以水土流失防治、河岸河滩防护、农田防护、水源涵养等水土保持功能为主要目的且兼顾生产功能的林种为主体。按照地形地貌条件和水土流失特点，山丘区水土保持林分为荒坡、耕地、沟道、河岸、河源五大类型。表 3-3 所示为山丘区水土保持林类型（王百田，2010）。

表 3-3　山丘区水土保持林类型

工程类型	工程名称	地形或小地貌	侵蚀程度	土地利用类型	防护对象与目的	生产性能
坡面荒地水土保持林工程	坡面防蚀林	各种地貌下的沟坡或陡坡面	强度以上	荒地、荒草地、稀疏灌草地、低覆盖度灌木林地和疏林地	各种地类的坡面侵蚀	一般禁止生产活动
	护坡放牧林	各种地貌下的较缓坡面或沟坡	强度以下	退耕地、弃耕地、荒地、荒草地、稀疏灌草地、低覆盖度灌木林地和疏林地	各种地类的坡面侵蚀	刈割或放牧
	护坡薪炭林	各种地貌下的较缓坡面或沟坡	强度以下	荒地、荒草地、稀疏灌草地、低覆盖度灌木林地和疏林地	各种地类的坡面侵蚀	刈割取柴
	护坡用材林	坡麓、沟塌地、平缓坡面	中度以下	荒地、荒草地、稀疏灌草地、低覆盖度灌木林地、疏林地、弃耕或退耕地	各种地类的坡面侵蚀	取材（小径材）
	护坡经济林	平缓坡面	中度以下	退耕地、弃耕地、高覆盖度的荒草地	各种地类的坡面侵蚀	获取林副产品
	护坡种草工程	坡麓、沟塌地、平缓坡面	中度以下	退耕地、弃耕地、荒草地、稀疏灌草地、低覆盖度灌木林地和疏林地	各种地类的坡面侵蚀	刈割或放牧

续表

工程类型	工程名称	地形或小地貌	侵蚀程度	土地利用类型	防护对象与目的	生产性能
坡面耕地水土保持林工程	植物篱（生物地埂、生物坝）	塬坡、墚坡、山地坡面	轻度以下	坡耕地	坡耕地侵蚀	"三料"（燃料、饲料和肥料）或其他
	水流调节林带	漫岗、长缓坡	轻度中度	坡耕地	坡耕地侵蚀	用材或其他
	梯田地坎（埂）防护林（草）	塬坡、墚坡、山地坡面	轻度以下	土坎或石坎梯田	田坎（埂）侵蚀	林副产品或其他
	坡地林农（草）复合工程	塬坡、墚坡、山地坡面	轻度中度	坡耕地	坡耕地侵蚀（含风蚀）	林副产品或其他
侵蚀沟道水土保持林工程	沟谷川地防护林	沟川或坝地	微度以下	旱平地、水浇地、沟坝地	耕地侵蚀（含风蚀）	林副产品或其他
	沟川台（阶）地农林复合工程	沟台地、山前阶地	轻度以下	旱平地或梯田地	耕地侵蚀（含风蚀）	林副产品或其他
	沟头防护林	沟头、进水凹地	强度以上	荒地或耕地	水蚀与重力侵蚀	一般禁止生产活动
	沟边防护林	沟边	强度以上	荒地或耕地	水蚀与重力侵蚀	一般禁止生产活动
沿岸滩涂防护林工程	坝坡防护林	沟道、淤地坝	强度以上	荒滩或水域	水蚀	一般禁止生产活动
	沟底防冲林	沟底	强度以上	荒滩或水域	水流冲刷	一般禁止生产活动
	水库防护林	库坝、岸坡及周边	中度以上	荒地或水域	水流冲刷、库岸坍塌	一般禁止生产活动
	护岸防护林	河岸	中度以上	荒地或水域、两岸农田	水流冲刷、库岸坍塌	一般禁止生产活动
	滩涂防护林	河湖库滩地	中度以上	滩地农田、荒地或盐碱地	冲刷、风蚀、盐渍荒漠化	林副产品或其他
水源保护林工程	水源保护林	河流集水区	中度以上	天然林、天然次生林、人工林、灌丛、退耕地	水蚀	一般禁止生产活动

3.1.3　山丘区生态林空间配置

对一个完整的中、小流域水土保持林体系的配置，要考虑通过体系内各个林种合理的水平配置和布局，与土地利用等合理结合，空间上分布均匀，形成适度林木覆盖率，各林种间生态和水土保持效益互补，形成完整的防护林体系，充分发挥其改善生态环境和水土保持的功能；同时，通过体系中各个林种内树种（或植物种）的立体配置，在空间上形成良好的垂直林分结构，具有生物学稳定性与良好的空间利用效果，以达到流域内防护林体系产生较高的生态效益和充分发挥其生物群体生产力的目标，建立持续、稳定、高效的生态林业体系。

根据因害设防、因地制宜原则，因所处地区社会经济、自然历史条件和当地传统经验及其技术优势等，山丘区林种的配置会出现各具特点的、多样的形式，即使有较为普遍适用的配置技术模式可供选择，也仍需要针对流域的具体条件进行设计。总结以往的经验，林种配置问题上应着重强调如下方面：一是针对防灾需要和所处立地条件，合理选择树种或植物种；二是依据选定树种或植物种的生物学特性、生态学特性，处理好植物种间的关系；三是林分密度的确定除应考虑一般确定林分密度的原则之外，还要注意林分未来防护灾害的需要，以及所应用树种和植物种的特性。

林种的水平配置是指在流域或区域范围内，不同生态林的林种平面布局和合理规划，对具体的中、小流域应以其山系、水系、主要道路网的分布，以及土地利用规划为基础，根据当地水土流失的特点和水土保持要求，发展林业产业和满足人们生活的需要，统筹分析生产与环境条件，确定水平空间上的合理布局和配置。在不同林种具体配置的形式上，要兼顾流域水系上、中、下游，流域山系的坡、沟、川、左右岸之间的相互关系，统筹考虑各种生态工程与农田、牧场、水域及其他水土保持设施相结合。

林种的立体配置一方面是指某一生态林业工程通过树种（或林种）、草种选择与组成，构建出多树种、多层次冠层结构的人工森林生态系统群落结构；另一方面是指以流域为单位，从流域出口到分水岭随着地形与高程变化、由各种防护林所组成的人工生态林空间结构。合理的立体配置应根据其经营目的，确定目的树种与其他植物种进行混交搭配，尽量形成混交林的群落结构，并根据水土保持、社会经济、土地生产力、林草种特性，将乔木、灌木、草本植物与药用植物或其他经济植物等结合起来，以加强生态系统的生物学稳定性和发挥长、中、短期生态效益与经济效益。特别应注重当地适生植物种的多样性及其经济开发的价值。除此之外，立体配置还应注意在水土保持与农牧用地、河川、道路、四旁、庭院、水利设施等结合过程中植物种的立体配置，在一个流域内从分水岭到沟口形成全面设防、层层拦截、固沙滤水的水沙调控体系。在水土保持生态林业工程体系中通过各种林种的水平配置与立体配置使林农、林牧、林草、林药得到有机结合，使之形成林中有农、林中有牧、植物共生、多功能多效益的人工复合生态系统，充分发挥土、水、肥、光、热等资源的生产潜力，不断提高和改善土地生产力，以期获得最高的生态效益和经济效益。

林种配置在具体的空间安排上可以分为坡面与沟道。坡面水土保持林配置原则上一般沿等高线布设，与径流中线垂直。营造上选择抗旱性强的树种和良种壮苗，尽可能做到乔灌草相结合，采用一切能够蓄水保墒的整地措施，采用株密行大、"品"字形种植方式配置，仔细整地、精心栽植以保障成活率。在立地条件极端恶劣的条件下，可营造纯灌木林。侵蚀沟道系统的水土保持林配置要结合沟道（沟底、沟坡）防蚀的需要并进行林业利用，在控制沟道侵蚀的条件下获得林业收益，保障沟道生产可持续高效。不同发育阶段土质沟道的防护林，通过控制沟头、沟底侵蚀，减缓沟底纵坡，抬高侵蚀基点，稳定沟坡，达到控制沟头前进、沟底下切和沟岸扩张的目的，从而为沟道全面合理的利用、提高土地生产力创造条件。

在具体的生产实践中，应在上述原则指导下，把不同生态林林种的生态防护效应作为其配置的主要理论依据，结合工程区实际条件进行分析，因地制宜、因害设防，规划设计出可行的生态林业工程，决不能不研究具体条件，而机械地套用已有模式和规格进行配置。例如，配置在农田、牧场、果园及其周围的水土保持生态林业工程，是带状、块状，还是网、片相结合，其宽度、面积、结构、配置部位的确定等，虽然都有着一定原则要求，但同时也存在着相当的灵活性，往往由于生产要求和土地利用条件不同而不同，如果土地面积较大，条件较好，则可适当扩大生态林业工程的建设面积，侧重于发展林业生产；而有的则因耕地面积少，人口密度大，条件不允许，宁可少造林种草，甚至不造林种草，而适当地发挥其他水土保持措施的作用。因此，在不同地区产生了适应当地自然环境和生产条件的不同生态林业工程模式或生态环境综合治理模式（周红 等，2001；李国强 等，2007；刘兰芳，2008）。

此外，在大、中流域或较大区域水土保持生态林业工程建设中，森林覆盖率或林业用地比例往往也是确定其总体布局与配置所要考虑的重要因素。因为森林覆盖率会大幅改善区域气候与环境条件。例如：山西省右玉县森林覆盖率从 1949 年前的 0.3%提高到 2008 年的 51%左右，生产条件和自然环境发生了深刻的变化；黄土高原森林覆盖率从 1977 年的 11.06%提高到 2017 年的 21.83%，黄土高原生态环境开始总体好转。人们普遍认为森林覆盖率达 30%以上（或更高些）的国家和地区，一般生态环境较好。当然森林覆盖率仅是一个体量上的考虑因素，森林所发挥的作用实际上与生态林业工程总体布局、林分的配置位置及结构、森林的质量密切相关，还受当地的生产传统、社会经济条件的制约。

总结 70 多年来水土保持的科学研究和生产实践，对于生态林业工程，有以下几点认识：一是按大、中流域综合规划，小流域为具体治理单元，在调整土地利用结构和合理利用土地的基础上，实施山、水、田、林、路综合治理，逐步改善农牧业生产条件和生态环境条件，而造林种草等生态林业工程是不可缺少的措施；二是积极发展造林种草，建设生态林业工程是增加流域内林草覆盖率，改善生态环境的根本措施，也是防治水土流失的主要手段和治本措施；三是生态林业工程不仅具有生态防护效益，同时也是当地的一项生产措施，发展生态林业工程可为当地创造相当的物质基础和经济效益，这是由林业本身的防护、生产双重功能决定的，即生态经济型功能；四是水土保持是一项综合性、交叉性很强的学科，在防治水土流失方面，生态林业工程与水利工程是相辅相成、互为补充的，前者是长远的战略性措施，后者是应急保障措施，二者必须紧密结合起来，才能真正达到控制水土流失、发展农牧业生产、改善生态环境的目的；五是生态林业工程是以木本植物为主的林、草、农、水相互结合的生态工程，乔灌草相结合的立体配置和带、网、块、片相结合的平面配置是其发挥最大的防护作用和获得经济效益的技术保证。

3.2 黄土区生态林

3.2.1 生态环境特征

西北黄土高原区包括山西、陕西、甘肃、青海、内蒙古和宁夏 6 省（自治区）共 271 个县（市、区、旗），土地总面积约 56 万 km^2，水土保持区划分为 5 个二级区、15 个三级区。

黄土地形基本由塬、梁、峁、沟组成。黄土塬为顶面平坦宽阔的黄土高地，又称黄土平台。塬顶地形平坦，边缘倾斜 3°～5°，塬边即为深切沟谷。其中面积较大的塬有陇东董志塬、陕北洛川塬和甘肃会宁的白草塬。长条状的黄土丘陵即为黄土梁，梁顶为平坦或倾斜 3°～5°至 8°～10°的斜梁。丘与鞍状交替分布的梁称为峁梁。沟谷分割的穹隆状或馒头状黄土丘陵即为黄土峁。峁顶面积不大，以 3°～10°向四周倾斜，并逐渐过渡为坡度为 15°～35°的峁坡，峁坡边缘与沟谷相接。沟谷有细沟、浅沟、切沟、悬沟、冲沟、坳沟（干沟）和河沟 7 类。黄土高原是以黄土及黄土状物质为优势地面组成的区域，主要有鄂尔多斯高原、陕北高原、陇中高原等，涉及毛乌素沙地、库布其沙漠、晋陕黄土丘陵、陇东及渭北黄土台塬、甘青宁黄土丘陵、六盘山、吕梁山、子午岭、中条山、河套平原、汾渭平原，位于我国地势的第二级阶梯，地势自西北向东南倾斜。其中的河流有黄河干流、汾河、无定河、渭河、泾河、洛河、洮河、湟水河等。黄土高原区属暖温带半湿润、半干旱区，年均降水量为 250～700mm。主要土壤类型有黄绵土、棕壤、褐土、垆土、栗钙土等。植被类型主要为暖温带落叶阔叶林和森林草原，植被覆盖率为 45.29%。区域耕地总面积为 1268.8 万 hm^2，其中坡耕地面积为 452.0 万 hm^2。水土流失面积为 23.5 万 km^2，以水力侵蚀为主，北部地区水力侵蚀和风力侵蚀交错。

西北黄土高原区水土流失严重，泥沙下泄影响黄河下游防洪安全；坡耕地众多，水资源匮乏，农业综合生产能力较低；部分区域草场退化沙化严重；能源开发引起的水土流失问题十分突出。因此,该区域要以生物措施与工程措施相结合控制水土流失、保障黄河下游安全为优先,实施小流域综合治理,发展农业和林经果草特色产业,促进农村经济发展,积极退耕还林还草,防风固沙,保护和建设林草植被,提升植被覆盖质量。

3.2.2　生态林配置与营造

1. 坡面生态林配置模式

1) 坡面防蚀林

坡面防蚀林配置的陡坡地基本上是沟坡荒地,坡度大多在 30°以上,其中 45°以上的沟坡面积占沟坡总面积的 40%。有些地方由于侵蚀沟道被长期割切,沟床深切至红土,有的甚至出现基岩露头,使沟坡面出现除面蚀以外的多种侵蚀形式,如切沟、冲沟、泻溜、陷穴等;沟坡基部出现塌积体、红土泻溜体,陡崖上可能出现崩塌、滑塌等,它们组成了沟系泥沙的重要物质来源。坡面总的特点是水土流失十分剧烈,侵蚀量大(可占整个流域侵蚀量的 50%～70%,甚至更多),土壤干旱瘠薄,立地条件恶劣,施工条件差。

陡坡配置防蚀林,优先考虑的是坡度,然后是考虑地形部位。一般配置在坡脚以上、占陡坡全长的 2/3 为宜,因为陡坡上部多为陡立的沟崖(坡度 50°以上)。如果这类沟坡已基本稳定,应避免因造林而引起其他的人工破坏。在沟坡造林地的上缘可选择一些萌蘖性强的树种(如刺槐、沙枣),使其茂密生长,再略加人工促进,让其自然蔓延滋生,从而达到进一步稳固沟坡陡崖的效果。在沟坡陡崖条件较好的地方也可考虑撒播一些乔灌木树种的种子,让其恢复自然生长,形成近自然群落结构。

对于沟床强烈下切、重力侵蚀十分活跃的沟坡,要优先采用相应的沟底防冲生物工程固定沟床。在林木生长起来之后,重力侵蚀的堆积物将稳定在沟床两侧,在此条件下,由于沟床流水无力把这些泥沙堆积物携走,逐渐形成稳定的天然安息角,其上的崩塌落物也将逐渐减少。在这种比较稳定的坡脚(约在坡长 1/3 或 1/4 的坡脚位置),建议优先栽植沙棘、杨、柳、刺槐等根蘖性强的树种,在其成活后,再采取平茬、松土(上坡方向松土)等促进措施,使其向上坡逐步发展,虽然它可能会被后续的崩落物或泻溜物质所埋压,但是依靠这些树木强大的生命力,坡面很快被树木覆盖。如此几经反复,泻溜面或其他不稳定的坡面侵蚀最终将被固定。

沟坡较缓时,可以全部造林和带状造林,可选择根系发达、萌蘖性强、枝叶茂密、固土能力强的树种,如阳坡选择刺槐、臭椿、沙棘、紫穗槐等;阴坡选择青杨、小叶杨、油松、胡枝子、虎榛子等。

2）护坡放牧林

护坡放牧林一般适用于沟坡荒地，不宜发展用材林或经济林的坡面，但需要立地条件稍好的地类，因为放牧时牲畜践踏，易造成水土流失，特别是在荒草地上形成鳞片状面蚀。护坡放牧林除了保护坡面、促进牧草生长、提供可食枝叶之外，在旱灾年份出现牧草枯竭，或冬春季厚雪覆盖时，其树叶、细枝、嫩芽就成为家畜度荒的应急饲料，被人们称为"救命草"。

（1）树种选择。护坡放牧林应根据经营利用方式、立地条件、水土保持情况、树种特性选择适宜树种。在黄土高原地区由于适用于护坡放牧林的立地条件不好，选择乔木树种会出现生长不良且放牧不便等问题，故一般多选用灌木树种。即使选用乔木树种，也多采用丛状作业（按灌木状平茬经营）。选择的树种应遵循以下一些原则。

选择的树种要适应性强，耐干旱、耐瘠薄。用于护坡放牧林的地类均存在着植被覆盖度低、草种贫乏、水土流失严重、立地干旱贫瘠的问题，直接种植牧草效果不好，因此要选用适应性强的乔、灌木树种，可以获得一定的生物产量替代牧草，从而达到较好的放牧效果。饲料灌木单位面积的产草量高于纯草场的 2 倍以上（孟好军 等，2003）。

选择的树种要适口性好、营养价值高。我国林业饲料资源每年有 6 亿～8 亿 t，北方一些可作饲料的树种（如杨类、刺槐、沙棘、柠条）的叶子或嫩枝均有较好的适口性（周芳萍 等，2001）。略有异味的灌木（如紫穗槐）也可作为饲料，大多数适口性好的饲料（如乔、灌木树种的枝叶）均有较高的营养价值，可以直接饲喂或青贮发酵后饲喂动物（黄在康，1986；李明江，2008）。在祁连山测定胡颓子科沙棘的蛋白质含量占 21.11%，豆科锦鸡儿蛋白质含量占 14.20%，均大幅超过玉米（14.00%）和稻谷（12.60%）的蛋白质含量；几种无氮浸出物含量也都比较高，其中含量最高的枸子为 57.90%，最低的锦鸡儿为 39.81%（孟好军 等，2003）。反刍家畜日粮中添加灌木饲料，既可以减少常规饲料的用量，又可以提高家畜的生产性能，还可以改善畜产品的品质（王超 等，2021）。

选择的树种要生长迅速，萌蘖力强，耐啃食。在幼林时能提供大量的饲料，并且在平茬或放牧啃食后能迅速恢复。如柠条在生长期内平茬后，隔 10d 左右即可再行放牧。对乔木树种进行丛状作业（经常平茬，形成灌丛状，便于放牧，人们称为"树朴子"，如桑朴子、槐朴子）时，也必须要求有强的萌蘖力，如北方的刺槐、小叶杨。

选择的树种要水土保持功能强、综合利用价值高。所选树种要树冠茂密、根系发达，具有良好的坡面水土保持功能，并兼具一定的综合经济效益。如刺槐既可作为放牧林树种，具有蓄水保土能力，又是很好的蜜源植物。

（2）造林方法。荒地、荒草地护坡放牧林（或刈割饲料林）的配置属于人工新造林的范畴，可根据地形条件进行短带状作业，沿等高线布设，每带长 10～20m，由 2～3 行灌木组成，带间距 4～6m，水平相邻的带与带间留有缺口，以便于牲畜通过。山西省偏关县营盘梁村和河曲县曲峪村采用柠条灌丛均匀配置，每丛灌木（包括丛间空地）占地 5～6m^2，羊可在灌丛间自由穿行。也可选用乔木树种（如刺槐）进行丛状作业。无论应用何种配置形式，均应使灌丛（或乔木树丛）形成大量枝叶，以便牲畜采食。同时，应注意通过灌丛（或乔木树丛）的配置，可以有效截留坡面径流泥沙。由于灌丛截留雨雪，带间空地能够形成特殊的小气候条件，有利于天然草本植物的恢复，从而大幅提高坡面荒地和荒草地的载畜量。一般在营造柠条、沙棘放牧林 5 年后，其载畜量是原有荒草地的 5 倍多。

稀疏灌草地、稀疏灌木林地和疏林地护坡放牧林（或刈割饲料林）的配置可根据灌木和乔木的多寡、生长情况及地表覆盖度，确定是否需要重新造林。如果重新造林，配置方法与荒地荒草地基本相同；如果不需要重新造林，可通过补植、补种或人工平茬、丛状作业等形式改造为放牧林。

灌木放牧林多采用直播造林的配置方式，造林过程中应加强管护。播种灌木后前 3 年以生长地下部分的根系为主，3 年左右应进行平茬，促进地上部分的生长。乔木树种栽植造林后第 2 年即可进行平茬，使地上部分呈灌丛状生长。一般作为放牧的林地在造林后前两三年应实施封禁，禁止牲畜进入林内。同时，为了保证林木的正常萌发更新，保持有丰富的可供采食枝叶，应注意规划好轮牧区，做到轮封轮牧。同时，应提倡人工刈割饲料林来饲养牲畜，并开展舍饲，这样既有利于节约饲料，又有利于水土保持。

3）护坡种草工程

护坡种草工程一般要求相对平缓的坡地，或坡麓、沟塌地。刈割型人工草地需要更好的土地条件，最好是退耕地或弃耕地，也可与农田轮作，即种植在撂荒地上（此属于农牧结合的问题）。在荒草地、稀疏灌草地、稀疏灌木林地、疏林地上均可种植牧草。护坡种草工程是在坡面上播种适于放牧或刈割的牧草、以发展山丘区的畜牧业和山区经济。同时，牧草也具有一定的水土保持功能，特别是其防止面蚀和细沟侵蚀的功能不逊于林木。护坡种草工程与护坡放牧林或护坡用材林结合，不仅可以大幅提高土地利用率和生产力，而且也可以提高人工生态工程（即林草工程）的防蚀能力，起到生态、经济双收的效果。

（1）草种选择。坡地种草的草种选择应根据立地条件和利用情况来确定。黄土区坡地一般选择种植小冠花、红豆草、紫花苜蓿、黑麦草、无芒雀麦等。如果是生态治理与养殖兼用，可以选择种植紫花苜蓿、红豆草、绿穗苋、冬牧 70 黑麦草，并适度搭配种植串叶松香草、菊苣等人工牧草。也可以采用混播的方法，如无芒雀麦＋红豆草＋沙打旺混播、紫花苜蓿＋无芒雀麦＋冰草混播等。

（2）草地配置。①刈割型草地。专门种植供刈割舍饲的人工草地。这类草地应选择最好的立地，如退耕地、弃耕地或肥水条件很好的平缓荒草地，并进行全面的土地整理，修筑水平阶、条田、窄条梯田等，并施足底肥，耙糖保墒，然后播种。②放牧型草地。应选择植被覆盖度高的荒草地（接近天然草坡或略差一些），采用封禁＋人工补播的方法，促进和改良草坡，提高产草量和载畜量。③放牧兼刈割型草地。应选择植被覆盖度较高的荒草地，进行带状整地，带内种植高产牧草，带间补种，增加植被覆盖度，提高载畜量。④稀疏灌木林或疏林地下种草。在林下选择林间空地，有条件的在树木行间带状整地，然后播种；无条件的可采用有空即种的办法，进行块状整地，然后播种，需要特别注意草种的耐阴性。

4）护坡经济林

护坡经济林一般配置在退耕地、弃耕地及土层深厚、水肥条件好、坡度相对平缓的荒草地（植被覆盖度要高，覆盖度高说明水肥条件好）上。由于经济林需要较长的无霜期，且一般抗风、抗寒能力差，因此应选择背风向阳坡面。在坡面上配置护坡经济林，主要以获得林果产品和经济收益为目的，并通过经济林建设过程中高标准、高质量的整地工程，蓄水保土，提高土地肥力，同时其本身也能覆盖地表，截留降水，防止击溅侵蚀，在一定程度上具有其他水土保持林类似的防护功能。因此，护坡经济林具有生态、经济双重功能，是山区水土保持林体系的重要组成部分。护坡经济林包括干果林、木本粮油林及特用经济林。应当注意的是，由于坡度、地形、土壤、水分等原因，一般不具备集约经营的条件，管理相对粗放，不能期望其与果园和经济林栽培园那样有非常高的经济效益。当然，采取了非常措施（如修筑梯田、引水上山）的坡地干鲜果园除外。

护坡经济林应为耐旱、耐瘠薄、抗风、抗寒的树种，一般宜选择干果或木本粮油树种（如仁用杏、柿子、板栗、枣、核桃、文冠果、君迁子、灰叶梾木、翅果油树），也可以选择具有其他特殊用途的树种（如漆、白蜡树、银杏、宁夏枸杞、杜仲、桑、山茱萸）。应当强调，护坡经济林的种植密度不宜过大（375～825 株/hm²）；除非采用集约型的栽培园经营，否则一般不宜采用矮化密植。应当特别注重加强水土保持整地措施，可因地制宜，按窄带梯田、大型水平阶或大鱼鳞坑的方式进行整地。

在此基础上，有条件的可结合果农间作，在林地内适当种植绿肥作物或其他草本植物以改善和提高地力，促进丰产。在规划护坡经济林时，应考虑水源（如喷洒农药的取水）、运输等条件，如果取水困难，则可考虑在合适的部位修筑旱井、水窖、陂塘（南方）等集雨设施；在果园周围密植紫穗槐等灌木带，可调节果园上坡汇集的径流，并就地取得绿肥原料，还能得到编制篓筐的枝条。

2. 坡耕地生态林配置模式

1）植物篱

植物篱（hedgerow）是国际上通用的名称，在我国一般称由灌木带形成的植物篱为生物地埂（因为植物篱的拦截作用，植被带上方的泥沙经拦蓄过滤沉积下来，经过一定时间，植物篱就会高出地面，泥埋树长，逐渐形成垄状，故称为生物地埂）。由乔、灌、草组成的植物篱也称为生物坝，它是由沿等高线配置的密植植物组成的较窄的植物带或行（一般为1～2行），带内的植物根部或接近根部处互相靠近，形成一个连续体。选择采用的树种以灌木为主，包括乔、灌、草、攀缘植物等。组成植物篱的植物，其最大的特点是有很强的耐修剪性。植物篱按用途分为防侵蚀篱、防风篱、观赏篱等；按植物组成可分为灌木篱、乔木篱、攀缘植物篱等。同时，植物篱也有助于发展多种经营（如种杞柳编筐、种桑树养蚕），增加收入。

植物篱适用于地形较平缓、坡度较小、地块较完整的坡耕地，如我国东北漫岗丘陵区，长梁缓坡区（长城沿线以南、黄土丘陵区以北、山西长城以北地区），高塬、旱塬、残塬区的塬坡地带，以及南方低山缓丘地区、高山地区的山间缓丘或缓坡均可采用。

植物篱能起到拦截泥沙、保持养分、改良土壤的作用（张朝忙 等，2011），优点是投入少、效益高、具有多种生态经济功能；缺点是占据一定面积的耕地，有时存在与农作物争肥、争水、争光的现象，即有胁地问题。虽然如此，在大面积坡耕地暂不能全部修成梯田的情况下，营造植物篱仍不失为一种有效的办法。

（1）坡面植物篱应沿等高线布设，与径流线垂直；在缓坡地上植物篱的间距应为植物篱宽度的8～10倍。这是根据最小占地、最大效益的原则，通过试验研究得出的结论。

（2）灌木带。灌木带适用于水蚀区，即在缓坡耕地上，沿等高线带状配置灌木。树种多选择紫穗槐、杞柳、沙棘、乌柳、花椒等灌木树种。带宽根据坡度大小确定，坡度越小带越宽，一般为10～30m。灌木带由一到两行组成，株行距为0.5m×1.0m或更高。

（3）宽草带。在黄土高原缓坡丘陵耕地上，可沿等高线带状配置，每隔20～30m布设1条草带，带宽2～3m。草种选择紫花苜蓿、黄花菜等，能起到与灌木相似的作用。

（4）乔灌草带。乔灌草带也称生物坝，是在山西昕水河流域综合治理过程中总结经验提出来的一种植物篱配置方式。它是在黄土斜坡上根据坡度和坡长，每隔15～30m营造一条乔灌草结合的5～10m宽的生物带。一般选择枣树、核桃、杏树等经济乔木树种稀植成行，乔木之间栽灌木，在乔灌带侧种 3～5 行黄花菜，乔灌草带之间种植作物，形成立体种植。

（5）灌木林网。灌木林网适用于北方干旱、半干旱水蚀风蚀交错区（长梁缓坡区），既能保持水土，又能防风固沙。灌木林网的主林带沿等高线布设，副林带垂直于主林带，形成长方形的绿篱网格，每个网格的控制面积约 0.4hm²。带间距视坡度大小而定：5°～10°坡，带间距 25m 左右；0～15°坡，带间距 20m 左右；15°～20°坡，带间距 15m 左右；20°～25°坡，带间距 10m 左右；副林带间距 80～120m。

（6）天然灌草带。天然灌草带是指在天然灌草生长的坡地上，利用天然植被形成灌草带的方式。在缓坡上开垦农田时，在原有草灌植被的基础上，沿等高线隔带造田，形成天然植物篱。植被覆盖度低时，可采取人工辅助的方法补植补种。

2）梯田地坎（埂）防护林

梯田包括标准水平梯田（田面宽度在 8m 以上）、窄条水平梯田和坡式梯田（含长期耕种逐渐形成的自然带坎梯地）等，其中坡式梯田是坡地基本农田的重要组成部分。梯田建成以后，梯田地坎（埂）占用的土地面积为农田总面积的 3%～20%（依坡地坡度、田面宽度和梯田高度等因子而变化），且易受冲蚀，导致埂坎坍塌。建设梯田地坎（埂）防护林的目的，就是要充分利用埂坎，提高土地利用率，防止梯田地坎（埂）被冲蚀破坏，改善耕地的小气候条件；同时，通过选择配置有经济价值的树种，增加农民收入，发展山区经济。梯田地坎（埂）防护林的负面效应是串根、萌蘖、遮阴及与作物争肥争水等，应采取措施克服上述负面效应。

黄土质梯田一般坎和埂有别，大体有两种情况。一是自然带坎梯田（多为坡式梯田，田面坡度为 2°～3°），有坎无埂，坎有坡度（不是垂直的），占地面积大，有的地区坎的占地面积可达梯田总面积的 16%，甚至超过 20%，由于坎相对稳定，极具开发价值。二是人工修筑的梯田，坎多陡直，占地面积小，有地边埂（有软、硬埂之分），坎低而直立，埂坎基本上重叠的占地面积小；坎高而倾斜，不重叠的占地面积大，一般坡耕地梯田化后，埂坎占地面积约为 7%，土质较好的缓坡耕地面积小于 5%。因此，埂的利用往往更重要。

（1）梯田地坎上的乔灌配置。①坎上配置灌木。梯田地坎可栽植一到两行灌木，选择杞柳、紫穗槐、柽柳、胡枝子、柠条、桑条等树种，栽植或扦插灌木时，可选在地坎高度的 1/2 或 2/3 处（田面以下约 50cm 的位置）。灌木丛形成以后，一般地上部分高度有 1.5m 左右，灌木丛和梯田田间尚有 50～100cm 的距离，防止出现林带胁地效应及灌木丛对作物造成遮阴影响。应每年或隔年对灌木丛进行平茬，平茬在晚秋进行，可以获得优质枝条，且不影响灌木丛发育。坎上配置的经济灌木的枝条可采收用于编织，嫩枝和绿叶可就地压制绿肥。同时，灌木根系固持网络埂坎，起到巩固埂坎的作用。根据甘肃定西市水土保持总站测定结果显示，在黄土梯田陡坎上栽植杞柳，造林后 3～4 年可采收柳条 21 000kg/hm²，加工人均年收入可达数千元；在 1 次降雨量 101.4mm、历时 4.5h、降雨强度为 23.1mm/h 的特大暴雨中，杞柳造林的梯田地坎没有发生冲毁破坏现象（张富，1986）。②坎上配置乔木。乔木适宜在坎高而缓、坡长较长、占地面积大的自然带坎梯田上栽植。为了防止出现林带胁地效应，应选择一些发叶晚、落叶早、粗枝大叶的树种，如枣、泡桐、臭椿、楸等，并可采用适当稀植的办法（株距 2～3m）。栽植前可修筑一台阶，在台阶上栽植。

（2）梯田地埂上配置经济林。在黄土高原，有在梯田地埂上种植经济林木（含果树）的传统，地埂经济林往往是当地的重要经济来源。配置时，沿地埂走向布设，紧靠埂的内缘栽植 1 行，株距为 3～4m。一些根蘖性强的树种（如枣树），在栽植几年后，能从埂部向外长根蘖苗，并形成大树，这也是黄土区梯田地埂上生长大量枣树的原因。

3）坡耕地农林（草）复合

坡耕地农林（草）复合经营形式主要包括长期复合经营和短期复合经营两种类型。长期复合经营包括农林复合和农牧复合，其中农林复合是指在连片坡耕地或梯田上同时种植林木（草）和农作物，形成经济效益和生态效益兼顾的经济林。这种农林复合型的经济林多稀植（225～300 株/hm² 或更稀），林下常年种植农作物，二者均可获得较高的产量，如枣树与小麦间作、核桃与大豆间作；农作物与牧草复合型多采用草田等高带状间轮作，具体做法是将坡地沿等高线划分为若干条带，再根据粮草轮作的要求，分带种植作物和牧草，即一半面积种草，一半面积种粮，农作物与牧草轮换种植。短期复合经营主要是指退耕地短期农林间作，具体做法是在已确定的退耕地上种植林木之后到林分郁闭前的几年时间里可短期种植农作物，随着林分生长逐年缩小种植面积，林分郁闭后完全停止间作，农作物的种植起到了以耕代抚、促进林木生长的作用，同时又能获得短期的经济效益。

3. 沟系生态林配置模式

1）侵蚀沟系生态林布局

黄土区各地的自然历史条件不同，沟系侵蚀发展的程度及土地利用状况与治理水平也不同。因此，侵蚀沟系生态林业工程的防护目的和布局比较复杂，我们概括为 3 种类型来叙述其治理、控制侵蚀沟系发展的原则、方法与生态林业工程布局。

（1）以利用为主的侵蚀沟系。该类型侵蚀沟系以第四阶段侵蚀沟为主要组成部分，侵蚀沟基本停止发育，沟坡已经达到自然稳定坡度，坡面治理较好，沟底有谷坊或已采用打坝淤地等措施，稳定了沟道纵坡，控制了侵蚀基点。治理措施主要是在小流域全面规划的基础上，加强和巩固各项水土保持措施，合理利用沟道土地，更好地挖掘土地生产潜力，提高沟道土地生产率。

该类型侵蚀沟系应全面规划，以利用为主，治理为利用服务，注重侵蚀沟道（坡麓、沟川台地）速生丰产林的建设和宽敞沟道缓坡上的经济林或果园基地建设；在有畜牧业发展条件的侵蚀沟，应规划改良草坡和发展人工草地及放牧林地，适当注意牲畜进出牧场和到附近水源的牧道，以便防止干扰其他生产用地；在一些有陡坡的沟道里，对沟坡进行全面造林，一般造林地的位置可选在坡脚以上至沟坡全长的 2/3 位置为止，因为沟坡上部多为陡立的沟崖，若其已基本处于稳定状态，应避免造林整地而引起新的人为破坏。在沟坡造林地上缘可选择萌蘖性强的树种（如刺槐、沙棘），并通过人工抚育措施增加其萌蘖分株能力，促进植被自然扩散繁育，以增加植物冠层对地表的覆盖和根系对土体的网络固持作用，从而达到进一步稳固沟坡陡崖的效果。在沟坡陡崖条件较好的地方也可考虑撒播一些乔灌木树种的种子，让其自然生长。

（2）治理和利用相结合的侵蚀沟系。该类型侵蚀沟系以第三阶段侵蚀沟为主要组成部分，在侵蚀沟系的中下游，侵蚀发展基本停止，沟系上游侵蚀发展仍较活跃，对沟道内进行了部分利用。该类型侵蚀沟系在黄土丘陵和残塬沟壑区占比较大，既是需要重点治理的侵蚀沟系，也是最难治理的侵蚀沟系，需要把治理和合理利用相结合。

在坡面已得到治理的流域合理地布局基本农田，在沟道内自上而下依次推进，修筑淤地坝，做到建一坝成一坝，再修一坝，并注重川台地的梯田化平整，做好淤地坝护坝（坡）林、坝地和川台地农林复合的建设工作。在沟道治理中应全面规划，采用就地劈坡取土，加快淤地造田；在取土的同时，削坡升级，将取土坡修成台阶或小块梯田，进一步营造护坡林或其他作用的林木。

在侵蚀沟系上游，沟底纵坡较大，沟道狭窄，沟坡崩塌较为严重，沟头仍在前进，沟顶上游的坡面、梁峁坡、塬面塬坡仍在被侵蚀破坏，耕地不断被蚕食，同时，支毛沟汇集泥沙径流（有时可能是泥流）直接威胁着下游坝地的安全生产。因此，对这类沟道应采取有效治理措施：在沟顶上方建筑沟头防护工程，拦截缓冲径流，制止沟头前进；在沟底根据顶底相照的原则，就地取材，建筑谷坊群工程，抬高侵蚀基点，减缓沟底纵坡坡度，从而稳定侵蚀沟沟坡，努力做到工程措施与生物措施相结合，使工程得以发挥长久作用，变非生产沟道为生产沟道，即注重沟头防护林、沟底防冲林、沟底森林（植物）工程建设。若沟床已经稳定，可考虑沟坡的林、果、牧方面的利用；若沟底仍在下切，沟坡的利用则处于不稳定状态，结合沟底谷坊群宜营造沟坡防蚀林或采取封禁治理。

（3）以封禁治理为主的侵蚀沟系。该类型侵蚀沟系以第二、三阶段侵蚀沟为主要组成部分，上、中、下游的侵蚀发展都很活跃，对整个侵蚀沟系均无法进行合理的利用，是亟须治理的侵蚀沟系。其特点是沟道纵坡大，一、二级支沟尚处于切沟、冲沟阶段，沟头溯源侵蚀和沟坡两岸崩塌、滑塌均十分活跃，沟坡一般为植被盖度较小的草坡，由于水土流失严重，不能进行农林牧业的正常生产，即使放牧，也会加剧侵蚀，因此应以治理为主，待侵蚀沟稳定后，才能考虑进一步利用的问题。

对于该类型侵蚀沟系的治理可从两方面进行：一方面，对于距离居民点较远、无力投工治理的侵蚀沟，可采取封禁措施，减少人为破坏，使其逐步自然恢复植被，或撒播一些林草种子，人工促进植被的恢复；另一方面，对于距居民点较近、易对农业用地、水利设施（水库、渠道等）、工矿交通线路等构成威胁的侵蚀沟，应采用积极治理的措施。

对该类型侵蚀沟系应以工程措施为主、工程与林草相结合，有步骤地在沟底规划设置谷坊群、沟道防护林工程等以缓流挂淤、固定沟顶与沟床，控制沟顶溯源侵蚀及沟床的下切侵蚀。

2）侵蚀沟系生态林配置

（1）沟头溯源侵蚀控制。为了固定侵蚀沟顶、制止沟头溯源侵蚀，除了采取坡面水土保持工程措施，还应采取沟头防护工程与生态林业工程相结合的措施。在靠近沟头的进水凹地（集流槽）留出一定水路，垂直于进水凹地水流方向配置10~20m 宽（具体宽度应根据径流量大小、侵蚀程度、土地利用状况等确定）的灌木柳（杞柳、乌柳等）防护林带，拦截过滤坡面（塬面或梁峁坡）上的径流和泥沙。在修筑沟头防护工程时，也应结合工程插柳枝或垂直水流方向打柳桩，待其萌发生长后进一步巩固沟头防护工程。除了进水凹地的防护外，关键在于固定侵蚀沟顶的基部或侵蚀沟顶附近的沟底，使其免于洪水的冲淘，主要采用工程措施与林业措施紧密结合的编篱柳谷坊或土柳谷坊工程，在沟道中形成森林工程坝（柳坝）。当洪水来袭时，谷坊与沟头间形成的空间发挥着缓力池的作用，水流以较小的速度回旋漫流而进，尤其在柳枝发芽成活、茂密生长起来以后，将发挥稳定的、长期的缓流挂淤作用，沟头基部冲淘逐渐减少，沟头的溯源侵蚀将迅速地停止。

（2）沟岸扩张控制。沟边防护林应与沟边线附近的两边防护工程结合起来，在修建有沟边埂的沟边且埂外有相当宽度的地带，将林带配置在埂外；如果埂外地带较狭小，可结合边埂在内外侧配置；如果没有边埂，则可直接在沟边线附近配置。沟边防护林带配置，应视其上方来水量与陡坎的稳定程度确定，同时也要考虑沟边以上地带的农田与土壤水分。

沟边防护林应选择抗蚀性强、固土作用大的深根性树种。乔木树种主要有刺槐、旱柳、青杨、河北杨、小叶杨、白榆、黑榆、臭椿、杜梨等，灌木树种主要有柠条、沙棘、柽柳、紫穗槐、砂生槐等，条件较好的地方还可考虑经济树种（如桑、枣、梨、杏、文冠果）。

（3）沟底控制。为了拦蓄沟底径流，制止侵蚀沟的纵向侵蚀（沟底下切），促进泥沙淤积，在水流缓、来水面不大的沟底，可全面造林或栅状造林；在水流急、来水面大的沟底中间留出水路，两旁全面或雁翅造林。沟底防冲林的布设，一般应在集水区坡面上采取林业措施或工程措施滞缓径流以后再进行，布设原则是林带与流水方向垂直，目的是增强其顶冲缓流、拦泥淤泥的作用。但在沟道已基本停止扩展、冲刷下切比较轻微或者侧蚀冲淘较强烈的常流水沟底，可与沟坡造林结合进行，将林带配置于流水线两侧面，并与之相平行。

沟道的沟底控制多采用土柳谷坊和编篱柳谷坊，在料姜石较多的黄土区也可采用柳姜石谷坊。做法是：横沟打桩三到四排，其中上游两排为高桩，并于每排桩前放置梢捆，边放边填入姜石，姜石上面编柳条一层，以防洪水冲走姜石。最后，在第一排高桩前培土筑实。

沟底防冲林应选择耐湿、抗冲、根蘖性强的速生树种。旱柳为常选树种，除此之外，还有青杨、加杨、小叶杨、钻天杨、箭杆杨、杞柳、乌柳、柽柳、沙棘、草本香蒲、五节芒、芦苇等。在不过湿的地方也可以栽植刺槐。

3.3 北方土石山区生态林

3.3.1 生态环境特征

北方土石山区即北方山地丘陵区，包括河北、辽宁、山西、河南、山东、江苏、安徽、北京、天津和内蒙古 10 省（自治区、直辖市）共 662 个县（旗、市、区），土地总面积约 81 万 km^2，水土保持区划共划分为 6 个二级区、16 个三级区。

北方土石山区海拔为 100～3000m。其中，太行山区山地海拔为 1000～2000m，鲁中南山地海拔为 700～1100m，辽西山地海拔为 500～800m，贺兰山山地海拔为 2000～3000m，伏牛山地海拔为 1000～1500m，江淮丘陵海拔为 100～300m。地形起伏比较大，南北之间纬度差异比较大，自北向南属于中温带、暖温带和北亚热带气候，降水量受季风影响，自南向北为湿润带、半湿润带和干旱带。该区域分布着以棕褐色土状物和粗骨质风化壳及裸岩为优势地面组成物质所发育的土壤,自北向南主要是以褐土、黄棕壤、栗钙土和潮土为主。这一区域主要包括辽河平原、燕山、太行山、胶东低山丘陵、沂蒙山、泰山,以及淮河以北的黄淮海平原等。区内山地和平原呈环抱态势,河流发达,主要涉及辽河、环渤海诸河、海河、淮河。该区南部年均降水量为 1000mm,逐渐减小到北部为 400mm。植被类型主要为温带落叶阔叶林、针阔混交林、温带落叶灌丛和温带草原,植被覆盖率为 24.22%。区域耕地总面积为 3229.0 万 hm^2,其中坡耕地面积为 192.4 万 hm^2。水土流失面积为 19.0 万 km^2,以水力侵蚀为主,部分地区间有风力侵蚀。

北方土石山区的主要生态环境问题是:除西部和西北部山丘区有森林分布外,大部分植被覆盖率低,裸岩面积比例高,江河源头区水源涵养能力差,局部地区存在山洪灾害;山丘区农业垦殖面积大,坡耕地比例大,较高质量耕地资源严重短缺,同时开发强度大,人为水土流失问题突出;海河下游及黄泛区潜在风蚀危险大。因此,要以水源涵养与水质净化功能为重点,保护和建设山地森林植被,提高河流上游水源涵养能力;以维护饮用水水源地水质安全为重点,构筑大兴安岭—长白山—燕山水源涵养预防带;加强山丘区小流域综合治理和微丘岗地、平原沙土区农田水土保持,改善农村生产、生活条件。

3.3.2 生态林配置与营造

1. 生态林配置模式

生态林既要治理水土流失,又要获得经济效益,这是由我国的人口和经济结构决定的。山丘区的耕地资源非常有限,因此,在水土流失治理过程中要考虑水土保持措施应给当地农民带来经济效益。有些措施要具有直接的经济效益,如经济林草措施及坡改梯措施等;有些措施虽能保障农业生产安全,但直接经济效益有限,如生态林草措施、农地水土保持措施等。因此,北方土石山区生态林的空间配置,往往要与流域生态类型紧密结合,结合流域现状与需求,考虑生态改善需求和经济收益需求的侧重面,确定不同功能水土保持措施的分布与比例,构成流域综合防治体系的基本骨架。总体来说,以坡改梯、生态林、经济林为主的坡面治理工程和以谷坊为主的沟道拦沙工程始终是北方土石山区小流域综合治理的主要措施。根据小流域内梯田坝地、生态林、经济林面积所占水土流失治理面积比例的大小,将小流域综合治理模式大体上分为生态型、农业型、生态-农业-经济型、生态-经济型四大类(李子君 等,2009)。

生态型小流域是以流域的生态环境改善与维持为主要目的,水土保持的主要任务为恢复维持植被和为农业生产提供良好的生态环境。水土保持措施以造林种草等生物措施为主，其中生态林所占比重较大，经济林和坡改梯等工程措施所占比重很小。这类小流域主要分布于河流的发源地、河流上游两岸或水库上游集水区，水土保持的主要目的是涵养水源、减少水土流失、保护水质与河道安全。

农业型小流域主要是以农业生产为主、农耕地面积占比较大的小流域。水土保持的主要任务是保护耕地安全、为农业生产提供生态环境保障。水土保持措施以坡改梯为主、造林种草为辅。这类小流域大多分布于坡耕地较多的山前丘陵区，如坝上高原水蚀风蚀交错区和沂蒙山区等。水土保持的重点是坡耕地改造和植树造林，包括坡改梯、坡耕地农艺措施、生物地埂、梯田地坎防护林等，旨在提高粮食单产、保障区域粮食安全。

生态-农业-经济型小流域是生态效益、粮食生产与经济效益兼顾，以获得较高的综合效益为主要目的。水土保持措施以造林为主，生态林的比重较大，以坡改梯为辅，但坡改梯的比重大于经济林的比重。流域内荒山荒坡较多，水土流失治理以坡改梯和发展经济林为突破口，以农为主，在粮食自给有余的基础上，大力营造水保林和经济林，种植业、林果业综合发展。一般山坡上半部及山顶土质较差，多采取封禁措施或发展水土保持林；在山坡的中部，沿等高线修建水平阶，种植花椒、苹果、山楂、枣、柿、杏、核桃、板栗等；上坡下部土质较好，坡度较缓，可建成水平梯田。

生态-经济型小流域是生态效益与经济效益兼顾，以获得良好生态环境和较高经济效益为目的。水土保持措施以造林为主，生态林的比重大，以坡改梯为辅，但坡改梯的比重小于经济林的比重。这类小流域广布于燕山、太行山、沂蒙山、伏牛山和大别山区等。水土流失治理在改造坡耕地为水平梯田、实现粮食自给自足的基础上，以人工造林为主要手段，在建设大面积水土保持林的同时，重点发展花椒、山楂、苹果、梨、核桃、杏、板栗、杜仲等经济林果，建设高效经济型小流域。流域山顶以封禁治理为主，山腰布设防护林，山脚果粮间作，发展经济林，搞好粮食生产。

依据河北太行山区分布的主要岩石类型、地理位置和地形条件，陈建卓等（1999）将河北太行山区小流域划分为西部深山区片麻岩小流域、东部浅山区片麻岩小流域、地势陡峭的石灰岩小流域和地势平缓的石灰岩小流域 4 个类型。各类型区小流域综合治理措施体系配置的共同点是：自分水岭起到沟底安排 3 道防线，生物措施与工程措施相结合，形成层层设防、层层拦截的生态防护体系，形成与土地利用类型紧密结合的农林业生产体系。表 3-4 所示为河北太行山区典型小流域综合治理措施体系的组成与配置（高璟 等，2004）。

表3-4　河北太行山区典型小流域综合治理措施体系的组成与配置

类型区	第 1 道防线	第 2 道防线	第 3 道防线
西部深山区片麻岩小流域	高山、远山及>25°山坡，采用爆破鱼鳞坑整地，营造乔灌混交复层林	<25°山坡，建隔坡沟状梯田，发展以板栗为特色的经济林	支毛沟建闸，沟垫地工程作为粮食生产基地；主要支沟及主沟建石谷坊、塘坝等拦泥蓄水工程
东部浅山区片麻岩小流域	>25°山坡及远山地带，水平沟整地，营造以刺槐为主的乔木林	<25°山坡，修建等高撩壕，发展以李子为特色的经济林。<10°坡面，整修水平梯田进行果农间作	支毛沟建闸，沟垫地工程，种植农作物或果树；主要支沟及主沟建石谷坊、小水库、大口井等拦泥蓄水工程
地势陡峭的石灰岩小流域	>35°山坡，采用封山育林措施，促进植被恢复。>25°山坡，营造以侧柏为主的乔木林	<25°山坡，修建果树坪或石坎梯田，发展以柿树为特色的经济林	支毛沟建闸，沟垫地工程，种植农作物或臭椿、榆树等用材林；主要支沟及主沟建石谷坊、小水库、大口井等拦泥蓄水工程
地势平缓的石灰岩小流域	山顶常呈浑圆状，营造以侧柏为主的乔木林。>25°山坡，营造以火炬树或皂角等组成的乔木林或灌木林	<25°山坡，修建石坎梯田，发展以花椒为特色的经济林。<15°缓坡，修建石坎梯田，进行林粮间作，柿树镶边，田面种植农作物。利用汇水集中处打水窖，进行灌溉	支毛沟建闸，沟垫地工程，进行林（如泡桐）粮间作或种植果树（苹果、红果、桃、葡萄等）；主要支沟及主沟上游建石谷坊、淤地坝及蓄水池等拦泥蓄水工程

2. 坡面生态林

1）坡面水土保持林

在坡度较缓、立地条件较好、水土流失相对较轻的坡面上，可以安排水土保持护坡用材林，在控制坡面水土流失、稳定坡面的同时，又能收获一定量的木材。其是坡面水土保持生态林业工程的重要类型之一。北方山地由于长期侵蚀的影响，即使相对较好的立地，也很难获得优质木材，只能培育一些小规格的小径材；南方水土流失地区的坡面，石多土薄，特别是崩岗地区，风化严重，地形破碎，尽管降水量大，也不可能取得很好的效果。对人口稀少的高陡山地，应依托残存的次生林或草灌植物等，通过封山育林，逐步恢复植被，以水源保护林与坡面水土保持林的定向目标来经营。

（1）适用立地。坡面水土保持林的适用立地如下。①平缓坡面。平缓坡面是指坡度相对较为平缓的坡面。此种地形一般都已开发为农田，很少能被用作林地，但也有一些因距离村庄较远、交通不便的平缓荒草地、灌草地，或弃耕地、退耕地，或因水质、土质问题（如水硬度太大、土壤中缺硒或碘）而不能居住的边远山区平缓坡面均可以营造坡面水土保持林。②沟塌地和坡麓地带。沟塌地是地质时期坡面曾发生过大型滑坡而形成的滑坡体，此类地形多发生在侵蚀活动剧烈的侵蚀沟上游沟坡，比较稳定且土质和水分条件适中的已开发为农田；尚不稳定，或地下水位高，或土质较黏，不宜进行农作的，可配置护坡用材林。坡麓地带是指坡体下部的地段，也称坡脚，由于是冲刷沉积带，坡度较缓，土质、水分条件好的可辟为护坡用材林地。③土层较厚的坡面。在土层较厚地段适合乔木生长的坡面上，可以结合坡面水土保持培育用材林。在北方，一般阴坡水分条件好，树木生长量大，比较适合安排水土保持用材林；阳坡由于干旱严重，树木的生长量很低，除采取必要的措施以外，一般不适于培育用材林。

（2）树种选择。坡面水土保持林应选择耐干旱瘠薄、生长迅速或稳定、根系发达的树种。北方土石山区可选择油松、侧柏、华北落叶松、日本落叶松、元宝枫、刺槐、辽东栎、山杨等，其中最常用的树种是油松、侧柏、华北落叶松和刺槐。在海拔 1200m 以上可考虑种植华北落叶松，1600m 以上最好。混交树种宜选择灌木紫穗槐、沙棘、柠条、灌木柳等。

（3）配置方式。坡面水土保持林的配置方式有 3 种。①乔灌行带混交。沿等高线布设，结合整地措施，先营造灌木带，每带由两到三行组成，行距 1m，带间距 4～6m，待灌木成活经过 1 次平茬后，再在带间栽植乔木树种一到两行，株距 2～3m。②乔灌隔行混交。乔、灌木同时进行造林，采用乔木与灌木行间混交。③乔木纯林。乔木纯林是目前广泛采用的一种方式，如果培育、经营措施得当，也能取得较好的效果。营造纯林时，可结合窄带梯田或反坡梯田等整地措施，在乔木林冠郁闭以前，行间间作作物，既可获得部分农产品（如豆类、花生、薯类），又可达到保水保土、改善林木生长条件、促进其生长的目的。无论是混交还是纯林，护坡用材林的密度都不宜太大，否则会因水分、养分不足而导致生长不良。

（4）造林施工。一般护坡用材林造林地因受到水土流失、干旱、大风、霜冻等影响，立地条件较差，应通过坡面水土保持造林整地工程，如水平阶、反坡梯田、鱼鳞坑、双坡整地、集流整地等形式，采用秸秆、片石、地膜等覆盖，改善立地条件，并选择适宜的整地季节、规格，严格栽植过程中的苗木保护措施，保障整地、栽植的施工质量，克服石多土少的不利条件，不仅要保证成活，还要为幼树生长创造条件。该地区采用营养钵育苗，雨季造林成活率比较高。

（5）抚育管理。土石山区土层薄、水分不易保存，造林初期杂草竞争激烈，坡面水土保持林抚育管理是保障其成林成材的重要技术环节。主要的抚育措施包括扩穴（或沟）、培埂（原整地时的蓄水容积，经 1～2 年的径流泥沙沉积淤平）、松土、除草、修枝、除蘖等，抚育管理措施是否到位往往是能否做到既成活又成林的关键。

2）水源保护林

水源保护林是一种以发挥森林涵养水源功能为目的的特殊林种。石质山地是江河的主要水源区，在高海拔山区生态林以水源涵养和保护为主要目的。水源保护林是以保护水资源和水环境为目的，以调节水量、控制土壤侵蚀和改善水质为目标的综合防护林体系。它包括水源保护区域范围内的人工林、天然林及其他植被资源。根据地域划分，在大江大河的水源区，一般分布有原始林或天然次生林；在沿河中下游地区，一般都分布有天然次生林和人工林。

我国水源林保护区主要分布在 3 个区域：发源于大兴安岭—晋冀山地—豫西山地—云贵高原一线的河流，如黑龙江、辽河、滦河、海河、淮河、珠江的上游西江、元江；发源于青藏高原东、南缘的源远流长的大河，如长江、黄河、澜沧江、怒江、雅鲁藏布江等；发源于长白山—山东丘陵—东南沿海丘陵山地一线的河流，如图们江、鸭绿江、沭河、钱塘江、瓯江、闽江、九龙江、韩江，珠江的支流东江和北江。

（1）水源保护林结构。水源保护林高效空间配置和结构设计的目标是实施定向育林，形成混交、稳定、异龄复层林，从而保证土壤处于最佳水分调节状态，即良好的吸水、保水、土内水分传输及水分过滤功能。为改善土壤水分状况，使其吸收降雨与拦截过滤径流的能力保持最佳，必须保持良好的枯枝落叶层与土壤表层结构，防止地表裸露、降雨雨滴直接打击表层分散的土壤颗粒堵塞土壤空隙，形成阻止水分入渗的结皮。同时，在水源保护林高效空间配置和结构设计中应注意天然林和人工林的区别，低效天然林的改造要尽量在保持原有生态学特性的情况下进行，人工林要采取近自然经营方法。

我国水源区的大部分森林由云杉、冷杉、落叶松、油松、马尾松、栎、杨、桦等组成。总的来看，缓洪防洪、水源涵养的最佳林型，大体上可以认为是异龄复层针阔混交天然林。在北京西山的研究表明，混交、复层、异龄结构且土层深厚的水源林，其功能强于树种单一、单层、同龄的林分（赵阳 等，2011）。一般原始林和天然次生林的水源涵养功能比人工林好，这可能主要是由于人工林存在结构单一、生物多样性差等问题。祁连山水源保护林（青海云杉林、祁连圆柏林）不仅具有拦蓄降水、缩小温差、保持较高土壤湿度等作用，而且还具有十分显著的消洪补枯、涵养水源、保持水土的水文生态作用。研究表明，森林覆盖率 65%的流域年枯水径流量比森林覆盖率 32%的流域增加 28.87mm，年洪水径流量减少 98.87mm；森林土壤年贮水量为 298.12～391.93mm，而草地土壤年贮水量仅为 182.09mm；林地很少产生造成水土流失的地表径流，草地年土壤流失量为 1793.9kg/hm^2（车克钧 等，1998）。

从目前的研究成果来看：北方降水量小、气候干旱，林型功能应以水源涵养为主，林层不宜过多；南方降水量大，防洪是主要问题，林型功能应以缓洪为主，多层林结构最好。例如，东北地区落叶松林、红松林、桦树林的水源涵养功能好，华北及黄土高原地区落叶松林、油松林、杨桦林的水源涵养能力强，南方亚热带地区的常绿阔叶林、落叶阔叶林及南方热带地区的热带雨林的水源涵养效果较好。

密度是否合理关系到水源保护林能否正常发挥涵养水源、水土保持、净化水质的三大水源保护功能。树冠浓密的树种，密度过大会造成林内光照不足，林下植被难以生长，结果树冠虽能截留部分降水，但若超过其最大截留量，地表同样产生较大径流，引起水土流失，出现"远看绿油油、近看水土流"的现象。森林树冠及林下灌木、草被和枯落物的共同防护一般可以削减雨滴对土壤冲击力的95%以上。有关植被恢复过程与防止水土流失效果的研究表明，随着植被覆盖度的增加，地表径流过程缩短，径流洪峰流量降低，地表径流量减少，径流系数减小，土壤入渗量增加。一般来说，随着林分覆盖度的增加，林分的郁闭度也会增加，保持合理的林分郁闭度十分重要。林分郁闭度和林下植被覆盖度之间存在紧密联系。当郁闭度增大到一定程度时，林下光照条件差，植被生长发育受到抑制；当郁闭度达到 1（即林分完全郁闭）时，林下只有少量耐阴湿的植物可以生长。同时，密度与林分的郁闭度也有密切关系。对北京密云水库的研究发现：当乔木层郁闭度较小时，灌草层覆盖度较大，郁闭度增到 0.7 时，灌草层覆盖度仍可达到 80%的高峰值；但当郁闭度超过 0.7 以后，灌草层覆盖度急剧下降。可见，郁闭度过大，不利于地面植物的生长发育，阻碍水源保护林水源保护功能的发挥。

（2）水源保护林营造。水源保护林营造涉及造林地选择与立地条件类型划分、树种选择与适地适树、水源保护林营造技术和水源保护林经营等多个方面内容。

第一，造林地选择与立地条件类型划分。我国各河川的水源地区多是石质山地和土石山区，一般都保存有一定数量的天然林或天然次生林，但是长期的毁林、放牧、开荒等造成森林面积缩小，林分质量退化，因此需要通过造林、封育等手段进行水源保护林的恢复。在水源保护林的区划范围内，由于所处的海拔、坡度、坡向、小地形、土层厚度及其成土母质的不同，形成非常复杂的立地条件；同时，这些石质山地和土石山区大多遭受过不同程度的人为破坏，存在着不同程度的水土流失问题。因此，水源保护区的立地条件比较复杂，在营造林时必须认真地分析研究，对立地质量做出确切的评价是水源保护林规划、设计、造林、经营管理的前提。规划设计时应根据立地条件类型确定造林树种、造林技术措施及林分经营措施。

在实际立地条件类型划分中需要详细地调查造林区的立地因子，进行综合分析，按照立地条件类型划分的一般方法进行具体的划分。一般情况下地形和土壤因子起着关键作用，需要考虑的因子主要包括地貌类型、海拔、坡向、土层厚度和母质风化状况等。

第二，树种选择与适地适树。水源保护林多处在我国偏远深山、地广人稀、交通不便的地方，因此选择营造水源保护林的树种时，应遵循以下几方面的原则：

①要从实际出发，以乡土树种为主；②水源保护林组成树种的寿命要长，不早衰，不自枯，且自我更新能力强；③树种选择以深根性、根量多和根幅宽的树种为主；④所选树种应具有树冠大、枝叶繁茂、枯枝落叶量大的优势。要使混交树种具有固土改土的作用，最好是选择一些根瘤固氮的小乔木和灌木树种。

根据水源保护林的理想林分结构，不论在哪一种造林地上，若水源保护林以混交复层林为主，都会形成深厚松软的枯枝落叶层。因此，要注意乔灌结合、针阔结合、深浅根性树种结合。水源保护林一般应由主要树种、次要树种（伴生树种）及灌木树种组成。北方主要树种可选落叶松、油松、云杉、杨树等，伴生树种可选垂柳、椴树、桦树等，灌木树种可选胡枝子、紫穗槐、小叶锦鸡儿、沙棘、灌木柳等。水源保护林的造林密度可根据造林地的具体情况确定，一般可适当密一些，以便尽快郁闭，及早发挥作用。

适地适树对于水源区而言，意味着所选择的树种能在较干旱、贫瘠的立地上正常生长，能固持土壤、涵养水源，林木不过分消耗水分，而且能生长发育形成稳定的林分。衡量水源保护区的适地适树，有以下一些相对科学的客观标准。①形成稳定的林分。所营造的林分不易受病虫危害，在干旱气象条件下不易枯梢死亡。②水土流失量减小。林分的作用（非工程措施）使土壤侵蚀模数降低。③水质得到改善。通过林分的净化作用，提高水质等级或保持原有高等级的水质标准。④土壤得到改良。地表枯落物丰富，土壤有机质含量增加，土壤肥力提高。

第三，水源保护林营造技术。水源保护林应当尽量营造混交林。营造混交林的技术关键是通过混交树种的选择，混交类型、混交比例和混交方法的确定，以及栽培抚育等技术措施调节树种间的关系，尽量使目的树种受益，确保混交林的自我更新、发育，维持较高的混交效益。

首先，要确定混交类型，选择混交树种；其次，在此基础之上确定混交比例与混交方法；最后，采取适当的栽培技术与抚育管理措施。尽量选择阴生阳生混交、乔木灌木混交等较稳定的混交类型，避免选择需要进行人工过多干涉的混交类型；选择的混交树种不当会抑制主要树种的生长，甚至取代主要树种，也可能被主要树种排挤出去，需要根据辅佐、护土、改土的基本原则进行树种选择，并注意其萌芽繁殖能力、病虫害、生长速度、经济利用潜力等因素；混交比例的不同，影响种间关系的发展和混交效果，一般来说伴生树种或灌木树种的比例保持在25%～50%即可。具体的混交方法根据树种、立地条件及种间矛盾出现的早晚、激烈程度进行选择，行间混交、带状混交、块状混交等方法皆可采用；通过造林时间、造林方法、苗木年龄调节种间矛盾，将竞争力强的树种延迟一段时间营造，或选择苗龄小的树种优先营造或播种等；通过改变立地条件满足树木生长需求以减缓竞争；通过抚育措施调节种间关系，保证混交成功。

水源保护林多配置在中高海拔的土石山区，其整地技术与常规造林基本相同。一般来说，水源保护林造林地多处于高山地区，降水量大，造林易成活，因此主要是要做好林地清理和整地工作。整地以带状整地为主，如水平沟、水平阶；条件好的地方也可全面整地。由于交通多不方便，应选择较为平坦肥沃的土地作为临时苗圃地，就地育苗、就地栽植，不仅能有效提高造林成活率，而且节约投资。苗圃地起苗时可按一定的株行距留苗，造林结束后，苗圃地可变为林地。另外，水源保护林造林地多用灌木树种，应加强幼龄期抚育，特别是割灌非常重要。

第四，水源保护林经营。水源保护林植被恢复，从本质上讲，就是对水源区森林进行更新改造、定向恢复、可持续经营和管理。

水源保护林经营归结起来应遵循以下原则。①近自然经营森林。②加强天然更新。③依照土壤与气候条件选择树种。④水源保护林区只准对过熟木、病腐木和枯死木等进行卫生择伐，严禁皆伐，允许小面积抚育伐；水源保护林区附近的用材林区，不宜大面积皆伐。⑤促进稀有、高生态价值树种的繁衍生长。⑥建立天然林保留地。⑦保留一些枯立木和倒木。⑧根据水源保护林整体功能要求，对生态价值高的林分采取相应的保护措施，控制人为干扰。⑨严禁使用化学药剂，如化肥、除草剂、杀虫剂等。⑩水源保护林区在不妨碍水源涵养、水土保持、净化水质功能的原则下，可小规模进行林副产品和林产品生产，如栽种经济林、果木和林下种植药材等。

人工促进天然混合更新是一种切实可行的改变树种结构的更新方式，渐伐改造迹地采取人工诱导培育混交林技术是可行的。通过多种方法改良林分，可提高林分质量和生产力，最终实现永续利用的目的。因此，掌握人工促进天然更新过程的客观规律，以人工促进天然更新为主的方法恢复森林是水源保护林区恢复植被，特别是恢复混交林的良好途径。

3）梯田地埂（坎）防护林

石质梯田在石山区、土石山区占有重要的地位，石质梯田坎基本上是垂直的，埂坎占地面积小（3%~5%）。但石山区、土石山区人均耕地面积少，人们十分珍惜梯田地埂的利用，在地埂上栽植经济树种，已成为一种生产习惯，也是一项重要的经济来源，如晋陕沿黄河一带的枣树、晋南的柿树、晋中南部的核桃等。石质梯田防护林对提高田面温度、形成良好的农田小气候具有一定的意义。其配置方式有3种：一是栽植在田面外紧靠石坎的部位；二是栽植在石坎下紧靠田面内缘的部位；三是修筑一小台阶，在台阶上栽植。

总之，梯田地埂（坎）防护林以经济树种栽植为多，选择适宜的树种十分关键。总结全国梯田地坎栽培经济树种的研究与实践成果发现，北方可选择的树种有柿树、核桃、山楂、海棠、花椒、文冠果、枣、君迁子、桑、板栗、玫瑰、杞柳、柽柳、白蜡、枸杞等，南方可以选择银杏、板栗、柑橘、桑、茶、荔枝、油桐等树种。除栽植乔灌木、经济林外，地埂也可种植经济价值较高的草本植物，如黄花菜、紫花苜蓿、菠萝等。

3. 沟道生态林

1）石质山地沟道水土流失特点

石质山地和土石山地在我国山区总面积中占相当的比重，其特点是地形多变，地质、土壤、植被、气候等条件复杂，南北方差异较大。石质山地沟道开析度大，地形陡峻，60%的斜坡面坡度为 20°～40°，斜坡土层薄（普遍为 30～80cm），甚至基岩裸露。因地质条件（如花岗岩、砂页岩、砒砂岩）的原因，基岩呈半风化或风化状态，地面物质疏松，泻溜、崩塌严重，沟道岩石碎屑堆积多，易形成山洪、泥石流。石质沟道多处在海拔高、纬度相对较低的地区，降水量较大，自然植被覆盖度高，但石多土少，植被一旦遭到破坏，水土流失加剧，土壤冲刷严重，土地生产力迅速减退，甚至不可逆转地形成裸岩，完全失去了生产基础。有些山区（如云南西双版纳），由于年降水量达 2000mm 左右，坡地植被遭到破坏后，厚度 50～80cm 的土层仅 3～4 年即被冲蚀殆尽。北方土石山区则以山洪为主要水土流失形式，往往对沟道、河流两岸的基本农田构成严重威胁。因此，应通过封育和人工造林，恢复植被，控制水土流失。对于泥石流流域，则应对集水区、通过区和沉积区分别采取不同的措施，与工程措施结合，达到控制泥石流发生和减少其危害的目的。

2）石质山地沟道生态治理

北方石质山地，在山地坡面得到治理的条件下，在一些主沟沟道，地形开阔、纵坡平缓、山地坡脚土层较厚时，可进行合理的农业、经济林利用；而在一些一级支沟或二级支沟，山形陡峻、沟道纵坡较大、沟谷狭窄时，沟底要有规划地设计沟道工程，特别是控制性拦沙坝，以防止或减少上游泥石流暴发所引起的损失和其破坏的规模。按照集中使用的原则，在沟底规划设计一定数量的谷坊，尤其在沟道转折处设置密集的谷坊群。修筑谷坊要就地取材，一般多应用干砌石谷坊，以缓和径流对水路冲刷，巩固和提高沟底的侵蚀基准，拦截沟底泥沙。在此基础上，栽植防护谷坊的林木（主要是杨柳类树种）以防止水流对沟岸基础的冲淘，为沟道的林业利用创造条件。在石质山区和土石山区沟道下游或接近沟道出口处，沟谷渐趋开阔，沟道水路两侧多修筑成石坎梯田或坝地，为巩固地坎、减少其维修用工，多在埂坎边线稀植核桃、柿树、山楂、花椒等经济树种和楸树、臭椿等用材树种。通过固沟防冲措施体系的布设，防止沟谷两岸基本农田被冲毁，为农业生产提供基本安全防护。

泥石流沟道从上游沟头到下游沟道出口处，分别为集水区、通过区、沉积区，根据其地形条件和危害程度的差异，进行水土保持林合理配置。一般认为，流域内森林覆盖率达50%以上，集水区（流域山地斜坡上）内的森林郁闭度大于0.6时，就能有效控制山洪、泥石流。因此，在树种选择和配置上应该形成由深根性树种和浅根性树种混交的异龄复层林，配置与水源保护林相同。通过区一般沟道十分狭窄，水流湍急，泥石俱下，应以格栅坝为主。有条件的沟道，留出水路，两侧以雁翅式营造防冲林。沉积区位于沟道下游至沟口，沟谷渐趋开阔，应在沟道水路两侧修筑石坎梯田，并营造地坎、防护林或经济林。为了保护梯田，可在沿梯田与两岸的交接带营造护岸林。

3）沟谷川台地水土保持林工程

沟谷川台地水分条件好，土壤肥沃，土地生产力高，有条件的地区还能引水灌溉，具有旱涝保收、稳产高产的特点，是山丘区最好的农田，被称为"保命田"或"眼珠子地"，包括河川地、沟川地、沟台地和山前阶地（阶梯地）。

沟谷川台地水土流失轻微，山前坡麓以沉积为主，水土流失主要发生在河床或沟道两侧，表现形式是冲淘塌岸、损毁农田。此外，沟谷川台地光照不足，生长期短，霜冻危害是限制农业发展的重要因素（其中开阔的河川地相对条件稍好）。有些沟谷风也很大（沟口向西北，则春冬风大；沟口向东南，则夏秋风大），被称为"串沟风"。建设沟谷川台地水土保持林工程，就是为了保护农田、防止冲淘塌岸，以及防风霜冻害、改善沟道小气候条件。同时，沟道水分条件好，可以与护岸护滩林、农田防护林相结合，选择合适的地块，营造速生丰产林，可望获得高产优质的木材。在地势相对较高、背风向阳的沟台地，选择建立经济林栽培园，有条件的还可引水灌溉，以建成山区最好的经济林基地。

（1）沟谷川台地农林复合生态工程。沟谷川台地是石质山地与黄土丘陵区的基本农田，一般以种植业为主。与固沟保川措施体系相结合，依据沟谷川台地的地形条件，沿着沟边和地埂配置不同防护林，形成农林复合生态工程。如在果园间作绿肥、豆科作物，在丰产林地间作牧草，在农作物地间作林果等，由于水肥条件好，都能够取得较高的经济收益。北方农作物与林果复合生态工程类型有枣与豆类、核桃与豆类、柿与薯类或小麦、苹果与豆类或花生、桑与矮秆作物、花椒与豆类或薯类、山楂与豆类或薯类等的复合。此外，还有经济林下种牧草（如背扁黄芪、钝叶车轴草等）。山西吕梁沿黄河一带沟川台地的枣与大豆、谷子、糜子复合，汾阳、孝义一带山前阶地的核桃与大豆、花生、谷子复合，山西东南丘陵区沟谷川台地的山楂与谷子、花生复合，山西西南沟谷川台地的苹果、梨与豆类、瓜类、花生复合，以及山西南部山区沟台地的柿树与小麦复合都是人们在长期生产实践中总结出来的模式。近年来，通过国家黄土高原农业科技攻关项目，还推出了沟谷川台地经济林与蔬菜（如番茄、辣椒）、药材（如黄芩、红柴胡）复合等多种模式。

（2）沟谷川台地经济林栽培。在土石山区，一般在宽敞河川地或背风向阳的沟台地上，建设集约经营的经济林栽培园，具有较好的经济效益。主选树种有苹果、梨、桃、葡萄等。在水源条件不具备的情况下，可建立干果经济林，如核桃、仁用杏、柿、板栗、枣等。经济林的建设应规划好园地、水源、道路、贮存场地，选好树种，通过优质丰产栽培技术，建成优质、高产、高效经济林基地。

（3）沟道内的用材林。华北土石山区山坡脚下沟道开阔，立地条件比较好，可在加强沟道水土保持的同时兼顾培育一些用材林。可选树种有青杨、小叶杨、油松、刺槐、侧柏、泡桐等。沟道用材林的造林技术一般要求稀植，密度应小于1650 株/hm^2（短轮伐期用材林除外），并采用大苗、大坑造林。有水源保证的沟道还可引水灌溉，生长期要加强抚育管理。

3.4　黑土区生态林

3.4.1　生态环境特征

东北黑土区即东北山地丘陵区，包括黑龙江、吉林、辽宁和内蒙古 4 省（自治区）共 244 个县（市、区、旗），土地总面积约 109 万 km^2，水土保持区划分为6 个二级区、9 个三级区。

东北黑土区包括大小兴安岭山地、长白山与完达山丘陵山地、东北漫川漫岗区、呼伦贝尔高原、三江平原及松嫩平原，大部分位于我国第三级地势阶梯内，中部海拔为 50～200m，北部小兴安岭低山丘陵海拔为 400～600m，西部大兴安岭海拔为 600～1000m，东南部长白山山地丘陵区平均海拔为 500m 左右，主要水系有黑龙江、松花江等。从南到北属于暖温带、中温带和寒温带气候，由西向东分布有湿润、半湿润和半干旱带。该区属于大陆性季风气候，年均降水量为 250～1000mm。区域内多以黑色腐殖质表土为优势地面组成物质，土壤类型以灰色森林土、暗棕壤、棕色针叶林土、黑土、黑钙土、草甸土和沼泽土为主，土壤的特点是有机质含量高、土壤肥沃。植被类型以寒温带针叶林、温带针阔混交林、暖温带落叶混交林为主，林草覆盖率为 55.27%。区域耕地总面积为 2892.33 万 hm^2，其中坡耕地面积为 230.9 万 hm^2，耕地主要在海拔 500m 以下。水土流失面积为25.3 万 km^2，以轻度、中度水力侵蚀为主，间有风力侵蚀，北部有冻融侵蚀分布。其中典型黑土区的土壤全部为黑土、黑钙土及草甸黑土，主要位于松嫩平原及其四周的台地低丘区，面积约为 11.78 万 km²，是我国重要的粮食生产基地。区内地形地貌多变，丘陵漫岗平地交错分布，长坡缓坡为该区地形主要特征，坡长多为 500～1500m，最长可达 4000m。在坡耕地缓坡耕作条件下，土壤入渗率低于降雨强度，易形成径流，而长坡长则加剧了径流和土壤侵蚀力，加上黑土土质疏松，底土黏重，抗冲性能弱，易形成"上层滞水"，降雨集中、历史上长期以来的大规模移民垦殖及高强度开发与不合理的耕作措施，造成黑土区水土流失非常严重，生态退化状况令人担忧。

黑土区主要生态环境问题表现为长期的森林采伐、大规模垦殖等造成森林后备资源不足、湿地萎缩、黑土流失，水土流失导致坡耕地质量严重下降。因此，要以漫川漫岗区的坡耕地和侵蚀沟治理为重点，加强农田水土流失综合治理、农林镶嵌区退耕还林还草与西部地区风蚀防治，加强自然保护区、天然林保护区、重要水源地的预防及监督管理。

3.4.2 生态林配置与营造

1. 生态林配置模式

在小流域尺度上，生态林的配置应与水土流失综合措施紧密结合在一起，依据小流域的地形地貌和水土流失特点及农业生产条件安排不同的林种。在黑土区总结出了"十子登科"的综合治理理念，即山顶栽松戴帽子、梯田埂种苕条扎带子、退耕种草铺毯子、平原林网织格子、瓮地栽树结果子、沟里养鱼修池子、坝内蓄水养鸭子、坝外开发种稻子、主体开发办场子、综合经营抓票子。下面以黑龙江省拜泉县双通小流域 4 种生态经济治理模式为例进行介绍（李国强 等，2007）。

（1）丘陵区。在丘陵区根据流域地形坡度条件，从整体出发，从上到下布设三道防线，形成梯级综合治理体系与综合防治体系，建立坡、水、田、林、路综合防治模式。水土流失第一道防线的经济林和水保林、第二道防线的农田防护林和第三道防线的薪炭林，形成了多林种、多树种、网带片、乔灌相结合的生态防护体系，结合坡面水土保持措施和农耕农艺技术，可在有效控制水土流失的同时改善农田小气候，调整土壤水肥，提高土壤生产力。

（2）漫岗区。漫岗区是主要农田所在地，而坡耕地黑土层每年流失表土厚 0.4～0.7cm，折合土方 40.5～70.5m³/hm²，功能退化及功能丧失的黑土地面积逐渐扩大（李宁宁 等，2015）。为了建设高标准农田，应加强漫岗区坡耕地综合治理措施。以改造坡耕地为主，依据坡度差异分别采取调整垄向、修梯田、地埂种植以苕条为主的植物、营造坡面径流调节林带等措施，将跑水、跑土、跑肥的"三跑田"变成保水、保土、保肥的"三保田"。如修梯田可拦蓄地表径流 300～

750m³/hm²，1 次降雨 100mm 的情况下能够被全部被拦蓄。漫岗区宜农地坡改梯田；宜牧区发展畜牧业；鼓励村办企业，发展庭院经济，按照粮、牧、企、经、庭立体开发型模式进行布局。

（3）风蚀区。在风蚀区，以营造农田防护林为主，用森林作天然屏障，减少水土流失，并采取农业、水利措施，实行综合防治，改良土壤，建设灌溉系统，发展林草畜粮和综合经营，实行林、草、牧、粮综合经营模式。

（4）河道沿岸低洼易涝区。在河道沿岸低洼易涝区实行因害设防、因地施治、退耕还湖还牧，或旱改水、以稻治涝、发展禽畜渔稻。旱田改水田，建设高产稳产农田。发展农林牧渔复合生态系统，实行畜禽渔稻生态循环发展模式。

（5）三道防线布设。黑土区小流域治理三道防线布设示意图如图 3-2 所示：岗顶第一道防线减少溅蚀，削弱并拦截上坡来水来沙，涵养水源，改善土壤质量；坡耕地第二道防线截短坡长，减缓径流流速和侵蚀动能；坡底第三道防线主要采用植物跌水固沟保土，抑制侵蚀发展，恢复土地资源（孙莉英 等，2012）。

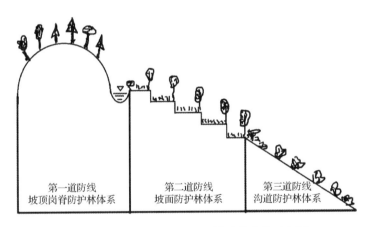

图 3-2　黑土区小流域治理三道防线布设示意图

第一道防线是坡顶岗脊防护林体系。由于长期过度开垦，治理前多数坡顶没有植被覆盖或者植被稀疏，降雨形成的地面径流直接下泄到下游坡面，冲刷坡耕地表土，使土层变薄，对下游耕地造成严重威胁。因此，第一道防线是在坡顶栽种防护林，在林缘和耕地接壤处开挖截流沟。坡顶防护林形成多树种、多层次的防护林体系配置模式，做到网带片结合，乔灌草结合，防护林、用材林和经济林结合。乔木以杨树、落叶松和樟子松为主要树种，灌木以胡枝子为主要树种，形成乔灌相结合的人工林植物群落后，可以通过林冠截留降雨，林下凋落物改变下垫面状况，从而起到减缓雨滴溅蚀、降低地表径流量的作用，控制坡顶岗脊的水土流失对农田的影响。同时，植物的有机残体和根系具有穿透力，可促进生态系统土壤的发育形成和熟化，涵养水源，改善土壤质量。具体做法是对现有的林草地进行封育，对稀疏林地进行补植，对荒山进行造林，并在林缘和耕地接壤处修建截流沟，把坡上径流引导分散到坡下，防止径流对农田的冲刷形成侵蚀沟。

第二道防线是坡面防护林体系。东北黑土区坡长较长，容易形成集中流，加上黑土土质疏松抗蚀性弱，传统的顺坡垄作的垄沟促进了地表径流的汇集并加剧了黑土区的水土流失。针对漫川漫岗区长坡缓坡土壤侵蚀特征，对不同坡度的耕地进行改造治理，合理配置以等高种植为主的耕作措施、梯田工程措施及按一定距离沿等高线方向营造林带等措施，达到减缓坡长和坡度、减少汇水面积、拦截分散径流和蓄水保墒的目的。坡度对水土保持措施效果影响很大，在进行坡面防护体系配置时要充分考虑坡度对水土保持措施的影响，针对不同坡度的坡面选择不同的水土保持措施，以有效缓解坡面水土流失。对小于 3° 的坡耕地进行横坡改垄，对 3°～5° 的坡耕地修地埂植物带，对 5°～8° 的坡耕地进行坡式梯田改造，将大于 8° 的坡耕地改造成水平梯田。对坡耕地上的荒坡则可采取水平沟、鱼鳞坑、台田、条田等水土保持整地措施，营造经果林或水土保持用材林。

第三道防线是沟道防护林体系。为了防止沟道扩张，进一步蚕食耕地，应重点治理沟头前进、沟岸扩张和沟道下切侵蚀，按照先支毛沟后主干沟，先上游后下游，先坡后沟，沟头、沟坡与沟底兼治，镶嵌配套，层层设防，连锁控制的原则，对侵蚀沟采取工程和植物措施相结合的办法进行治理。具体做法是：沟头修跌水，以柳条做成阶梯，减轻大水冲刷力；沟底修谷坊，将柳条编成格子，可缓和水流，减少冲刷；沟侧削坡插柳，育林封沟，顺水保土。柳树成活率高，根系形成网络结构可有效减缓水流对坡地的冲击能力，且柳树生长力旺盛，在东北寒冷地区，形成的跌水效果要远高于水泥筑成的跌水工程，在减缓水土流失的同时可增加植被覆盖，改善生态效益。

2. 坡耕地水流调节林带

1）目的与适用条件

配置在坡耕地上的水流调节林带能够分散、减缓地表径流速度，增加渗透，变地表径流为壤中流，阻截从坡地上部流下的雪水和暴雨径流对土壤的直接冲刷。多条林带可以做到层层拦蓄径流，达到减流沉沙、控制水土流失的目的。同时，林带对林冠以下及其附近的农田具有改善小气候条件的作用，在风蚀地区也能起到控制风蚀的作用。水流调节林带适用于坡度缓、坡面长的坡耕地，此种工程最适用于我国东北漫岗丘陵区的坡耕地，在山西北部丘陵缓坡地区、河北坝上等地区也可采用。

2）配置原则

水流调节林带应沿等高线布设，并与径流线垂直，以便最大限度地发挥其吸收和调节地表径流的能力。

林带占地面积应尽可能地小，即以最少的占地发挥最大的调节径流的作用，林带占地以不超过坡耕地的 1/10～1/8 为宜。

3）配置技术

（1）坡度与配置。水流调节林带的配置方式与坡度密切相关。①坡度小于 3°的坡耕地，因侵蚀不严重，按农田防护林配置。②一般当坡度为 3°左右时，林带可沿径流中线（或低于径流中线的连线位置）设置走向，为了避免因林带与径流线不垂直而产生的冲刷，可在迎水面每隔一定距离（20～50m）修分水设施（土埂或蓄水池），以分散或拦截径流。③坡度为 3°～5°的坡耕地林带配置的方向原则上应与等高线平行，并与径流线垂直，但自然地形变化是很复杂的，任何一条等高线都不可能与全部径流线相交，因此，沿等高线配置的林带，对与其不能相交的径流线，就起不到应有的截流作用；即使相交的径流线，也因其长短差异很大、林带各段承受的负荷不均匀，以致不能充分发挥其调节水流的作用。④坡度大于 5°的坡耕地坡面的等高线彼此接近平行，坡长基本趋于一致，此种情况下，林带应严格按等高线布设。

在实际工作中，林带配置走向应尽可能为直线，以便于耕作。

（2）地形与配置。在发挥应有的调节径流作用的同时尽可能使林带占地面积小，林带的位置应选在侵蚀可能最强烈的部位：①在凸形坡上，斜坡上部坡度较缓，土壤流失较轻微，斜坡中下部坡度较大，距分水岭远，流量流速增加，所以林带应设在坡的中下部；②在凹形坡上，上部坡度较大，土壤常有流失和冲刷，下部凹陷处则有沉积现象，斜坡下部距分水岭越远，坡度越小，流速反而减小，不宜农用，应全面造林；③在直线形坡上，斜坡上部径流弱，侵蚀不明显，越往下部径流越集中，到中部流速明显增大，易引起侵蚀，林带应设在坡的中部；④在复合型坡上，应在坡度明显变化的转折线上设置林带，下一道林带应设在陡坡转向平缓的转折处。

（3）林带的数量、间距、宽度和结构。坡耕地水流调节林带配置时还应充分考虑以下几方面的因素。

第一是数量与间距。林带在坡面上设置的数量及其间距具有很大的灵活性，在同一类型的斜坡上，如果坡面较长、设置 1 条林带不能控制水土流失时，应酌情增设林带。一般情况下，坡度为 3°～5°的坡耕地，每隔 200～250m 配置 1 条林带；坡度为 5°～10°的坡耕地，每隔 150～200m 配置 1 条林带；坡度 10°以上的坡耕地，每隔 100～150m 配置 1 条林带，坡长小于 150m 时可不配置这种防护林带，而配置灌木带时，一般间距采用 60～120m。

第二是宽度。林带的主要功能是保证充分吸收降雨及其地表径流，所以应具有一定的宽度。林带的宽度可参考下式计算：

$$B=(AK_1+BK_2+CK_3)/hL \qquad\qquad (3\text{-}1)$$

式中，B 为林带宽度（m）；A、B、C 分别为林带上方耕地、草地、裸地的面积（m²）；K_1、K_2、K_3 分别为耕地、草地、裸地降雨径流深（mm）；h 为单位林带面积有效吸水能力（mm）；L 为林带长度（m）。

式（3-1）不能生搬硬套，如果林带上方的耕地、草地、裸地水土保持措施比较完备，能最大限度地吸收地表径流，则林带可窄些。另外，也可通过改善林带结构和组成的方法，来提高林带的吸水能力，从而缩小林带的宽度。总之，林带宽度应根据坡度、坡长、水土流失程度，以及林带本身吸收和分散地表径流的效能来确定，通常坡度大、坡面长、水蚀严重的地方要宽些，反之则窄些，一般林带宽度为 10～20m。

第三是结构。水流调节林带的结构以紧密结构为好，若为乔灌木混交型林带，要在迎水面多栽两到三行灌木，以便更多地吸收上方来的径流。要选择深根性树种，不能选择水平根系发达、串根、萌蘖能力强的树种。

3. 沟道生态林

东北黑土区具有特殊的土壤结构、地形特征和气候条件，沟蚀广泛发育，沟道侵蚀尤为严重。中国水土流失与生态安全综合科学考察的调查显示，截至 2008 年，我国黑土区有各类侵蚀沟 46 万条，吞没耕地 48.3 万 hm²，若按每公顷耕地年产玉米 7500kg 计，每年损失粮食可达 36.23 亿 kg。

在长期水土保持实践中，人们根据侵蚀沟的不同发育阶段，采取植物措施与工程措施相结合的，以植物措施蓄水固土，以工程措施拦截径流、蓄滞泥沙，形成了群体防护、分段拦蓄的措施体系。坡下大型沟修坝筑塘，狭长式的发展沟沟头修防护埂，在沟道中修筑谷坊，拦蓄泥沙，控制沟壑发展，沟坡进行削坡造林，最终达到固沟的目的。

（1）浅沟治理。对于发展初期的浅沟，一般采取修沟头防护埂，修沟边埂，在沟头落差较大的垂直陡壁处修筑跌水式沟头防护，防止沟头受径流冲刷，设计为柳编跌水，沟底修土谷坊或柳谷坊。例如，黑龙江省拜泉县徐家沟小流域采取沟头修沟埂式或台阶式沟头防护。对于沟埂式沟头防护，沟埂修筑后栽植豆科植物胡枝子或紫穗槐；对于台阶式沟头防护，用柳条在沟头压成台阶，将雨水从沟头顺到沟内，防治沟头侵蚀。沟边修沟边埂，埂上栽植灌木，沟底栽植柳条，取得了良好的防护效果。

（2）切沟治理。对于细沟进一步下切加深所形成的切沟，采取以上措施收效甚微，一般采取削坡筑堤造林、沟内栽植植物谷坊和修建拦沟式闸堤的综合治理方法。采用削坡筑堤造林法，就是将沟沿削坡削下来的土堆放在沟岸上筑成堤，然后在堤上和削出的台阶上植树，在沟内栽植植物谷坊。这种治沟方法避免了以往削坡土往沟内弃、而弃到沟内的土又被流水冲走的缺点。这些措施取得了很好的防护效果，可在适宜地区推广应用。

（3）冲沟治理。冲沟的沟头有明显的陡坎，沟边经常发生崩塌、滑坡，必须采取综合措施进行治理。例如，贵州太阳庙小流域的沟道治理，按照从上部到下部、从沟头到沟口、从沟坡到沟底建成完整防护体系的原则，采取营造工程防护林、沟坡防护林、沟底防护林、垂直陡坡绿化、修建淤地坝、石谷坊、沟岸拦蓄槽、修环沟步行路等进行综合治理，取得了良好的防护效果。

3.5　红壤紫色土区生态林

3.5.1　生态环境特征

红壤紫色土区包括南方红壤区及西南紫色土区。南方红壤区即南方山地丘陵区，包括江苏、安徽、河南、湖北、浙江、江西、湖南、广西、福建、广东、海南、上海、香港、澳门和台湾 15 个省（自治区、直辖市、特别行政区）共 888 个县（市、区），土地总面积约为 124 万 km^2；西南紫色土区即四川盆地及周围山地丘陵区，包括四川、甘肃、河南、湖北、陕西、湖南和重庆 7 个省（直辖市）共 256 个县（市、区），土地总面积约为 51 万 km^2。水土保持区划共划分为 12 个二级区、42 个三级区。

南方红壤区是以硅铝质红色和棕红色土状物为优势地面组成物质的区域，包括大别山—桐柏山山地、江南丘陵、淮阳丘陵、浙闽山地丘陵、南岭山地丘陵及长江中下游平原、东南沿海平原等。大部分位于我国地势的第三级阶梯，海拔为 10～1400m，平均海拔为 240m，山地、丘陵、平原交错，河湖水网密布，地表水资源丰富，主要水系有长江干流的鄱阳湖水系、洞庭湖水系、珠江水系及东南沿海诸河水系。该区属亚热带、热带湿润气候区，年均降水量为 900～2100mm，大部分地区在 1400mm 以上。区域内土壤类型丰富，土壤类型以棕壤、黄红壤和红壤为主。主要植被类型有热带雨林、南亚热带雨林、中亚热带常绿阔叶林、北亚热带常绿落叶混交林，林草覆盖率为 45.16%。区域耕地总面积为 2823.44 万 hm^2，其中坡耕地面积为 178.3 万 hm^2。水土流失面积为 16.03 万 km^2，以水力侵蚀为主，局部地区崩岗发育，滨海环湖地带兼有风力侵蚀。

西南紫色土区是以紫色砂页岩风化物为优势地面组成物质的区域，分布于秦岭、武当山、大巴山、巫山、武陵山、岷山、汉江谷地、四川盆地等地。该区大部分位于我国地势的第二级阶梯，海拔为 300~2500m，平均海拔为 800m，山地、丘陵、谷地和盆地相间分布，主要水系包括长江上游干流，以及岷江、沱江、嘉陵江、汉江、丹江、清江、澧水等河流。该区属亚热带季风气候，气候类型多样，气象灾害频繁，年均降水量为 600~1400mm。土壤类型以紫色土、黄棕壤和黄壤为主。植被类型以亚热带常绿阔叶林、针叶林和竹林为主，林草覆盖率为 57.84%。区域耕地总面积为 1137.86 万 hm²，其中大于 5°的坡耕地面积为 622.1 万 hm²，大于 15°的坡耕地面积为 368.4 万 hm²，水土流失面积为 16.17 万 km²，以水力侵蚀为主，局部地区山地灾害频发。

南方红壤区及西南紫色土区主要生态问题有：人口密度大，人均耕地少，农业开发强度大；森林过度采伐，水土流失严重，山地灾害频发；山丘区坡耕地，以及经济林、速生丰产林林下水土流失严重，局部地区崩岗发育；水网地区局部河岸坍塌，河道淤积，水体富营养化严重；水电、石油、天然气和有色金属矿产等资源开发强度大，人为水土流失严重。因此，需要开展退耕还林和坡耕地治理工作，加强山丘区坡耕地改造和坡面水系工程配套，做好微丘岗地缓坡地带农田水土保持，通过林分改造措施控制林下水土流失，发展特色林果产业，重点对崩岗实施综合治理；实施重要水源地和江河源头区预防保护，建设与保护植被，提高水源涵养能力，完善长江上游防护林体系，推动城市周边地区清洁小流域建设，维护水源地水质安全，构筑秦岭—大别山—天目山水源涵养生态维护预防带、武陵山—南岭生态维护水源涵养预防带。

3.5.2 生态林配置与营造

1. 生态林模式

南方红壤区及西南紫色土区降水丰沛，时空分布不均衡，暴雨多发，生态林的配置以水源涵养、水土保持及农田保护为主要目标，并充分利用土地和光热资源发展林业经济生产生态模式（柴锡周 等，1995；陈山虎 等，1997；黄石德 等，2015），其中以顶林-腰果-底谷（养殖）生态林配置模式最为典型（刘兰芳，2008；王凌云 等，2018）。

顶林是指在山丘的顶部种植树木和封山育林，营造以水土保持功能为主的人工林，以改善土壤入渗能力与土壤含水量，提高土壤层蓄水容量。通过营造水土保持林保育林下土壤，实现对降雨径流的二次分配，改善降雨径流时空分布的不均匀性，可以起到削峰抑枯、减缓暴雨的危害并提高水资源利用率的作用；同时，通过营造水土保持林增加植被覆盖、促进生态系统多样性发育，起到改善当地生态环境的作用；山顶营造的水土保持林还增加了下垫面粗糙度，降低了径流速度，减小了地表径流流量，削弱了径流的冲刷能力，从而减少水土流失；并利用山边沟、草沟、草路等水土保持技术构建坡面集雨引流系统，为腰果提供可利用的雨水资源。顶林面积分布主要由地形破碎程度、坡度大小，以及整个模式配置的水量平衡、土地利用率来确定。25°以上且地形破碎的坡面都应作为顶林的面积，同时，考虑水量平衡和土地利用率，顶林的面积不宜超过整个坡面面积的 1/2，但不应小于整个坡面面积的 1/3，具体面积大小应根据地形、水热、土壤等条件进行配置。

腰果是指在山顶"戴帽"的基础上，基于山腰坡度减缓，在山丘的中部开发反坡梯田+前埂后沟+梯壁植草。发展果树、药材等经济价值高、综合效益好、适销对路的优质农产品，如中华猕猴桃、板栗、甜柿、柑橘、油茶、无花果、枇杷、茶、中药材、花生、油菜等，达到保护环境、发展生态经济的目的。同时依据地形地貌特点，构建沉砂池、蓄水池。针对红壤区降水资源相对丰富、但季节性分布不均的问题，修建台地主要考虑排蓄功能：一是最大限度地蓄积雨水，增加土壤水库量；二是注重排水功能，能把洪涝时的雨水径流快速有序排走。因此，利用反坡梯田+前埂后沟+梯壁植草中的坎下沟及营造的生态沟渠把顶林及坡面的雨水径流引流到蓄水池中，再利用自流灌溉与滴灌相结合在干旱季节灌溉腰果，腰果的废弃果物为底谷（养殖）提供有机肥和饲料。果树的选择主要根据当地的经济发展方向和气候条件确定，如位于红壤区中心地带的江西省，赣南选择脐橙、柚等；赣中选择南丰蜜橘、椪柑、早熟甜柚等；赣西选择新余蜜橘、高安方柿、奉新猕猴桃和大果形枇杷等；赣北选择早熟梨、温州蜜柑早熟品种和特早熟品种等；赣东则选择冬枣、杨梅、油茶等，形成"南橘北梨、东枣西桃"的发展格局。腰果面积的分布应根据地形条件和顶林的面积，通过水量平衡和土地利用及生产力计算确定。

底谷（养殖）主要在顶林、腰果的基础上，针对山底坡度平缓或地势低洼、径流大量汇集、光热丰沛的特点，营造水平梯田种植对水肥条件要求较高的粮食作物（如水稻、玉米等）、蔬菜和饲料作物，或开挖山塘进行畜禽及渔业养殖；作物（果树）的枯枝落叶通过收集腐熟处理成有机肥，残烂作物（果实）可以用于喂养畜禽；沟底采取工程措施筑坝拦沙，形成统一立体的水土流失治理开发模式。根据当地经济的发展方向及地形条件来确定底谷养殖的配置方式，一般地势低洼、雨水宜集难排的区域，应该发展山塘养殖、鱼禽养殖；地势平坦、雨水蓄排畅通的区域，宜选择种植谷物与养猪相结合。主要根据项目区的自然资源条件和可以利用的土地面积，通过土地承载力计算来确定谷地利用规模。

南方红壤区及西南紫色土区水土流失治理分为坡耕地、沟道、荒地、崩岗等治理类型，针对不同治理对象的水土流失特点、地形地貌状况及防护目标，优化配置各项治理措施，合理配置以水土保持为目的的生态防护林（李德成 等，2008）。①坡耕地以防治因耕作不当导致的水土流失为核心，以发展生产为目标。通过修筑梯田、采取保水保土耕作等措施，改变微地形，增加植被覆盖度，从而实现坡耕地水土保持与经济发展双赢。②沟道以防止沟道侵蚀和拦挡泥沙为核心，以确保下游安全为准则。通过沟头防护、布设谷坊、修筑拦沙坝等工程措施，防止沟头前进、沟岸扩张、沟底下切。通过水土保持造林，稳定绿化沟道。③荒地以尽快恢复植被为核心，以改善生态环境为目标。通过水土保持造林、种草等措施，增加植被覆盖度，保持水土，条件允许时发展经果林，促进当地经济发展。通过封禁治理，保护植被，促进植被正向演替，改善生态环境。④崩岗要预防保护和综合治理并重。一方面要采取预防保护措施，防止崩岗的发生；另一方面要对已形成的崩岗进行综合治理，工程措施和林草措施并举。根据崩岗不同发育阶段、不同类型、不同部位选取相应的治理措施。通过修筑截水沟、排水沟、跌水、挡土墙、崩壁小台阶和梯田、谷坊、拦沙坝等工程措施，控制崩岗侵蚀的发展，同时配合水土保持造林、发展经果林、种草及封禁治理等，加速植被恢复，形成多目标、多功能、高效益的防护体系。在一个小流域中不同水土保持措施的比例及其配置方式与其总体水土流失治理效果密切相关，要按照治理目标系统规划措施体系以达到预期效果（尹忠东 等，2009）。

　　2. 坡面生态林

　　1）荒坡

　　在荒坡进行水土保持林草建设，以防护林为主导、辅以经济林。综合治理坡面水土流失，实施退耕还林还草，保护好天然林，同时对现有低效林进行改造，提高生态效益，主要采取树种更替、补植补播、封山育林、林分抚育、嫁接复壮等营林措施。水土保持林和人工种草一般适于荒山、荒坡、荒滩和大于 25°的坡地；水源保护林一般适于重要水源地、湖库周边的坡地；护岸护滩林适于库区消落带、河道及渠道两侧；经济林适于水土流失轻微、交通便利、立地条件较好、具有灌溉条件的区域。

　　（1）封禁治理。在营造水土保持林、水源保护林的同时，着重生态的自然修复，充分发挥大自然的自我修复能力，对水土流失中度、轻度且具有一定数量母树或根蘖更新能力较强的疏林地、灌草地和荒山荒坡地实行封禁治理，并适当辅助人工促进措施，进行补植补造、抚育管理，促进植被迅速恢复。封禁期间要采取适当的辅助措施解决封禁期民众的实际困难，如舍饲养畜青饲料基地建设、能源替代方案、管护方法等。以福建省长汀县为例，通过大封禁、小治理的自然生态修复模式治理水土流失，取得了显著成效，全县水土流失面积由 1985 年的 97 466.6hm^2 减少到 2011 年的 32 246.66hm^2，森林覆盖率由 59.8%提高到 79.4%（张若男和郑永平，2013），充分体现了自然生态修复模式在南方红壤区植被恢复中的重要作用。

（2）植草。在强度侵蚀区，水土流失情况比较严重，地表大多呈裸露状态，坡面径流对地表土壤产生强烈冲刷，栽植乔木不易成活，为了迅速控制坡面水土流失多采取坡面植草措施，一般采用等高草灌带措施。为了消除"远看青山在，近看水土流"的"空中绿化"现象，为改善人工纯林的林下植被覆盖而采取林下播草措施。

等高草灌带措施是在强度水土流失裸地坡面上通过布设等高水平沟截短坡面长度、减小径流冲刷力、拦截坡面径流泥沙、增加水分渗入和养分沉淀，起到改善侵蚀区土壤水分和养分条件的作用，给植被提供一个适宜的微环境。等高草灌带以"品"字形配置在坡面上以提高拦蓄效率。每条水平沟长度依据地形条件来确定，一般 2～3m 长。种植在水平沟内的草灌能在短期内迅速覆盖地表，在坡面上形成径流泥沙的层层拦截渗蓄系统，控制坡面水土流失，为后续植物群落的自然恢复，提供良好的生育基础。这是红壤与紫色土地区坡面水土流失治理的一种生物与工程相结合的成功措施。

采取播草措施恢复人工纯林的林下植被。在立地条件较好、地表植被覆盖度25%～60%、地表乔木层覆盖度较高的红壤水土流失中度、轻度区域，调整乔木密度，补植灌木和草本，实现短期内地表植被覆盖度的迅速提高，减少雨水冲刷造成的水土流失，乔木、灌木和草本的枯落物和枯死物为土壤提供更多的有机质，保证土壤养分的持续供给，实现改造立地质量、构建稳定林分结构及治理水土流失的目的。补植的灌木可以选择胡枝子、多花木兰等。撒播的草种可选择宽叶雀稗、百喜草、马唐、金色狗尾草、圆果雀稗等。福建省长汀县在强度水土流失地区，保留原有马尾松树，全垦或条沟状整地，施足基肥，按一定比例撒播马唐、金色狗尾草、圆果雀稗、多花木兰等近 20 个品种的草籽。出苗后追肥，第 2 年牧草即可全部覆盖林地。通过近 20 年的恢复，侵蚀量仅为过去的 1/9，还有效地促进了"小老头松林"的恢复生长（张淼和查轩，2009）。

（3）林草复合模式。在水土流失中度、强度侵蚀区，要综合考虑森林群落重要值、侵蚀地立地条件、植物地带性原理等，尽量选择乡土植物种，如选择草本（百喜草、宽叶雀稗、类芦和芒萁等）、灌木（胡枝子）、乔木（马尾松、杨梅、樟、木荷、闽粤栲等）的优质植物品种，建立多种针对不同区域特点的生态林草复合治理模式。例如，以枫香树为第一层、胡枝子为第二层、宽叶雀稗草为第三层的垂直种植模式；以杨梅为第一层、茶叶或柑橘为第二层、人工植草为第三层的生态修复复合模式；还有多树种混交水土流失治理模式，即在山顶种植马尾松、胡枝子和杨梅，在山腰主要种胡枝子、枫香树和木荷，在坡底种植闽粤栲和枫香树。

（4）生态林与生态经济林。按照自然演替规律，在坡面逐步恢复森林植被，条件适宜、土壤质量恢复比较好的坡面可以逐步过渡转换成生态经济林。首先在坡面直接种植先锋灌木、草本植物。在裸岩地及极端瘠薄的粗骨粒土地条件下，在有土的地方撒播生命力强的草本植物及灌木种子。严禁割草除灌、放火烧荒、开荒放牧等现象，实行全面封禁，使立地条件逐步得到改善。先锋树种具有发芽迅速、幼苗生长快、耐日灼、耐霜冻等特性，能较快地适应环境条件并迅速生长成林。当灌木或草本植物生长到一定阶段，即覆盖度达到40%以上，坡面的立地条件得到改善后，再种植先锋树，一般多选用刺槐等耐干旱、耐瘠薄、繁殖能力强的树种，来改良紫色土的土壤结构，并为下阶段的乔木种植创造适宜生境条件。其次是栽种亚热带针叶林。当先锋树成林后，紫色土的土壤条件得到相对改善，在郁闭度达到0.3以上后就具备了乔木良好生长的生境条件，适宜针叶树种的正常生长发育。此时，应根据实际情况适时大面积栽种松、柏、杉等耐干旱、主根深且水分蒸发量较少的亚热带针叶树种，建立针叶林山体带，以此来改良紫色土的土壤结构和调节荒坡地的小气候条件。再次是栽种水果型经济林木。水果型经济林木集生态效益、经济效益和社会效益于一体。当亚热带针叶树成林后，可在其行间栽种较耐庇荫的水果型经济林木树种，如枣、板栗、枇杷等，逐步形成针阔混交林。最后是去除针叶树，保留水果型经济林木。水果型经济林木树种与针叶林树种相比具有生长速度快、抗病虫害能力强、自然枯损现象较小及经济效益高等优势。基于此，可通过择伐去除针叶林树木，以保证顶级生态群落的良好生境条件，促使水果型经济林木早日形成。这种方式，在湖南衡阳的实践中非常成功（吴万刚 等，2011）。

2）坡耕地

（1）生态林。坡耕地的生态林一般有两种模式：第一种为植物篱型，第二种为果农复合型。红壤紫色土区坡耕地上的农林复合模式主要是以植物篱技术为基础，植物篱主要应用于水土流失严重、尚未修筑梯田或不适于工程措施的坡地地区，形成治坡、降坡、固坡的模式（杜旭 等，2012）。在梯田地坎冲刷较强烈、稳定性较弱的梯田埂坎也可配置植物篱用于地坎和地埂的维护。植物篱的种类根据不同的植物品种及效益可划分为固氮型植物篱、木本植物篱、草本植物篱、水土保持型植物篱、经济型植物篱等。按其构建方式和用途又可划分为等高植物篱、地埂植物篱和经济植物篱。

南方红壤紫色土区的降水量和降水强度都比较大，坡耕地径流冲刷侵蚀强烈。在坡耕地上种植植物篱后，坡耕地的地表径流、泥沙在植物篱间坡地的下部大量堆积，耕作导致的侵蚀土壤也在该部位堆积，从而减缓局部坡度，改变坡耕地微地貌。经过几年的耕作，植物篱之间的耕作带逐渐形成梯地，能减小水力侵蚀作用。与此同时，种植植物篱之后，长坡耕地被缩短成数段短坡耕地，从而降低了径流流速，延长了地表径流的下渗时间，减缓了坡耕地上的水力侵蚀作用，在坡度为 40°以下的坡地上都可以采用，并建议在 15°～25°的坡耕地主要采取植物篱措施进行治理（王学强 等，2007）。

同时植物篱还可以与水土保持农业措施相结合，主要包括以等高耕作、等高沟垄种植、格网式垄作、大横坡+小顺坡、边沟、背沟、聚土免耕等技术为主的改变微地形的措施，以间作套种、轮作、深耕密植、覆盖栽培、林下种植、粮经果复合垄作等技术为主的增加地表植被覆盖的措施，以及以免耕少耕、秸秆还田、抽槽聚肥等技术为主的土壤改良措施。

果农复合型指经济果园与农作物的复合模式，即利用果树与农作物光能利用的季节交叉，在林下种植农作物，实行果树与农作物套种。这种模式的关键是要把握好果树的密度和树冠遮阴的季节变化，充分利用光能。如果果树的密度和树冠遮阴的面积太小，其保持水土的功能就弱，经济效益也差，起不到复合的作用；如果果树的密度和树冠遮阴的面积太大，影响林下农作物的光照，使林下农作物光合效率下降。经验显示，最适宜的林木覆盖度应控制在 10%～15%，可以由用材林、经济林、果树等组成混农林业结构模式（夏合新 等，1996）。

（2）梯田防护。坡改梯是红壤紫色土区治理坡耕地、建设基本农田的重要措施，一直是"长治"和"中低产田改造"等工程的重点。一般 5°～25°的坡地，根据断面形态可分为水平梯田、坡式梯田和隔坡梯田；在土层深厚、劳动力充裕的地方，常 1 次修成水平梯田；在土层较薄或劳力较少的地方，往往先修坡式梯田，经逐年向下方翻土耕作，减缓田面坡度，逐步变成水平梯田，但考虑工程量和投资量，建议在 5°～15°的坡地以修梯田为主进行治理（王学强 等，2007）；在地多人少、劳动力缺乏、降水量较少的地方，对 15°～20°的坡耕地，实际工作中也有采用隔坡梯田的形式，平台部分种庄稼，斜坡部分种牧草。根据田坎筑材可分为土坎梯田、石坎梯田和土石复合坎梯田，在实际应用中，目前也有用空心砖、框格梁、预制硅块、粉煤灰条块等新型材料筑坎（鲍玉海 等，2018）。

不同生态治理措施对红壤生产潜力均有不同程度的影响。在浙江，前埂后沟梯壁种植百喜草的梯田果园生产潜力最高，横坡间种植农作物的坡地果园生产潜力最小，梯壁种植百喜草的标准水平梯田果园生产潜力居中。在湖南，梯田油茶+稻草覆盖模式、梯田油茶+花生+植物篱模式及梯田油茶+豆科牧草模式均有效减少了强暴雨条件下地表径流对土壤的冲刷，对于控制水土流失及磷、钾养分流失效果明显。在江西，前埂后沟水平梯田具有较好的蓄水减流和保土减沙效应，梯壁植草的水平梯田其蓄水减流和保土减沙效应比梯壁裸露水平梯田分别高 21.7%和 30.1%（张靖宇 等，2010）。

土坎梯田大多需要栽植护坎植物以增加土体稳定性。护坎植物应在田坎建成后立即种植，以春季为最佳。在浙江，土坎护坎植物推荐以草本植物或灌木为主，同时兼顾其经济价值，有利于当地发展田边经济。常见的护坎植物包括大豆、花椒、豌豆、紫花苜蓿、金银花、黄花菜等。另外，针对人工夯实裸露的红壤土坎结构松散，土壤黏结力差等问题，为了增加土体本身的抗剪断强度，在施工时可加入 3%～5%的石灰，增加土壤颗粒的凝聚力，再配套种植护坎植物，达到减少径流冲刷、减少剪应力的目的，从而增强土坎的稳定性。

3）崩岗

在我国南方花岗岩区的崩岗治理中，处于不同发育阶段的崩岗，都采用以生物措施为主、辅以工程措施与耕作措施相结合的治理模式（黄斌 等，2018；吴芳 等，2019）。在治理过程中，一方面要通过工程措施尽量排出坡面径流，拦沙滞洪，防止侵蚀沟进一步下切；另一方面通过植树种草，尽快恢复植被以恢复生态系统。

（1）治理措施。崩岗治理措施可以简单概括为上截、中削、下拦。上截就是采用沟头防护工程截断上方坡面径流，固定沟头，防止崩岗溯源侵蚀；中削就是对崩岗内的陡壁进行等高削级，降低崩塌面的坡度，截短坡长，以减缓土体重力和径流的冲刷力；下拦就是在崩岗沟口处修筑谷坊拦截泥沙，以防止泥沙外流，制止沟底继续下切。

上截主要针对的是崩岗坡面的治理。坡面是崩岗产生和发展的源头，对集水坡面进行治理主要目的是减少地面径流的冲刷，削弱崩岗沟头跌水强度，从根本上控制崩岗发展的动力来源。采取的主要措施包括设置截流排水沟和进行植被恢复。截流排水沟一般布设在崩岗顶部或边缘 3～6m 处，其数量可依据集水坡面的面积和地区降雨量来设置，在必要的情况下还可通过设置沟埂或种植牧草等对排水沟进行保护。种植坡地植物的主要目的是利用植被的阻滞作用，增加径流的渗透时间，从而减缓地表径流的流速和流量，削减沟缘跌水强度，固定和稳定侵蚀沟顶，制止其溯源侵蚀。根据南方红壤区的土壤、气候特点，可选择具有深根性、耐瘠薄、速生的林草种类，主要有马占相思、木荷、闽粤栲、竹类、合欢、百喜草、糖蜜草等。在治理过程中必须注意不能将树木种植到过于靠近崩岗沟缘的位置，应保留一定的距离（4～6m），以避免树木的自重和根系生长对土体的破坏引起沟头崩塌。

中削主要针对的是崩岗陡壁的治理。崩壁地形陡峻，坡度大，一般高达数米至数十米，草籽遇风吹及降雨难以依附并生存；同时立地条件恶劣，土壤水分流失难以保存，土壤肥力差，夏季温度高，不利于植物生长发育，植被恢复较为困难。通常采用的方法是依据实际地形、崩岗发育阶段和稳定程度等因素，在对崩壁进行削坡、开梯等降坡、稳坡工程措施后进行一定的植物覆盖。削坡整地的作用在于降低降雨径流冲击壁面的动能，并且能够为坡面生物修复创造适宜的地形条件。同时，在削坡后的台阶上适当修建蓄水和排水设施，起到疏导台面径流和提供植物生长所需水分的作用，以降低崩壁二次崩塌的风险。崩壁植物一般选用草本植物和小灌木，因为草种颗粒小，能与土壤紧密结合，草种极易黏附在土壤表面或深入土壤表层，在适当水分环境下能迅速发芽生长、快速覆盖地表。在崩壁小环境改造的基础上，可以穴植耐干旱瘠薄的木本植物，以灌木为主，穴植营养杯，也可以小苗带土移栽草本植物，还可采用牛粪、磷肥加泥浆与灌木种子及草籽搅匀后喷淋于崩壁上。对亟须治理或者人工种植困难的崩壁绿化也可采用液压喷播植草护坡、土工网植草护坡等工程绿化技术措施。崩岗沟底一般种植东京银背藤、爬山虎等攀缘植物，栽植方便，工程量小。这些攀缘植物自然向上生长覆盖，能有效减缓暴雨径流对崩壁的直接溅蚀和冲刷，降低崩壁温度，减少崩壁土壤水分蒸发量，对保护和改善崩壁环境有明显效果。

下拦主要针对的是崩岗沟谷的治理。沟谷是崩积堆土壤流失的通道，同时存在着径流的下切和泥沙的淤积。为阻止崩积堆土壤进一步向下游移动，一般采用修筑谷坊的方式拦蓄泥沙，以提高侵蚀基准面。在谷坊建成后，对拦蓄的泥沙进行适当土地整理，依立地情况选择栽种根系发达、分蘖能力强、耐冲刷和耐掩埋的香根草、藤枝竹等植物，也可在改善土壤状况的基础上（覆盖客土、施肥等措施）种植经济作物，如绿竹、麻竹、茶树、果树等。冲积扇的治理建议以种植竹草为主，即等高种植香根草带，中间套种竹类。沟谷因立地条件较差，应以耐旱瘠的竹类为主，以在较短的时间内控制泥沙下泄。

（2）治理模式。不同崩岗的发育状况、侵蚀程度、地形、规模等有较大差异，在进行治理时必须综合考虑地理、环境、经济和社会等因素，在以往的崩岗治理中各地采用了不同的治理模式，表 3-5 所示为崩岗综合治理模式（冯舒悦 等，2019）。但是具体采用何种治理措施大体上可以按照崩岗不同发育阶段来确定。

表3-5　崩岗综合治理模式

研究者	治理依据	治理模式	研究时间/年	研究区域
姚庆元和钟五常	按部位分散治理	沟底堵土、坡面拦水、沟区绿化、护岸固坡、河流改道	1966	江西
史德明	"三位一体"(治坡、降坡和稳坡)综合性治理	上截、下堵、中绿化(修建排水沟拦截径流,防止沟头下切扩张;坡下修筑谷坊,减少崩塌,稳定坡脚;沟内植树造林,固土绿化)	1984	—
陈文彪	"三位一体"综合性治理	上截、下堵、中间削(修鱼鳞坑拦蓄或排水沟拦截径流;修谷坊或拦沙坝拦蓄淤泥,提高侵蚀基准面;削坡以稳定崩壁,造林改善立地条件)	1987	—
李思平	按部位重点治理	治坡、治沟、稳壁(改善排水、减少集水面积、以工程措施稳定崩积堆)	1992	广东
黄尘志和颜沧波	按部位重点治理	治坡、治沟(拦排径流、消除冲刷、稳定沟床)	2000	福建
阮伏水	按侵蚀特点综合性治理	水保生态型(林草覆盖、植被恢复)、经济作物型(经济作物种植、林果共生)、多类经营型(大型整地、农渔林业共生)	2003	福建
黄艳霞	按发育程度综合性治理	发育初期(固定崩口、防止崩塌)、发育盛期(拦截径流、植树种草)、发育稳定期(植被覆盖、封禁恢复)	2007	广西
李旭义 等	按效益类别综合性治理	水保生态型(拦蓄泥沙、小流域植被恢复)、经济作物型(工程整地、种植经果林)、工业园区型(崩岗侵蚀区推平建成工业用地)	2009	—
肖胜生 等	按综合特征重点治理	大封小治型(主要针对发育晚期的崩岗,采用大封禁+局部措施调控)、"三位一体"(削坡截留+修筑谷坊+植被绿化)型、经济开发型(集约开发、提高土地生产力、获取综合效益)	2014	—
马媛 等	"五位一体"(水坡面、崩壁、崩积堆、沟道、洪积扇分别治理)综合性治理	集水坡面(截流排水)、崩壁(降坡稳坡)、崩积堆(整地固定)、沟道(切断运输通道)、洪积扇(固沙防泄)	2016	—

注:"—"表示研究区域在我国南方地区的湖北、湖南、江西、安徽、福建、广东和广西7省(自治区)的典型崩岗区;防治措施主要分工程措施和植物措施两类,防治要点不同,相应治理模式的侧重点就不同。

　　发育初期、崩口规模较小的崩岗,其物种的种类和数量随着侵蚀的加剧在逐渐减少,植被覆盖度等也逐渐降低。此类崩岗的治理关键是拦截坡面径流,预防坡面水流再次导致崩壁土体坍塌,一般是修建谷坊保护沟道,并通过植被绿化和坡面防护措施尽快固定崩口,以营造良好的生态环境,达到工程建设和生态保护兼顾的目的。

　　发育最旺盛阶段的崩岗,其坡面、崩壁、沟道到洪积扇的土壤性质差异较大,植被稀少,也是防治难度最大的时期。治理关键为坡面拦水降压,崩壁稳定保护,沟道设小型拦沙坝或大型谷坊以拦堵泥沙，巩固和抬高侵蚀基准面，沟口内外绿化恢复植被。对坡度 25° 以上的坡地应退耕植树种草，在水土条件好的台地上应种植长势好、生长快的经果林或营造以乔灌草多层次结构搭配种植的水土保持林，提倡经济效益较高的绿竹或者麻竹与种草相结合的开发性治理模式。在堤坝内外植树种草，在沟底铺设柴草、芒萁、草皮等，可使崩塌面逐步稳定。

发育稳定期的崩岗，其水土流失已基本得到控制，生态平衡逐渐恢复，在防治上主要依靠崩岗生态系统的自我修复功能，一般不实施较大的工程措施。发育相对稳定的崩岗，因其基本无新的崩塌产生，且有一定的植被覆盖，故以修复完善为主。此类崩岗治理的关键在于采取各类封禁保护性防治措施，消除崩岗的潜在危害，避免人为对地表植被的破坏，确保崩岗持续稳定。

第4章

平原区生态林业工程

4.1 农田防护林

农田防护林是防护林体系的主要林种之一，是指将一定宽度、结构、走向、间距的林带栽植在农田田块四周，通过林带对气流、温度、水分、土壤等环境因子的影响，来改善农田小气候，减轻和防御各种农业自然灾害，创造有利于农作物生长发育的环境，以保证农业生产稳产、高产，并能为人们生活提供多种效益的一种人工林。

农田防护林带由主林带和副林带按照一定的距离纵横交错构成格状，即防护林网。横对主风方向的林带，一律称为主林带，与主林带垂直的林带，都称为副林带。主林带用于防止主要害风，林带和风向垂直时防护效果最好。根据具体条件，允许林带与垂直风向有一定偏离，但偏离角度不得超过 30°，否则防护效果将明显下降。副林带用于防止次要害风，增强主林带的防护效果。农田防护林带还可与路旁、渠旁绿化相结合，构成林网体系。

在平原区营造防护林始于 19 世纪初，苏格兰最早在滨海地区营造海岸防护林；此后，苏联和美国等国家也开始有计划、大规模地营造农田防护林（曹新孙和陶玉英，1981a；1981b）。中国营造农田防护林有 100 多年的历史，大致可分为 3 个阶段。第一阶段是以防止风沙为目的、兼顾烧柴用材的农民自发营造阶段。农民自发地营造自由林网，多营造在防风农田的风口处，以及田埂、地块周围，多为紧密不透风结构。因为平茬频繁，林网多形成丛生的灌木状，不仅防护距离近，而且在林带的迎风面常堆积浮沙，久而久之，耕地将形成凹槽型，既不利于耕种又降低了粮食产量。第二阶段是以全面改善农田小气候为主要目的的国家或集体有计划、大规模营造阶段。各地区和林带之间设置了不同距离的网带，构成了面积不等的农田网络。第三个阶段是以改造旧有农业生态系统为目的、实行综合治理、建立农田防护林综合体系阶段，实现林网、路网、水网密切结合的三网化，这时出现了一个地区或几个地区连片的方田网络（李庆东，2019）。

4.1.1 农田防护林结构与功能

1. 农田防护林林带的结构类型

农田防护林林带因树种组成、栽植密度、种植点配置方式不同而形成不同外部形态特征的结构类型。按纵横断面划分，其生长季节的林带有纵断面结构类型与横断面结构类型两种。

1）纵断面结构类型

林带纵断面结构类型因林带宽度、行数、乔灌木树种搭配和造林密度不同而有差异，具体表现为透光度与透风系数的变化。透光度又称疏透度，是林带纵断面的透光面积与其纵断面总面积的比值。透风系数是林带背风面离林缘 1m 处林带高度范围内的平均风速与空旷地相应高度处的平均风速的比值。

按农田生态防护林纵断面外部形态和内部特征，即按照透光孔隙的大小、分布及防风特性，通常把林带结构划分为 3 种基本类型，即紧密结构、疏透（稀疏）结构和透风（通风）结构。

（1）紧密结构。紧密结构的林带较宽，栽植密度较大，一般由乔灌木组成，上下层都密不透光。疏透度为零或几乎等于零，透风系数在 0.3 以下。中等风力遇到林带时基本不能通过。距离林带背风面越近，防风效果越好，在相当于树高 5 倍（5H）距离的范围内，风速为旷野的 25%左右，随着距离增加而风速增大。由于紧密结构的林带内和背风林缘附近有一静风区，容易导致林带内及四周林缘积沙，一般不适用于风沙区。

（2）疏透（稀疏）结构。疏透结构的林带较紧密结构的林带窄，行数也较少。一般由乔木组成两侧或仅一侧的边行，配置 1 行灌木，或不配置灌木，但乔木枝下高较低。最适宜的疏透度为 0.3~0.4，透风系数为 0.3~0.5。其防风效果显著，在 5H 距离的范围内风速为旷野的 26%左右，随着距离增加风速逐渐增大。疏透结构的林带防风效果大于紧密结构，防护距离小于透风（通风）结构，适用于风沙区。

（3）透风（通风）结构。透风结构的林带宽度、行数、栽植密度都小于前两者。一般由乔木组成而不配置灌木。林冠层有均匀透光孔隙，下层只有树干，因此形成许多通风孔道，林带内风速大于无林旷野，到背风林缘附近开始扩散，风速稍低，但仍近于旷野风速，易造成林带内及林缘附近处的风蚀。生叶期的疏透度为 0.4~0.6，透风系数大于 0.5。其防护效果在 5H 距离范围内为原来风速的 30%左右，且随着距离增加风速逐渐增大。透风结构适用于风速不大的灌溉区，或风害不严重的壤土农田或无台风侵袭的水网区。

2）横断面结构类型

农田防护林林带的横断面结构类型可分为矩形结构、屋脊形结构和凹形结构3 种。

（1）矩形结构。矩形结构主要由乔木树种和灌木树种组成。这种类型的林带对气流拦截作用较大，迎风面与背风面林缘均易形成强大旋涡，出现弱风区，当上部气流越过停滞的弱风区后迅速下降，并很快恢复原来的风速，因此林带的防护范围小。林带如果采用疏透结构，再配置矩形结构横断面，防护效果会有所提高。

（2）屋脊形结构。屋脊形结构由主要树种和辅佐树种组成。此类型的林带对气流的拦截作用稍小，迎风面与背风面不会形成大旋涡，而且背风面旋涡远离林缘，旋涡容易被上方水平运动的强大气流吞没，因此林带的防护范围大。林带如果采用紧密结构，再配置屋脊形结构横断面，可以发挥更好的防护作用。

（3）凹形结构。凹形结构是由于林带边缘林木的生长超过林带中的林木而形成的。这种类型的林带对气流的拦截作用较大，但不是理想的断面类型（杨晓林，2009）。

2. 农田防护林的功能

1）生态效应

（1）防风减灾。防风效应是农田防护林最显著的生态效应之一，人类营造农田防护林最初目的就是借助林网、林带减弱风力，减少风害。农田防护林是农田生态系统的屏障，是防止农田土壤风蚀的主要措施。农田防护林减弱风力的重要原因有：林带对风起到阻挡作用，改变风的流动方向，使林带背风面的风力减弱；林带对风的阻力会降低风的动量，使其在地面逸散，风因失去动量而减弱。减弱后的风在下风向短时间内可以逐渐恢复风速。在风沙危害严重的三北地区，农田防护林的防风效应较我国其他地区更为显著。

（2）改善农田小气候。农田林网能够降低近地层气温，对土壤蒸发、大气湿度、水平降水等产生重要影响，通过调节林网内部的温度、湿度条件，可以为农作物提供良好的生长环境。改善农田小气候主要体现在以下几个方面。首先，林带改变了林带背风面的能量交换，影响林带附近热量收支各分量，从而引起空气温度的变化。林带还对大范围空气温度的影响表现出季节性变化，为农作物的正常生理活动及生长发育创造良好的条件。通常情况下，春秋季有增温作用，平均增温 $0.5\sim2.0℃$；夏季具有降温作用，平均降温 $6\sim10℃$；冬季有增温作用，平均增温 $1\sim3℃$。其次，在林带作用范围内，由于风速减弱，使林网内气流交换减弱，蒸发量减少，作物蒸腾和土壤蒸发的水分在近地层大气中的含量增加，林网中近地层空气的绝对湿度高于周围旷野。最后，树冠对雨雪水有截留作用，因能延缓地表径流形成，增加土壤大气降水渗透量，产生良好的水文效应。

（3）改良土壤。农田防护林改良土壤表现在改良土壤盐渍化和增加土壤肥力两方面。林带中树木的生物排水、抑制蒸发可改良土壤水盐状况。林带的生物排水作用可以有效降低地下水位，防止土壤次生盐渍化；林带可以减弱林网内土壤水分蒸发，延缓土壤返盐；林带可以有效改良土壤物理性质、促进土壤淋溶过程、加速土壤脱盐。此外，林带还能够增加土壤肥力。林中的枯枝落叶及地下微生物的分解作用使其共生培肥、改善土壤结构、促进土壤熟化过程、增强土壤自身的增肥功能和农田持续生产力。

（4）改善环境。农田防护林中许多树种还有吸收有毒气体及滞留、吸附、过滤烟尘污染的作用。例如，臭椿、旱柳能吸收二氧化硫，刺槐、银杏等有较强的吸收氯气的能力，桑树能吸收铅尘，紫杉能吸收氟化氢等。农田林带也能防止强风引起的风沙颗粒对农作物叶子的毁坏，因此农田林带可以对有机农业生产起到隔离、保护作用。

2）经济效应

农田防护林能够改善农业生态环境，优化作物生长条件，增强农作物抵御干旱、风沙、干热风、冰雹、霜冻等自然灾害的能力，是保障粮食生产安全、促进粮食稳产高产的有效措施。农田防护林呈带状栽植于耕地边缘、路旁、水旁等水肥和通风透光条件都比较优越的地方，树木生长迅速，加上交通运输便利，为林带林木的速生丰产创造了有利条件，农田林网成为平原农区主要的木材生产基地。

农田防护林建设可广泛利用当地特色优势树种，因地制宜地发展经济林果业、特色种植业和林间养殖业，提供水果、干果、药材、特种用材、纸浆用材、编织用材、工业用植物油等多种林副产品，拓宽农民增收渠道，带动农村经济发展。随着畜牧业结构的优化和调整，广大农牧区对优质饲料的需求不断增加。树木的叶、枝条、花、果实、种子等均可直接或经加工成为饲料，如三北地区广泛分布的杨、柳、榆、刺槐、桑、小叶锦鸡儿等树种的树叶均是较好的饲料来源，不仅可以饲养牛、羊、骆驼、家兔，经过加工还可以饲喂猪等家畜和鹅等家禽。

3）社会效应

农田防护林在广大农区构筑起绿色屏障，使森林、树木、花草、农田、道路及村庄浑然一体，有效改善了农村人居环境。各地把农田防护林建设与绿化、美化小城镇建设有机结合，使农田防护林建设成为农村精神文明建设的一项重要内容，有力地促进了农村人居环境的改善和人与自然的和谐相处。例如，北京市房山区在农田防护林更新改造中坚持绿化与美化并重的原则，新建林网采取多树种配置、乔灌立体结合的建设模式，初步建成了绿海田园式的新农村，成为平原农区的一道绿色风景线（朱会敏，2017）。

4.1.2 农田防护林配置与营造

1. 农田防护林的配置技术

1）配置的原则

农田防护林的建设应遵循以下几个原则。第一，必须以农业生产服务为方向，以创建生态型农业为总体目标，处理好农、林、牧三者之间的关系。第二，我国地域辽阔，不同地区自然条件、作物品种差别很大，须防御的自然灾害也各不相同，因此农田防护林建设必须贯彻"因地制宜、全面规划"的原则。为了保证林带、林网的防护效果，必须根据当地具体条件，确定林带的走向、带距、结构类型、疏透度、带宽等主要参数；为了保证防护林内部光照充足，须结合林带纵断面的透光面积及纵断面的总面积，适当降低森林郁闭度，减少林内病虫害的发生。同时考虑林带胁地及机械化作业等问题。第三，宜在呈网状分布的渠边、路边和田边的空地上栽植林带，以构成纵横连亘的农田林网。农田防护林的形状设计应以耕地资源优化为原则，结合地形地势、河流道路进行整体规划，一般呈带状分布。水、路、林、渠多方结合，统一规划，在设计上要保证林带最大的防护效益，并尽量做到少占耕地。第四，农田防护林要紧密结合其他林种，形成综合的防护林体系。

2）配置的内容

（1）结构类型。农田防护林设计应当根据当地自然灾害的特点，因地制宜地确定林带的结构类型。一般农田防护林为了防风、防旱，要采用疏透结构或透风结构的林带。在多雪地区，如果农田积雪均匀，须采用疏透结构林带。在风沙危害严重的地区，为了保护农田、牧场免受沙害，最好采用紧密结构的林带。通过对林带的纵断面结构类型与横断面结构类型进行综合分析，矩形结构横断面最好采用疏透结构和透风结构的林带，屋脊形结构横断面最好采用紧密结构的林带。

（2）林带走向。农田防护林林带由主林带和副林带组成。主、副林带形成的网格呈长方形或正方形。在大面积的农田上，只有营造许多纵横交织的林带，形成防护林网，才能起到全面的保护作用。主林带垂直于主要害风时的防护效益最大，但偏角不能大于30°的这一结论是基于较宽林带与大网格情况而提出的，并不适于窄林带小网格的护田林网。正方形林网的林带方向可以灵活掌握，特别适于有多种害风方向的地区。但在主要害风方向单一的地区，长方形林网防护效果最好（范志平 等，2000）。

（3）林带间距。林带间距是指主林带与主林带或副林带与副林带之间的距离。林带网格由主、副林带之间的距离所构成。林带间距确定后，网格的大小也就随之确定。网格大小因林带间距大小而有不同，而林带间距又受树种、树高和风害的制约。一般土壤疏松且风蚀严重的农田，或受台风袭击的耕地，主林带间距可为 150m，副林带间距约为 300m，网格约为 4.5hm^2。一般风害的壤土或砂壤土农区，主林带间距可为 200～250m，副林带间距可为 400m 左右，网格大小为 8～10hm^2。风害不大的水网区或灌溉区，主林带间距可为 250m，副林带间距可为 400～500m，网格大小为 10～15hm^2。林带间距因树种类别、长势和风害情况而有所不同。

（4）林带宽度。林带宽度是指林带两边林缘间的距离。幼林期的林缘指边行林木向外行距的一半处，成林的林缘则取林缘边行树树冠在地面投影的外侧。林带宽度的选取与林带的透风系数相关。一般选择两侧各两行以上的行道树。两行的林带宽度应大于 4m，这种窄林带防风作用比宽林带好。林带防风距离和平均防风效率与林带宽度并不呈正相关，即不是林带越宽防风距离越大，防风效果越好。窄林带的优点是占地少、消耗水分少、生长稳定且防风效果好。这种"窄林带、小网格"农田防护林在平原地区已起到良好的保田增产作用（单宝霞 等，2009）。

2. 农田防护林的营造技术

1）营造农田防护林的总体要求

（1）营造农田防护林的地区要求地形平坦，一般为粮棉生产基地。例如，东北、西北等地区即将开发的粮食基地多数为人口稀少、土地辽阔的生荒地与熟荒地，这些地区应当是开展农田防护林的营造工作和尽快实现农业机械化的重点地区。

（2）在自然条件恶劣的地区营造农田防护林可以改善农业生产条件，保障农业生产。作为生物群体的林木同样受恶劣条件的影响。除了在树种选择时力争达到适地适树以外，必须通过精细的造林技术措施克服风沙、干旱、盐碱，以及杂草对幼林的不良影响，保证幼林的正常成活和生长。特别是在干旱、半干旱的草原地区，克服干旱和杂草对幼树的威胁是当地造林最迫切的任务之一。

（3）加强造林技术组织和劳动组织。由于营造农田防护林带是在指定的窄带状的土地上进行的，在造林施工中，需要加强有效的造林技术组织和劳动组织，以提高劳动生产率，保质保量地完成造林工作（朱丽丽，2012）。

2）树种选择与配置

农田防护林树种选择应遵循以下几个方面的原则：①选择抗风能力强，不易风倒、风折及风干枯梢的树种，在次生盐渍化地区还要有较强的生物排水能力；②选择生长迅速、树体高大、枝繁叶茂的树种能更快更好地发挥防护效能；③选择深根性树种，其侧根伸展幅度小，树冠紧束不过分开张，对防护区内的农作物不利影响较小；④选择与农作物没有共同病虫害的树种；⑤选择能产生木材和其他林产品、具有较高的经济价值的树种；⑥选择生长稳定、寿命长的树种。

农田防护林树种选择直接影响林带疏透度、生长速度及最终高度，决定着其是否能够发挥提供用材、改善景观和野生动物栖息环境等作用。一般来说应考虑立地的适应性、高生长的速生性、稳定性、抗虫能力、长寿性、冠形、树冠密度、根系特性和自然更新能力等。通常主要选择乡土树种，宜选择高生长迅速、抗性强、防护作用及经济价值和收益都较大的乡土树种，或符合上述条件且经过引种试验证实适生于当地的外来树种。可采取不同树种混交，如针阔叶树种混交、常绿与落叶树种混交、乔木与灌木树种混交等，同时考虑经济树种与用材树种搭配等。混交方式一般为株间、行间或带状混交。

由于杨树和柳树的速生性和易成活性，在世界各地都作为农田防护林的主栽树种，在美国、中国和苏联农田防护林建设中，杨树和柳树都曾是重要的组成树种；联合国粮食及农业组织（Food and Agriculture Organization of the United Nations，FAO）也曾推荐杨树和柳树作为果园的防护树种。世界上农田防护林中杨、柳树约占90%。然而这种林网也存在更新周期短、无叶期防护效能低、胁地严重和病虫害严重等问题。

有研究表明，杉木、泡桐、香樟和檫木可作为丘陵红壤区农田防护林的优良树种。泡桐与香樟、泡桐与杉木混交效益明显。在湖北，对单一树种、单层次林带结构进行调整，在水杉、池杉林带下补植棕榈来改善林带结构，可以提高防护效能。淮北砂姜黑土区农田林网主栽意大利杨、三球悬铃木、水杉、刺槐等生长快且抗性强的树种，其次是白榆树、苦楝、枫杨等乡土树种，伴生树种以侧柏、紫穗槐等为主，以形成多层次疏透结构林带。辽北地区农田林网的适宜营造树种有小钻杨类、旱柳、白榆、樟子松、油松、紫穗槐、胡枝子、小叶锦鸡儿等。黑龙江水田防护林栽植杨树，由于林地含水量大，严重影响杨树生长，后经多年研究认为垂柳为最佳树种。在北疆平原农田防护林中，樟子松是替代阔叶树的理想树种，为改变现有农田防护林寿命短、材质差、季相变化悬殊、生长衰退等问题，采用了冻土球移植法营造樟子松大苗林带，可与大叶白蜡等生长较慢树种进行行间混交。在江苏，用湿地松营造农田防护林，可作为第一代农田防护林更新的首选树种，具有较好的推广价值。引入经济树种是我国沿海农田防护林调整的新动向，如银杏农田防护林采用窄林带、小网络、疏透结构，使单一结构变为多功能多效益的综合型体系（康波和王勇，2010）。

　　3）栽植密度

林带株行距是构成林带不同透风系数的重要因素，营造农林防护林时需要根据树种冠幅大小、枝叶分布特性和设计透风系数的要求确定栽植密度。通常乔木采用1.0～1.5m或1.5～2m的行距、2～4m的株距，灌木行距与乔木相同，株距为1m，种植点为三角形配置。如单行林带的乔木，初植株距为2m。双行林带株行距为3m×1m或4m×1m。3行或3行以上林带株行距为2m×2m或3m×2m。具体还要视当地的气候、土壤等环境条件和树种生物学特性而定。

4）造林技术

林带造林要严格贯彻细致整地、随起随栽的原则，严格按照《造林技术规程》（GB/T 15776—2016）的国家标准进行栽植。在同一条林带上造林要做到树种一样、规格一样。只有这样才有利于林木均衡生长发育，有利于充分发挥林带的防护作用。

（1）造林前进行整地。细致整地可以改善造林地土壤的理化性质，消灭杂草，有效地积聚土壤水分，从而为幼树的成活、生长创造有利条件。当林带通过熟耕地时，由于这些土地多年耕作，一般土质肥沃，杂草稀少，可以不必提前整地，造林时只需要按照林地上种植点的位置进行局部整地，随整随造。当林带通过荒地时，由于植物生长茂密，根层盘结，需要提前整地。

造林前的细致整地对于保证造林成功、提高造林质量起到关键作用。生荒地和熟荒地的农田防护林造林地应当按照规划的林带宽度进行全面整地。这类造林地，如确定在当年秋季进行造林，最好在当年春季进行整地，并且在夏季时保持休闲；如果在第 2 年春季造林，当年秋季进行整地也可以。在有些地方，林地经过整地秋翻以后，可以先种植一年生或二年生农作物，使土壤有个熟化过程，能有效改善其造林条件。

适宜的整地深度对于充分发挥整地效果具有重要意义。一般生荒地和熟荒地的整地深度宜为 27～35cm。整地效果与整地深度并不完全成正比例关系，整地深度过大，往往会降低整地的劳动生产率；整地深度过小，又难以收到预期的效果。在土层深厚的地方，如果底土层出现有害的盐渍层或黏土硬盘，整地应当采取松土不翻土的办法，否则会恶化幼树的成活生长条件。

（2）农田防护林的种苗规格。农田防护林营造工作很少采用直播造林，尽管直播造林理论上有其生物学上的一些优点，但是在干旱、半干旱条件下，直播造林往往在保苗、间苗、定苗等一系列工序上耗费劳力过多，而且鼠害、兔害等问题也难以解决，因此直播造林的成效相对较差。目前大量的农田防护林营造工作主要还是采用育苗造林。农田防护林采用速生树种造林时多采用一、二年生的小苗，近年来则有采用三到五年生大苗造林的趋势。一般认为，采用大苗并辅以相应的配置和抚育措施，可以使林带迅速郁闭，及早发挥防护作用，并节约部分郁闭前的抚育用工及费用。

（3）农田防护林的苗木准备与栽植。种苗是造林的物质基础，种苗的好坏直接影响造林的成活率，因此必须抓好良种壮苗这一环节。在农田防护林营造的过程中，必须保证从起苗、苗木分级、包装、运输，一直到定植在林地上，都使苗木处于良好的状态。苗木出圃前后应严格执行掘苗、选苗等技术要求，一般要做到分级选苗、分级包装。在运苗过程中，切实保护苗根，使其始终保持湿润状态。

苗木运到林地以后，分别按级栽植，以便于幼林生长整齐，迅速郁闭成林。苗木运到林地以后，如果不立即造林，应及时进行假植。沿着林带走向每隔一定距离设置一个假植点，并按照《造林技术规程》（GB/T 15776—2016）标准要求进行假植。

关于起苗、包装、运苗、假植等工序，各地都有成套的组织领导和技术把关的经验。我国北方地区防护林营造工作中，杨树、柳树类树种占相当的比重，有些地区采用无性繁殖的方法，直接在林地上插条、压条、插干、埋干造林。在造林前采集插穗、干材等苗木准备工作，同样应该按前述要求严格进行，其关键在于防止插穗或干材水分蒸发，保持种条的水分平衡。

严格按照设计的株行距栽植，栽植过程中要做到针叶树苗木根系不离水、阔叶树苗木根系不暴晒，栽植后及时浇定苗水，以保障苗木成活率。

（4）农田防护林的造林检查和补植。农田防护林营造后，应在当年秋天或第2年秋末进行林带成活率的全面调查。沿着林带走向，通过设置样方或线路调查，查明林带幼树的成活率及其生长状况。当成活率大于90%时，无须补植；当死亡率大于10%时，则应进行补植。根据林带调查的资料，制定补植计划，次年春天进行施工。确定补植所用的苗木时，应当尽量采用同龄的相同树种，以保证成活后的林带相对整齐，并减少成林过程中种内和种间产生新的矛盾。

3. 农田防护林的管理技术

农田防护林的管理技术主要包括林带抚育、林带间伐、林带病虫害防治、林带更新与采伐等。

1）林带抚育

幼龄林要及时采取除草、浇水、修枝、施肥等有利于苗木生长的抚育措施。要及时补植死亡缺失空当，补植时要补植大苗，保证林带树木的成活率和保持林带整齐，防止林带形成较大缺口。修枝要在苗木休眠期进行，修枝强度以不影响树木正常生长为宜，并起到调整林带透风系数的作用。修枝时，为促进幼树生长，树冠宜保留枝条3/4左右。

2）林带间伐

为保持林带通风、透光、卫生和农作物透风，中龄林、近熟林的林带要及时间伐。间伐要遵循"留优去劣，间密留疏"原则，伐除干扰树和病虫害树。对于疏透结构的林带，林带间伐后疏透度应不大于0.4。

3）林带病虫害防治

要及时做好防护林的病虫害防治工作，如杨树幼林病虫害主要有杨树溃疡病、白杨透翅蛾、杨干象、青杨天牛等。有研究表明，树干部被害率往往为50%左右，个别品种树干部被害率达到了100%，影响林木的正常生长。对于病虫害防治而言,在始发期进行防治较为容易,能够取得良好的效果(王嘉铭和魏超,2012)。

4)林带更新与采伐

在林带防护效益下降时要及时更新。林带更新要统筹兼顾,按计划进行。林带更新的方式有带外更新、带内更新、滚带更新等。要确保在更新期间林带有一定的防护能力。先更新的林带具备一定的防护能力后,才能更新另一条林带,以确保农田防护林的防护效益和防护能力,保证农作物产量的提高。

采伐范围主要包括:无头、枯死,以及病虫害严重的、无培育价值的林木;生长迟缓、防护效益下降明显的林带;接班林已经成林,原有林带到了更新年龄的林带。

4.2 农林复合系统

4.2.1 农林复合经营

农林复合经营是以自然生态环境作为根基,将农林复合系统作为主要经营管理对象、生物生命活动作为经营主线、以人为活动作为经营核心的复合经营形式。农林复合系统利用水、养、气、热、光等自然条件,针对各种生物的不同特点,采取适宜的经营管理手段促进作物及其组分的协同生长。因此,需要对农林复合经营有深刻的理解,以生态学的生物共生与多层次循环为核心,把生态规律与人类农林牧生产活动结合起来,实现农林复合系统的良性生态循环,达到农林复合经营、经济、社会的可持续发展。我国幅员辽阔,有农林复合经营的悠久传统历史和成熟的农林复合模式,具有巨大的发展潜力。但是,由于农林复合经营具有地域性,在一些地区发展较好的模式,不一定适合其他地区。因此,需要因地制宜,选择适宜的农林复合经营发展方向。

对于农林复合经营,被多数人接受的是国际农林复合经营研究委员会(International Center for Research in Agroforestry,ICRAF)给出的定义:农林复合经营是在同一土地经营单元上,通过空间或时序,把经济和生态方面存在相互关联的木本植物、栽培作物或饲养动物等农林牧副渔产品根据生态学原理集中起来,再进行多种方式配置的土地利用系统。农林复合经营能够保证农林复合系统的可持续发展,获得最大的生态效益、经济效益和社会效益。其中农林复合系统是指将各种农作物、家禽家畜与植物进行组合,在空间和时间上呈现出不同组别和类型,形成的平面或立体结构。农林复合经营具有多种经营、可持续发展的特点,并且各种组分之间存在相互作用。

1. 农林复合经营的结构和特征

1）农林复合经营的结构

农林复合经营的结构是构成农林复合类型的基础，农林复合经营的结构分为物种结构、空间结构、时间结构和营养结构。

（1）物种结构。物种结构是指农林复合经营中不同生物物种的种类、数量，以及通过种间、种内关系形成的多种组合。健康农林复合系统中的物种结构能对环境、空间、时间等资源进行最优利用。通过控制系统内不同物种的结构搭配，可以实现对环境资源的循环利用，产出多种产品，发挥农林复合系统的最大效益。

（2）空间结构。空间结构是指各物种在农林复合经营中的空间分布，即物种的互相搭配、密度和所处的空间位置。根据农林复合经营中不同物种的生物学特征，为了优化不同个体的空间分布，保证空间的合理利用，将空间结构分成水平结构和垂直结构。在一般的农林复合系统中，水平结构由物种的行距、株距和数量决定。垂直结构由垂直高度决定，一般高度越高，结构越复杂。

（3）时间结构。时间结构是指农林复合经营中根据不同物种的生长发育节律，在时间上将不同物种结合形成的不同种类组合。大致可分为轮作、间作、套作，间作又可细分为短期间作、长期间作、替代间作及间套复合型。

（4）营养结构。营养结构是指农林复合经营中利用不同物种之间的营养关系进行链状、网状结合。营养结构是系统中物质循环和能量流动划分的依据，在农林复合经营中主要体现为食物链和食物网。

2）农林复合经营的特征

农林复合经营的特征主要由农林复合系统决定，主要有以下几个方面特征。

（1）系统性。农林复合经营是针对农林复合系统进行的经营管理，是一种人工生态系统经营，具有完整的结构功能及物质能量流动的特点。在经营中，通过对系统中单一物种及不同物种之间的联系进行调控，从而取得多方面、多层次的系统效益。

（2）复杂性。农林复合经营是针对多物种进行的经营管理，至少包括两种成分，在农林复合系统中，农业方面主要包括植物类农产品，如粮食、蔬菜、菌类等，也包括动物类农产品，如家禽、家畜、水生养殖业等；在林业方面，利用不同乔木、灌木组成不同作用的用材林、防护林、薪炭林和经济林等。除此之外，这些农林成分也在空间和时间上进行不同程度的组合，使系统结构在多层次、多组分、多时序方面获得最高的生物量和转化率。

（3）层次性。农林复合经营在不同物种和物种关系中分为不同层次和等级，在农林复合系统发展及经营中，可将其划分成不同单元分别进行管理，如庭院单元、农田地块单元、小流域单元等，由小到大、由低到高分为不同层次，成为区域农林复合经营系统的组成部分。

（4）经济性。农林复合经营是农业生产模式之一，从经济角度是利用农作物进行农业经济活动，从林业角度兼具生态防护、经济和系统协调的作用。农林复合经营是在充分利用时间和空间资源的基础上，产生更高的经济效益，它的最终目是形成社会-自然复合系统，并产生与之相适应的经济系统。这两部分系统虽然具有不同的运转方式和相适应的组成成分，但在农林复合社会-自然系统和农林复合经济系统的存在和发展中，二者相互依存、相互制衡，必须统一发展、统一经营。

（5）农林复合经营中林业部分发展。与普通林业发展不同的是，农林复合经营中的林业部分是指在一定面积的土地单位上配置人工林。农林复合经营中林业部分的作用多种多样，一方面有防护农业发展的作用，保证农产品的正常生长和产出，维持农林复合系统的长久存在；另一方面林业成分与其他物种相互联系，共同利用空间、时间及多种养分等，可以提高资源利用率。在林业发展中，农林复合经营中林业部分可以产生多种效益，产出多种林业产品，更重要的是对人工林的建设、抚育管理采用多种技术手段，可以增加其生态环境影响范围，在水土保持、农林复合区保护等方面产生积极作用。

2. 农林复合经营国内外研究现状

1）国外农林复合经营的发展

国外农林复合经营的理论研究是在 ICRAF 成立之后才真正开始的。1979 年，ICRAF 举办了农林复合经营土壤研究和农林复合经营国际合作两个国际会议（Lundgren，1987）。1982 年在《农林复合系统》（*Agroforestry Systems*）的创刊号上提出了"农林复合经营"的定义。同年，ICRAF 在各个发展中国家中进行农林复合经营普查，收集了农林复合经营的种类、数量、分布、结构等信息，并对农林复合经营在时间、空间上进行了分类。1983 年，又在 1982 年分类的基础上进行了更细致级别的分类，在每个系统内划分出多个亚系统。20 世纪 80 年代对农林复合系统的各类属性进行了确定，包括理论基础、系统分类、系统设计及数据库等，在此基础上，农林复合经营发展成为包括多年生植物、农作物、家禽家畜 3 个部分，并结合产业组合、系统时空结构、功能作用、经济模式和生态区 5 个方面的分类指标建立了农林复合经营的分类体系。20 世纪 90 年代以来，随着农林复合经营中对林分研究的逐渐深入，大量树种的独特用途被发掘出来。1991 年亚太地区农林复合系统网络（Asia-Pacific Agroforestry Network，APAN）成立，它为亚洲和太平洋地区农林复合经营研究明确了目标。另外，在欧美地区，农林复合经营应用地区较少，主要是以林牧复合系统应用、传统农林复合经营系统改造研究比较多。与此同时，大量的研究人员在亚非拉地区对当地传统的农林复合系统模式进行了挖掘，提出了改进方法，其理论研究涉及系统内的物质与能量流动、多层次利用的生态效率等核心问题。其中美国自1989年以来每两年举行1次农林复合系统学术研讨会，并在此后的多年间分别成立了温带农林复合系统联合会、国家农林复合系统研究中心。通过各国科学家的合作，有关农林复合系统的理论与技术模式得到了很大的发展，对推动世界农林复合经营的推广应用做出了巨大贡献。

2）国内农林复合经营的发展

我国作为古老的农业大国之一，在几千年的农业文明发展中，已经形成了适合不同地域的农林配置形式和经营方式，如庭院农林复合系统、珠三角的桑基鱼塘复合系统、西北地区的枣粮复合系统、河南黄泛区的桐粮复合系统、南方丘陵山区的林茶复合系统、东北的林渔稻复合系统等。在发展阶段上，主要分为原始农业时期农林复合经营萌芽阶段、传统经验的农林复合经营阶段和现代农林复合经营阶段三大阶段。

在国内，农林复合经营以防风固沙、保护农业发展为主要目的，对主要农业发展区域利用林带进行圈围保护，方便进一步开展各种产业。在规模扩大时期，在农田区域内通过设置林网对其生态环境进行大范围的保护和改善，从而形成良性农业小气候，为进一步预防自然灾害，在更大面积的农业区域中完成机械化耕作和经营创造机遇。在体系建设、全面推广时期，通过实施多种大型农林复合工程，在经营技术、经营系统、农林复合动态模型等方面形成大范围、多层次的农林复合经营体系。我国生物资源丰富，生态环境多种多样，各地区结合当地的气候、土壤和农林业开展农业生产，自20世纪50年代以来，我国农林复合的栽培模式更加多样，经营系统日趋复杂和多样化。李文华和赖世登（1994）首次对我国农林复合经营系统进行了分类。我国学者对农林复合经营的技术模式设计、不同组分之间生态生理关系、环境效益、生物多样性等进行了大量的研究，为选择最适宜最优化的系统规划设计以充分挖掘农林复合系统的潜力、最有效地利用资源做出了贡献。

21世纪以来，农林复合经营迎来了一次新的理论革命，可持续发展成为主要模式，追求既要充分利用各种资源也要保证生态完好及长久发展，同时农林复合经营增加了"有灾防灾、无灾增产、改善环境"的作用，在后来的发展中也基本贯彻了这一理念。当前农林复合经营的研究前沿为培育研究、多样性研究、空间分布研究、能量流动研究和生物多样性保护研究等方面，其中全面理解植物之间的作用机制和化感等互作效应将是未来理论研究的重点领域（孙圆 等，2020）。

3. 农林复合经营研究内容

1）农林复合经营理论研究

农林复合经营由多个产业组成，是一个多成分、多层次、多目标、多功能的经营系统，涉及生态、社会、经济等方面，因此在理论研究中更为复杂，农林复合经营研究中需要对不同组成部分进行科学的理论阐述，从而建立统一的指标体系。

2）农林复合经营分类分区研究

在国内外，农林复合经营都呈现出范围广、时间长的特点，因此在经营管理中需要分析不同农林复合经营模式，依据区域环境与生物特点对复合系统进行分类分区研究，以期结合不同的社会经济发展和自然环境条件的规律指导农林复合经营发展。

3）农林复合经营管理研究

农林复合经营中涉及诸多产业技术和经营管理技术，在农林复合成分、组分配比联系、物质能量交换等方面都需要进行恰当的经营管理，以适应不同自然、社会、经济条件，从而保证多种作物和树种的合理配置、水肥气热的合理调控、病虫害的有效防控。

4）农林复合经营监测评价研究

针对不同农林复合经营的目的和意义，形成农林复合高效稳固的系统结构，以及实现相应的生态效益、社会效益、经济效益，这些过程和成果的表现需要通过监测评价来完成。农林复合经营监测评价具体是指利用传统农林复合经营指标，配合新技术的应用对农林复合经营目的原则、内容与步骤、规划设计、结构组成、产业成果进行监测评价。

4. 农林复合经营理论

1）生态学理论

生态学理论是基于生态系统的构建和运行形成的科学理论，由生态系统进行自身或外力条件下的平衡调节。在外部条件相对稳定时，生态系统能够利用自身调节能力，通过自然调节或人为调控，保证各个组成部分良性循环、长远发展，反映了生态系统内部生物之间、生物与环境之间相互利用、相互平衡的特点，并且该系统的平衡不是静态的，而是各组分不断变化、物质能量不断循环流动的动态系统形成的动态平衡。

农林复合经营的生态学理论涉及生态学多个部分的研究，包括生物多样性研究、物种种间关系研究、生态位理论研究、生态系统恢复与重建研究。

2）生态-社会经济学理论

生态-社会经济学理论是研究自然和社会物质资料获取和再生产过程中、生态系统与经济系统之间内在联系的普遍规律及其应用的科学。在农林复合经营中利用生态-社会经济学理论处理自然与社会关系协调产生和发展问题，并以此提供农林复合经营的动力和目标。

生态-社会经济系统拥有大量组成成分，几乎涉及所有系统物质和关系，包括人类、生态环境、自然资源、资金、技术、社会等大量基本要素，在各种组分配置上，以社会需求为动力，以自然生态为载体，分别投入不同的人力、物力，其中人力是产生和调控整个系统的关键，处于系统发展的主导地位。生态-社会经济系统具有物质循环、能量流动、信息传递、价值转移增值的主要功能，这些功能中，人为调控自然资源与社会生产进行物质交换，达到人口和资源的协调，在系统中起主导作用。

3）系统工程学理论

系统是由相互作用、相互依赖的若干组成部分结合并具有特定功能的整体。系统的形成必须具有两个或两个以上的元素，各个元素之间必须有一定的联系，组成的系统必须有一定的功能。形成的系统由于各个要素及相互的组合联系，呈现不同的属性，如集合性、相关性、整体性、层次性、目的性、环境适应性、动态性等。这些属性充分界定了系统与非系统之间的不同，也为系统的分区分类提供了有效依据。

4）可持续发展理论

可持续发展是涉及经济、社会、文化、技术及自然科学的综合概念，以自然资源、生态环境和社会经济可持续发展为主要内容，以经济可持续发展为前提，以社会全面进步为目标，成为各个行业的主要指导理念。主要内涵是可持续发展的公平性、持续性和共同性。

生态环境的可持续发展是建立在资源环境可持续利用及良好生态环境的基础上，保持生态系统完好；保护生物多样性；预防环境污染和破坏；积极治理和恢复已被破坏的环境；加大参与国际环境保护的力度；加快科研发展，逐步改善环境，增强可持续利用能力，使之与经济、社会发展相适应。

5. 农林复合经营分类分区

1）农林复合经营分类体系

（1）农林复合经营分类原则。农林复合经营分类是针对多组分、多层次、多物种、多目标、多功能、复杂的开放系统。首先需要在不同类别中反映环境特点和群落特征；其次要蕴含生态学、社会经济学等理论；最后要便于理解、应用和推广。在尺度上，从微观尺度的田块、田地到河流、流域，再到大尺度上的区域，农林复合经营分类遵循以下原则。①坚持有序性和系统性。农林复合系统涉及多种学科门类和内容要素，形成大量多级、多类的庞大系统，在分类时应当从高级到低级建立多级分类系统，每一类别都有联系，又能够代表一定部分，共同构成有序框架。②保证产业组合和环境景观格局。农林复合经营所针对的是具有产业发展目的和成果的农林产业复合系统，产生经济效益的同时，也要有一定的环境效益和社会效益。在分类时既要表现产业结合，也要反映环境、景观等方面的分布格局。③反映系统本质和内在联系。分级分类要表现农林复合经营的生态特征、种群群落，以及生态学、社会经济学理论的主要内容，在农林复合系统的经营管理技术和产业发展中也要呈现基本特征。④体现农林复合经营的结构和功能。由于农林复合经营具有大量的组成部分和复杂的内在联系，进而产生多种组成结构和状态功能，因此，在分类中各个级别需要具有特定的结构组成和功能作用。⑤具有控制能力。农林复合系统的分级分类是为了在生产经营中能够具有指导作用，最后的分级分区布局具有一定表征性的同时，也要对现实操作中农林复合系统的认识、控制、完善具有导向作用，实现对各级别区域系统的有效控制。

（2）合理分类分区命名。在农林复合经营合理分类分区后，要对最后的分类区域进行统计和命名，农林复合系统是一种人工复合生态系统，在顺应生态规律的同时也要适合现实应用，在命名时可以利用区域的生态学、社会学、经济学理论名词，结合当地人们日常生活或生产实践的普遍命名法，进行分类系统名称的确定。合理的命名方法不仅有利于农林复合经营的系统发展，也有助于各个地区、不同领域所分类型的应用推广。

（3）农林复合经营分类体系。农林复合经营在国际上没有确切的分类体系和标准，但针对不同地区和产业发展，不同学者持有不同的观点，如利用时间空间原则分类、利用生物种群群落存在方式分类、利用不同产业结合组合方式分类等。我国的农林复合经营也由此产生了不同的分类体系。

（4）全国农林复合经营系统分类体系。结合国内外分类体系研究，李文华和赖世登（1994）将全国农林复合经营系统划分为 4 个等级。

第一级为农林复合经营系统。根据地理空间范围划分，由经营目的和经营方式划分边界和规模。系统在空间分布上存在很大差异，对系统的组成成分、结构功能、经营方向和经济效益等有很大影响。因此，首先从这个最大的影响因素出发，在宏观上进行划分，如小流域综合布局农林复合系统、农田防护林体系、庭院景观复合系统等，形成农林复合经营系统的第一大类别。

第二级为农林复合经营类型组。农林复合经营包含农业、林业不同产业模式，涉及生态、社会、经济、工程多个方面，在这一分类级别中由不同空间范围和不同经营组分进行组合，最后形成如林农复合经营类型、林果复合经营类型、林草畜复合经营类型等 16 种不同组合的农林复合经营类型组。

第三级为农林复合经营类型。这一级别的分类单位按照物种组合进行划分，农林复合经营类型是农林复合经营类型组的进一步划分，具有 215 种经营类型，这些也是农林复合经营系统分类中应用范围最广泛的基本单位。

第四级为农林复合经营结构型。农林复合经营结构型是利用不同物种进行不同形式的组合，其蕴含内容更为复杂，在分类上也更为细致。农林复合经营结构型主要分为空间结构型和时间结构型，这两个大类别里也分为若干小类。

朱清科等（1999）对黄土区农林复合系统进行了分类研究。以坚持有序性和系统性、注意产业结合与景观格局、反映系统本质和内在联系、体现系统结构和功能为原则，根据黄土区农林复合系统的具体情况及其分类目的，将黄土区农林复合系统拟划分为复合系统、结构类型、复合模式和栽培经营方式 4 个分类等级单元。

复合系统是分类的最高级单位，主要根据农林复合系统所在的生境划分。农林复合系统实质上是一种人工生态经济系统，生态系统是其基础和核心，它是以生境为基础再加人工辅助建设生物群落而形成的。我国黄土区主要包括黄土高原丘陵区和黄土高原沟壑区，构成黄土区的地形地貌类型主要有塬面、梁峁坡、川滩阶地和侵蚀沟系 4 类。这 4 类地形地貌类型各有其独特的生态环境及社会经济条件，尤其是作为影响本区域农林复合系统主要生态因子的水分条件显著不同，作为发展农林复合系统的土地资源条件显著不同，其他光、热等自然资源也存在较大差异。因此，在黄土区，地形地貌类型基本决定了构成农林复合系统的组分。这里的组分是指构成黄土区农林复合系统的产业，其中主要包括农业、林果业、牧业和渔业四大产业。不同的地形地貌类型条件下的农林复合系统具有不同的组分，侵蚀沟系一般为林牧复合系统，塬面主要为林农复合系统，川滩阶地主要为林农或林农渔等复合系统，而梁峁坡坡面主要为林农或林农牧等复合系统。

结构类型是分类的第二级单位，主要根据构成农林复合系统各组分的时空配置结构划分。农林复合系统是多时空层次结构的复合系统。在空间结构中包括垂直结构和水平结构，其中垂直结构可分为双层、多层等结构类型，水平结构可分为带状间作、埂坎防护、道路防护、块状混交、块状镶嵌、带状镶嵌、均匀散生、隔坡水平梯田、隔坡水平沟等结构类型。时间结构主要包括轮作、替代式、连续间作、短期间作、间断间作、套作等。

复合模式是分类的第三级单位，主要根据构成农林复合系统各生物种群的复合结构及经营目的划分。考虑到一年生植物（如粮食作物、经济作物）在复合过程中每年都有可能变化，分类不稳定，因此将其粗分为粮食作物、经济作物、药材、草等。该类型主要依据多年生木本植物种群进行分类命名，如桐粮、杨粮、杏粮、（刺）槐药、（刺）槐菌等复合模式。

栽培经营方式是分类的最低级单位，主要依据农林复合系统中一年生植物种群与木本植物的复合结构来划分。

2）农林复合经营系统分区

（1）国际农林复合经营分区。FAO发布的《粮食及农业状况1978》（*The State of Food and Agriculture: 1978*）中介绍了农林复合经营分区方法，利用全球地理状况对不同地区进行了农林复合经营的主要分类，分别包括温带区、地中海气候区、干旱和半干旱区、亚热带湿润区和高平原区，本部分将对温带区做简要介绍。

温带区农林复合经营针对不同农林复合经营目的（如经济生产、防护作用、生态效应等）在时间、空间上进行了不同的分类，在各国、各地区都具有不同的表现形式。

以美国为代表的北美洲的农林复合经营已经完成了发达国家农业、林业生产发展的集约化处理，在经营管理上也实现了机械化，因此在农林复合区域的经营中具有典型性和代表性。它主要分为防护林、林牧结合、林农间作、滨水缓冲带等类型。防护林是北美农林产业中比较重要的模式之一，对开阔草地的保护、对严酷天气的预防都是防护林带发挥重要作用的表现。在防护林设计上，北美观测数据显示，防护林背风面降低风速范围可以达到39倍带高范围，风速降低最大为2~15倍带高范围（Heisler and Dewalle，1988；Mcnaughton，1988）。防护林带的防护作用十分显著，改善农田小气候的作用也十分明显，是北美大力倡导和长久发展的主要农林复合形式；北美地区以美国为代表，畜牧产业发达，因此林牧结合的农林复合模式发展较为成熟，在树种选择上，主要利用松树（如湿地松和长叶松等）作为主要林牧结合形式。

在欧洲，随着农业迅速发展，林农间作演化出多种林农复合地区。滨水缓冲带系统是防止河流冲刷沿岸土壤、保护河流湖泊、防止水流灾害设置的农林复合系统，是防护系统中的一部分，在河流、湖泊众多、水资源充沛的区域，滨水缓冲带农林复合经营是十分常见的产业形式，一般设置在农田、牧场、草原临近水域的地方，旨在保护产业地区、防止自然灾害、维持水域平衡。

（2）国内农林复合经营分区。1994年出版的《中国农林复合经营》一书中，以中国自然地理区划为依据，结合农林复合经营地区进行适配，将中国划分成6个农林复合类型区，即东北区、华北区、华中区（包含西南等地）、华南区、西北区（包括内蒙古等地）和青藏区。这种分区划分方法以自然生态环境作为主要影响因素，结合地区普遍划分标准和行政区界进行命名，体现了农林复合经营分区的主要特征和目的要求。

东北区包括大小兴安岭、长白山、三江平原、松嫩平原、松辽平原、南辽河下游及辽宁沿海地区，行政区包括黑龙江、吉林、辽宁、内蒙古东部。属于温带湿润半湿润气候，四季分明，冬季寒冷干燥，夏季炎热多雨，容易发生低温冻灾、旱涝风沙等自然灾害。东北区是我国主要商品粮基地，拥有大面积天然林及三北防护林工程，林区保护完好，能够发展林粮复合、林草复合、林药复合、林农牧复合等模式。

华北区位于黄河下游，西起太行山，东至黄海和山东丘陵，北抵燕山，南达大别山。行政区包括北京、天津、山东、山西、河北、河南、安徽等地。属于温带大陆性气候，气候温和，四季分明，土壤盐渍化、洪涝灾害频发。华北区地理位置优越，经济发展迅速，能够发展林粮复合、林草复合、林牧复合等经典模式。

华中区主要是长江中下游流域，行政区包括湖南、湖北、江西、浙江、上海全部地区，四川、安徽、江苏、贵州、福建大部分地区，河南、广西、广东的局部地区。属于亚热带气候，作物一年两熟，气候适宜，人口密集，能够发展多种农林复合经营模式，如林农复合、林渔复合、林牧复合、林副复合、林药复合、林茶复合、林牧渔复合、林农渔复合等模式。

华南区包括我国北回归线以南的大部分地区，行政区包括福建、广西、广东部分地区，以及台湾、海南两岛。属于热带性气候，高温多雨，作物一年三熟，但容易形成暴雨或洪水灾害，农林复合经营发展不平衡，主要在水资源较多的地方发展湿地农林复合，在山地丘陵中应用较少，但潜力巨大。

西北区位于秦岭以北，太行山以西，包括黄土高原、青藏高原、甘肃和新疆沙漠等地，行政区包括甘肃、宁夏、青海、新疆、陕西等地。西北区包含亚热带、暖温带、温带、寒带等多个气候类型，环境严酷，农业、林业发展难度大，在经济发展方面不具备很大优势，但得益于独特的气候，生产的林果和特种经济作物质量好。能够发展林农复合、林果复合、林草复合、林果农复合等多种模式。

青藏区包括青藏高原和喜马拉雅山脉地区，海拔高，山区占主要部分，行政区包括西藏全部、青海大部、甘肃、四川、云南、新疆等地。不同地区降水差异明显，气候变化大，农林产业发展区域广泛，但成区、成片难度大，能够发展林牧复合、林草复合、林果复合等防护效益比较大的农林复合经营模式。

6. 农林复合经营模式

1）林农复合模式

（1）农田林网。在农田林网模式中，主要利用林区发挥防护作用，利用农田发挥主要经济效益，其中农田林网中林带的结构、方向、林带间距、林带宽度、林带断面类型、树种选择，以及修枝和更新是规划和经营农田林网中的主要指标和关键因素，能够对整个农田林网模式的作用、功能、效益、效率等产生很大影响。

（2）林农间作。林农间作模式主要根据间作物种不同分成果桐间作、杨农间作、桉农间作、胶园间作、杉农间作、枣农间作、果园间作等类型，这些林农间作模式分布在全国各地，主要也是利用林带进行防护，利用不同种类的农作物产生经济效益。

（3）等高植物篱。等高植物篱模式是一种坡地空间配置农林复合经营模式，即在等高线上每隔一定距离种植灌木或乔木，在植物篱之间种植农作物，植物篱的密度及配置模式不同，发挥的作用也不同。植物篱地上部分可以稳定坡面、遮挡阳光、防止水土流失，地下部分的根系可以稳定固结土壤，除此之外，植物篱修剪下来的枝叶还可以作为绿肥促进农作物生长发育。

2）林牧复合模式

（1）林草复合。林草复合模式是我国干旱、半干旱地区农林复合经营的主要模式之一，是在适宜地区利用林木、草地有机结合的人工系统。林业、草业相互配合，不仅可以增加放牧区域和提高牧草质量，还可以增加物种多样性，进而改善生态环境。在实际应用中大多利用林木形成网带、疏林、绿伞林等模式，加上牧草、药材、果树、农作物进行间作。

（2）林篱复合。林篱复合模式是一种人为的、更为适合自然生态发展的农林复合产业，利用林网林带作为家禽家畜的养殖阻隔方式和一定的食物来源。由于此种类型的养殖业符合家禽家畜的生活方式，因此能够达到高质量、高效益的产业发展，同时也符合一地多用的农林复合经营理念。

3）林渔复合模式

（1）桑基鱼塘。桑基鱼塘模式是我国东、南部水网地区的一种比较典型的农林复合经营模式。桑基鱼塘是一种可以充分利用水塘和土地的人工生态系统，在广东沿江地区的低洼之地，利用低洼地建设水塘，塘基种桑，水塘养鱼，逐渐形成相互作用的林农渔结合的复合类型。根据不同水塘养殖水生生物的取食和栖息习性，分为上层、中层、下层不同种类，桑基鱼塘模式是以桑为基础，水塘养殖为关键，利用桑树稳定环境，生产桑叶等产品，并利用蚕沙及枯枝落叶为水塘中的鱼类提供养分，同时鱼类作为水产品也能产生经济效益。

（2）林渔结合。林渔结合模式在我国主要以河湖水网等地区建立的沟-垛生态系统为主，即在湖滩地下开沟做垛，垛面栽树，林下间作农作物，沟内养鱼或种植水生植物，形成独立的生态模式。按水面大小分为小水面规格、中等水面规格、大水面规格 3 种主要类型。在林渔结合模式中常用树种为池杉和落羽杉，间作农作物主要有芋头、草莓、油菜、小麦、西瓜、蚕豆、棉花等。

（3）林蛙复合。林蛙复合模式是一种林业、养殖业相互作用的总称，在我国主要是林-蛙-鱼模式的应用，福建比较典型的代表是杨树-虎纹蛙-罗非鱼复合模式。对不同林业，蛙类、鱼类也可根据不同情况进行适当改变，以增加生物多样性，获得更高的生态效益、社会效益、经济效益。

4）林副复合模式

（1）林药复合。在林副复合模式中主要以林药复合模式为主。林药复合模式在我国分为东北林药模式、华中林药模式、华南林药模式。林药复合模式在发挥林业防护作用的同时，能够产出枸杞、甘草、人参、芍药、留兰香、泡桐、白芍、桔梗等中药材。林药复合模式是林区发展、促进农民增收的有效手段。

（2）林菌复合。林菌复合模式是一种适应独特地理条件的农林复合经营模式，在不适宜发展主要农作物种植的地区，利用种植菌类高效利用资源。根据出菌期的不同，可以分为高温型、中温型和低温型3种；在具体类型上有杨树-香菇模式、樟子松-平菇模式、玉米-榆黄蘑模式等。

（3）林虫复合。林虫复合模式在我国有悠久的发展历史，主要形式是在农田、地边养殖桑蚕；同时，可以根据不同气候的季风、水肥气热条件进行虫类养殖。江苏、河南、三峡地区、吉林都有不同区域的桑蚕养殖分布。

5）庭院复合模式

庭院复合模式是指农民在其住宅院落周围充分利用自然资源、经营养殖技术和生活区域进行农林复合经营的模式。庭院复合模式分为生物和非生物两大部分，区别于其他农林复合模式，庭院复合模式具有独特特征，如人类与生物小范围内共生、庭院经营组成复杂、人为干扰作用大。在具体类型上有单一树木栽培类型、立体栽培类型、种养结合型、种养加工与能源开发型等。

7. 农林复合经营管理

1）农林复合经营调控技术

（1）水肥调控技术。农林复合经营中需要对各种作物生长条件进行调控，水分和养分是主要影响因素，是水肥调控技术的主要内容。根据农林复合经营系统中土壤水分、养分运动规律，同时针对农田林网作物复合、果粮复合、林草牧复合、林农牧复合等不同经营类型，进行水肥调控技术的不同处理；通过对林网两侧的树木根量、林网附近温度、湿度，以及不同类型土壤养分元素的观测和测定，得出土壤水分、养分的运动规律；在调控技术上，分为农林复合经营水分调控技术、农林复合经营养分调控技术及农林复合经营水肥耦合调控技术3种。

在水分调控技术中利用雨水集流进行时空调水，以节水补水灌溉及蓄土保墒为技术要点，以明确补水灌溉量、覆盖方法、补水灌溉次数、补水灌溉方法为主要技术内容，确定树木、作物在一定时期内的需水量，结合地区年均降水量，保证生物的生长发育需求。养分调控技术针对施肥种类、施肥方法、施肥量，以及配合林带、林区、植物篱的设置，分析不同肥料养分的补充能力和利用效率，针对不同地区的生态特征和养分供给条件，减少物种养分竞争，同时也保证不出现养分过剩现象，实现系统高效的可持续发展。水肥耦合调控技术则考虑水分、养分作用，以及二者之间的相互影响，如水分的添加可能导致施肥效果变差等，最终实现复合系统经营的可持续化。

（2）光温调控技术。农林复合经营中光热资源是主要的自然资源，作物对太阳辐射的转化是作物生长发育最重要的能量来源，对光的调控显示人在系统经营中的主导作用，是控制能力的保证。复合系统的光调节作用表现在林木的光胁地效应。光胁地效应指林带树木与作物对光的竞争，过度竞争会导致林木与作物生长发育不良。树高、冠幅等树木形态是影响光的主要因素，因此，光调节的要点是调节林带、林区空间结构。针对不同农林复合经营类型，光温调控分为对杨农复合、桑田复合等不同复合经营系统光温的调控。

2）农林复合经营管理技术

（1）抚育管理。农林复合经营抚育管理是人工干预农林复合经营中作物生长发育的长期工作，通过抚育管理可以调节林木与农作物之间的关系，保证林木发挥作用，促进农产品的增产增收。抚育管理的主要对象是林带、林区的抚育，包括林带郁闭前、郁闭后两部分内容。林带郁闭前主要对林木进行生长发育管理，进行除草、松土、施肥、灌溉等工作。在长期的抚育管理中，人们总结出多种工作方法和工作要点。例如，松土时做到不伤苗、不伤树、不伤根，处理时保持草净、石块净，松土时头年浅、二年浅、三年破空垄。林带郁闭后主要对树木进行管理控制，保证林木生长，缓和林农矛盾，具体工作时保证林带郁闭度以 0.5～0.6 为宜，林带刚刚郁闭时进行修枝、平茬；生长到一定程度时进行采伐；成林阶段保证林木健康，去除枯木、腐枝。

（2）健康管理。农林复合经营健康管理主要针对病虫鼠害进行防治，保证林木、作物健康生长。在病害防治技术方面有病害简易方法、改善系统配置结构、生物防治及物理化学防治；在虫害防治技术方面有植物检疫、物理机械防治、化学防治、生物防治；在鼠害防治技术方面有物理机械防治、化学灭鼠、生物灭鼠。

8. 农林复合经营监测评价

1）农林复合经营监测

农林复合经营监测讨论农林复合系统的结构和功能在气候变化和人类活动影响下的变化规律，揭示农林复合经营的作用和成果。按照监测目的分为监视性监测、特定目的监测、研究性监测 3 类，按照空间尺度分为宏观监测、微观监测两类，按照监测对象分为现场监测、连续自动监测、遥感技术监测 3 类，除此之外还有多种分类方式。针对监测的综合性、长期性、兼容性、时空变异性、分散性的特点，农林复合经营监测内容、监测手段也多种多样。

现场监测包括小气候常规监测、植物生理学指标监测、土壤生态效应监测、生物量和生产力因子监测、产量因子监测、社会经济要素监测。

连续自动监测包括地面气象要素长期定位监测、空气中颗粒物连续自动监测。

遥感技术监测包括农作物长势遥感监测、农作物面积与产量遥感监测、土壤侵蚀遥感监测。

2）农林复合经营效益评价

农林复合经营具有将林农牧副渔等多种产业相结合，形成多物种共栖、多层次配置、多时序组合、物质多级循环利用的高效生产体系的作用。对农林复合经营效益进行评价能够促进土壤改良、土壤增肥，提升保持水土的能力。农林复合经营效益评价分为 3 类：农林复合经营生态效益评价、农林复合经营经济效益评价、农林复合经营社会效益评价。

农林复合经营生态效益评价包括对环境效应、土壤改良效应、水文效应、植物生理生态效应的评价。

农林复合经营经济效益评价包括对增产增收效益、静态动态经济效益的评价。

农林复合经营社会效益评价包括对农业生产劳动力、劳动利用率、人均纯收入、人均粮食占有量、土地生产力、土地利用率、恩格尔系数、农产品商品率、土地人口承载力的评价。

4.2.2 林下经济

林下经济是指以林地资源为基础，充分利用林下特有的环境条件（包括林木土地资源和林荫优势），选择适合林下种植（养殖）的植物、动物和微生物物种，在林冠下开展林、农、牧等多种项目的立体复合生产经营，通过科学合理的经营管理使农林牧各业实现资源共享、优势互补、循环相生、协调发展，以取得经济效益为主要目的而发展林业生产的一种新型经济模式。

林下经济是一种有别于传统林业生产的参与式农林复合经营方式，是以保护环境为基本原则的绿色可持续发展循环经济模式，是协调森林保护与发展经济的一种有效方式。林下经济在巩固退耕还林成果、增加居民收入、保护林业资源、改善生态环境、促进林业可持续发展等方面均有重要作用，是生态效益、经济效益和社会效益的综合体现，具有广阔的发展前景。

1. 发展林下经济的理论基础

1）生态学理论

与发展林下经济相关的生态学理论主要包括生态系统原理、生态位原理等。林下生态经济系统由多种植物组成或由植物和动物组成，各生物成分间相互联系形成一个不可分割的群体，即林下复合生态系统。根据生态系统多营养级原理组成的林下复合生态系统，可多层次利用物质与能量，提高生物产量，提高生态效益与经济效益。

根据生态位原理，同一生境中的群落不存在两个生态位完全相同的物种；在同一生境中，能够生存的物种必然产生空间、时间、营养等生态位的分离。单一物种形成的林分，特别是营造初期，会产生不饱和生态位。形成林下生态系统就是利用生态位原理，尽量选择在生态位上有差异的类型，合理配置不同生物物种，减少或者缓和竞争，最大限度地发挥物种间的互补作用，减少和规避物种间的竞争性。

2）生态经济学

生态经济学是以生态学理论为基础，以经济学理论为主导，以人类经济活动为中心，围绕着人类经济活动与自然生态之间相互发展的关系这个主题，研究生态系统和经济系统相互作用所形成的生态经济系统。也可以说，生态经济学是研究社会物质生产和再生产运动过程中经济系统与生态系统之间物质循环、能量流动、信息传递、价值转移和增值，以及四者内在联系的一般规律及其应用的科学。

3）循环经济原理

循环经济是指模仿大自然的整体、协同、循环和自适应功能去规划、组织和管理人类社会的生产、消费、流通、还原和调控活动的简称，是一类融自生、共生和竞争经济于一体，具有高效的资源代谢过程、完整的系统结构的网络型、进化型复合生态经济。循环经济原理由生态经济学派生，是生态经济学最主要的理念和技术措施之一。

4）生态经济协调发展原理

生态效益与经济效益之间的关系分为同步性和背离性。同步性是指生态效益随着经济效益的增加而增加，反之亦然。背离性是指经济效益增加而生态效益下降，或者生态效益增加而经济效益下降。人类的一切活动都是在生态系统和经济系统中完成的，因此，发展林下经济不可避免要涉及生态经济效益问题，如何在生态环境约束下达到最佳生产规模，使生态经济协调发展，是人们仍须长期研究的问题。

根据生态经济协调发展原理，林下经济的设计与经营工作应结合当地的自然地理、社会经济条件，并在认真研究生态系统容量及区位优势的基础上，通过科学选择种养产品、合理布置间作模式、种养结合等来调节控制生态系统，促进生态和经济两方面的良性循环和可持续发展。

2. 林下经济的特征

1）生态特征

林下经济的生态特征主要包括耐阴性、共生性、半野生性3个方面。

（1）耐阴性。由于生长环境的影响，林下经济中所选择的作物一般具有耐阴性。耐阴性是指植物在弱光照条件下的生活能力，是植物为适应低光量子通量密度、维持自身系统平衡、保持生命活动正常进行而产生的一系列变化。它是由植物的遗传特性和植物对外部光环境变化的适应性两方面决定的，是一种复合性状。耐阴植物之所以能在荫蔽条件下正常生长，是因为它们具有低的光补偿点和呼吸消耗，这样可以使它们即使在较低的光照强度下，也能有较高的光合物质积累。

（2）共生性。林下复合系统至少由两个物种组成。自然界的任何生物都不可能离开其他生物而独立存在，生物种群之间大多数都存在着共生、互生和抗生的关系，生物种群的协调共存是充分利用自然资源的基础，其中，生物种群的共生、互生是生物之间互相促进、互相防护的重要机制。例如，利用豆科植物种群的生物固氮作用可以给其他种群提供有益的土壤肥力，促进植物种群的生长与繁殖；应用乔木和灌木给一些耐阴植物提供适宜的生长环境等。

（3）半野生性。林下复合系统是按照人的意愿设计和建设的人工生态系统，它不仅受自然环境的影响，还受人为因素的影响，因此具有半野生性。由于林下经济是一种人工生态系统，有其整体的结构和功能，其组成成分之间有物质和能量的交流及经济效益上的联系，各要素之间在功能和数量上也有相互依存和相互制约的关系。人们经营的目标不仅要注意某一成分的变化，更要注意成分之间的动态联系，保持和加强系统内各要素的互利共生、协调发展，把取得系统的整体效益作为系统管理的重要目的。

2）生产特征

（1）劳动密集型产业。林下经济作为一种劳动密集型产业，具有以下3个特点。①不可替代性。在当前技术水平下，林下经济的相当部分劳动仍然无法被技术取代，即使能取代，对资本短缺而劳动力成本相对低廉的广大农村来说，使用技术的成本往往高于使用劳动力的成本，特别是为了满足农、林产品市场上多样化和个性化的消费需求，必须保留或采用人工作业。②发展的阶段性。林下经济仍将伴随我国农林经济发展的全过程。林下经济的发生与发展，有经济的原因，也有社会的原因。林下经济成为一种产业，是市场发展的选择，也会经历兴起、发展、高潮、衰落、再升级阶段，我国农业和林业产业化经过改革开放取得了巨大成就，但总体来说还处于发展中阶段。③存在的广泛性。林下经济作为一种劳动密集型产业，涉及第一、三产业和多种所有制，覆盖城乡两大领域，遍布山林和原野，发展的形态日益丰富，惠及农村千家万户。

（2）技术密集型产业。林下经济是在农林复合经营的基础上发展起来的新兴产业，在经营过程中，大量使用新技术，引进新品种，依靠技术支撑，是林下经济得以迅速发展的一个重要原因。林下经济将劳动者、生产工具和劳动对象有机结合，运用相应的科学理论和科技知识进行科学管理，以达到降低生产成本，提高农、林业效益的目的；同时，农、林业的技术创新成果能以最快的速度进入林下经济生产过程并实现产业化，高新技术的应用使现代林下经济具有很高的生产效率、土地生产率和农产品商品率；现代林下经济又是高效益的产业化农、林业和市场化农、林业，它强调生产经营的集约化、专业化、商品化，实现种养加、产供销、贸工农一体化，由此产生的效益和利润可以为新农村建设提供资金支持。

发展林下经济要充分依托林业资源。林下经济充分合理利用林地、植物资源，通过对林业资源的利用和改造，开展农林生产，利用良好的生态环境，发展生态旅游，实现生态效益、经济效益、社会效益的增长，丰富林业和农业生产的内容。

发展林下经济要重视产品与市场对接。林下经济所生产的产品和提供的服务要紧贴市场，以市场需求定位产品。迎合当今社会人们崇尚绿色、健康、自然的消费观念，以市场为导向，充分利用自然的生态环境条件，实现生产产品和市场的完全对接，为市场提供所需的产品和服务。

3. 林下经济的关键环节

1）因地制宜，科学规划

我国土地辽阔，自然条件迥异，资源禀赋不同，林产品市场需求也千变万化，发展林下经济必须因地制宜，科学规划。各级林业干部要深入基层，摸清林情，了解民意，在充分调查研究的基础上，根据当地自然条件、林地资源状况、经济发展水平、市场需求情况等，科学制定林下经济发展规划，并争取纳入当地经济社会发展总体规划。要结合实际，突出特色，科学确定发展林下经济的种类与规模，允许发展模式多样化，防止搞"一刀切"，避免盲目跟进、一哄而上。要坚持生态优先，科学利用并严格保护森林资源，确保产业发展与生态建设良性互动，绝不能因发展经济而牺牲生态。

2）完善政策，积极扶持

各地要积极争取财政部门支持，设立林下经济发展专项资金，帮助农民解决水、电、路等基础设施落后问题。要大力培育主导产业和龙头企业，推进规模化、产业化、标准化经营进程。要通过财政投入、受益者和损坏者出资等方式，多渠道筹集生态公益林补偿资金，尽快提高补偿标准，调动农民管护生态公益林的积极性。要努力争取金融机构支持，充分发挥财政贴息政策的带动作用和引导作用，积极开办林权抵押贷款、农民小额信用贷款和农民联保贷款等业务，解决农民发展林下经济融资难的问题。要积极争取税务部门支持，比照农业生产者销售自产农产品，对林下经济产品免征增值税。林下经济是林业生产项目的重要组成部分，在有关林业建设项目上要加大对林下经济的支持力度。

3）强化服务，引导合作

各级林业部门要加强对林下经济工作的指导和服务，为农民提供全方位的科技服务与技术培训，帮助解决资金、技术、生产、销售等问题。要积极培育适宜林下种植、林下养殖的新品种和好品种，不断提高林产品产量和质量，为社会提供丰富的绿色健康的林产品。要重点研发林产品，采集加工新技术、新工艺，延长林下经济产业链，提升产业从业人员素质和产品附加值，增加农民收入。要加强农民林业专业合作社建设，引导农民开展合作经营，提高林下经济的组织化水平、抗风险能力和市场竞争力。要建立信息发布平台，完善各种咨询渠道，及时提供政策法律、市场信息等咨询服务，为农民发展林下经济创造良好条件。

4）树立典型，示范带动

各地要抓好试点示范，善于发现、认真总结、广泛宣传发展林下经济的先进典型，及时推广他们的好经验、好做法，充分发挥典型引路、示范带动的作用，推动林下经济全面发展。要通过新闻媒体、宣传手册、技术培训等多种形式，大力宣传发展林下经济的重大意义、政策措施和实用技术，做到政策深入人心，技术熟练掌握，信息及时了解，充分调动农民发展林下经济的积极性，形成全面推动林下经济发展的浓厚氛围。

4. 林下经济的主要模式

1）林禽模式

在速生林下种植牧草或保留自然生长的杂草，在周边地区围栏，养殖柴鸡、鹅等家禽。树木为家禽遮阴，是家禽的天然氧吧，林地形成天然屏障和隔离区，养殖环境好，可减少禽类疫病的传播，提高家禽的成活率，十分有利于家禽的生长，而放牧的家禽吃草吃虫不啃树皮，禽类粪便又能提升林地肥力，与林木形成良性生物循环链。在林地建立禽舍，省时、省料、省遮阳网，投资少；远离村庄没有污染，环境好；禽粪给树施肥，营养多；林地生产的禽产品市场好、价格高，属于绿色无公害禽产品。

2）林畜模式

林地养畜有两种模式。一是放牧，即林间种植牧草发展奶牛、肉用羊、肉兔等养殖业。速生杨树的叶子、种植的牧草及树下可食用的杂草都可用来饲喂牛、羊、兔等。林地养殖解决了农区养羊、养牛无运动场的矛盾，有利于家畜的生长、繁育；林地为畜群提供了优越的生活环境，降低了畜类疫病发生和传播风险。二是舍饲饲养家畜（如林地养殖肉猪），由于林地树冠遮阴的效应，夏季气温比外界平均低 2～3℃，比普通封闭畜舍平均低 4～8℃，更适宜家畜的生长。

3）林草模式

林草模式是在退耕还林的速生林下种植牧草或保留自然生长的杂草，树木的生长对牧草的影响不大，饲草收割后，饲喂畜禽。一般来说，1 亩林地每年能够收获牧草 600kg，可有 300 元左右的经济收入。

4）林菜模式

林菜模式主要分布于我国北方地区，一般蔬菜对光、水、养要求较高，必须选择自然条件合适的地段在林下进行耐阴蔬菜种植，也可以根据林木与蔬菜的生长季节差异选择合适的蔬菜品种。目前，林下种植蔬菜基本上是采取林农间作的方式。

5）林菌模式

在荫蔽、湿度较高的林下间作种植食用菌，是解决大面积闲置林下土地的最有效手段。食用菌生性喜阴，林地内通风、凉爽，为食用菌生长提供了适宜的环境条件，可降低生产成本，简化栽培程序，提高产量，林菌模式为食用菌产业的发展提供了广阔的生产空间，而食用菌采摘后的废料又是树木生长的有机肥料，一举两得。将经过室内接种、发菌后的袋栽菇，置于林下培养、出菇，可获取可观的经济效益。

6）林药模式

林药模式是在林下培育、经营植物药材的一种方式。林下可种药材种类繁多，如人参、刺五加、甘草、黄芪、黄精、七叶一枝花、五味子、铁皮石斛、板蓝根、白术等。不同药材喜好不同的气候、土壤和林下环境，地域上有南北之别，因此药材的林下栽培需要根据其自身生态学特性设计。郁闭度较高的林下环境适合栽培耐阴物种，如七叶一枝花、黄精；郁闭度较低的林下环境适合栽培中度耐阴物种，如板蓝根、白术等。此模式不适用于大宗药物植物的规模化种植。

7）林油模式

林下种植大豆、花生等油料作物也是一个好模式。油料作物属于浅根性作物，不与林木争肥争水，覆盖地表可防止水土流失，可改良土壤，秸秆还田又可增加土壤有机质含量。

8）林粮模式

林粮模式适用于 1～2 年树龄的速生林，此时树木小，遮光少，对农作物的影响小，林下可种植棉花、小麦、绿豆、大豆、甘薯等农作物。

5. 林下经济产业的发展现状及发展重点

1）发展现状

20 世纪末，我国确立了以生态建设为主的林业发展战略。随着国家林业建设中心的战略性转移，我国生态建设取得了明显成效，国家整体生态环境逐年改善，生态建设方面取得了一定的成果。由于生态建设需要，大量森林被禁止采伐，因此给林业建设和林业经济发展带来了许多新的问题。发展新型林业产业成为促进林区经济发展、推动林业可持续发展的重要途径和选择。林下经济作为一种典型的新型林业产业一直受到高度重视，对于林业的提质增效及农村农民获取经济利益提供了新的途径。

2）发展重点

（1）建设特色林下经济产业。我国许多林区生态环境优良，自然环境优美，有许多特色鲜明的自然资源和森林资源。随着经济的发展和城市化人口增加，这些林区越来越成为城市居民的青睐之地，其区位优势也会越来越明显。林业产业建设要充分利用良好的自然条件、优越的地理位置和便利的交通条件，突出区位优势及资源优势；要结合林区的自然地形地貌条件、资源分布特点和周边城市的社会经济发展情况，建设具有区域特色的现代林业体系。发展林下经济产业可以生产许多具有生态环保特色的产品，可以在短时期内形成具有鲜明地方特色的林下经济产业体系。

（2）抓好主导产业。主导产业是经济发展的驱动轮，也是形成合理和有效产业结构的契机，产业结构必须以它为核心，而发展林下经济产业正是形成新的林业主导产业的有效途径。当前发展趋势下林下经济产业所生产的绿色、环保、高附加值的药、花、菌，以及虫、蛙、蝉等珍贵产品会在短时间内形成林业产业的新型主导产业，而林下资源昆虫、野生可食植物、天然香料、药用植物、油料树种及休憩果园等都是极具开发潜力的林下经济发展的主导产业。

（3）打造知名品牌。林下经济产品符合国家提出的建立资源节约型和环境友好型经济社会的目标，开发具有极大市场潜力的新型林下经济产品是我国林业行业今后发展的战略重点，打造知名品牌是延伸林下经济产业价值链的重要途径。

第 5 章

风沙区生态林业工程

5.1 风沙区生态环境特征

5.1.1 风沙区自然环境条件

中国是世界上荒漠化比较严重的国家之一，官方数据显示，截至 2014 年，全国荒漠化面积已达 261.16 万 km^2，占全国土地面积的 27.20%，分布在北京、天津、河北、山西、内蒙古、辽宁、吉林、山东、河南、海南、四川、云南、西藏、陕西、甘肃、青海、宁夏、新疆 18 个省（自治区、直辖市）的 528 个县（旗、市、区）。其中风蚀荒漠化土地面积为 182.63 万 km^2，占全国荒漠化土地面积的 69.93%。

第六次全国荒漠化和沙化状况调查结果显示，截至 2019 年，全国仍有荒漠化土地面积 257.37 万 km^2，沙化土地面积 168.78 万 km^2，与 2014 年相比分别净减少 37 880km^2、33 352km^2。与 2014 年相比，重度荒漠化土地减少 19 297km^2，极重度荒漠化土地减少 32 587km^2。

沙区生态状况呈"整体好转、改善加速"态势，荒漠生态系统呈"功能增强、稳中向好"态势。2019 年沙化土地平均植被覆盖度为 20.22%，较 2014 年上升 1.90%。植被覆盖度大于 40%的沙化土地呈明显增加的趋势，5 年间累计增加 791.45 万 hm^2。八大沙漠、四大沙地土壤风蚀总体减弱。2019 年风蚀总量为 41.79 亿 t，比 2000 年减少 27.95 亿 t，减少了 40%。

1. 风沙区气候

风沙区高空受西风带北支急流控制，低空受东亚季风环流影响，所以夏季风转换较为明显，形成两大风系：东北风系和西北风系。在风沙区，冬季和春季受蒙古高压的控制，气候十分寒冷，冷空气南下可至华南地区，常常形成寒潮天气；夏季和秋季受东南和东北季风的影响，雨水较为集中，可占全年降水量的 60%～80%。由于大气环流对风沙区气候的影响，该地区气候主要特征如下。

（1）日照充足。我国风沙区全年日照数一般为 2500～3000h，属于全国的高值区，有利于太阳能源的开发。本区无霜期较长，适合一年一熟或一年两熟农作物生长，除东部无霜期在 100d 左右外，大部分地区无霜期为 120～300d。除去少部分地区（内蒙古呼伦贝尔、乌珠穆沁及河北坝上），大部分地区≥10℃的积温都在2800～4500℃。

（2）气候干燥。风沙区气候干燥、雨量稀少，降水变率大，蒸发剧烈。根据经验理论，活动温度（日温≥10℃）持续期间的最大可能蒸发量为300～900mm，雨水主要集中在夏季多雨月，导致风沙区连旱日可长达30～160d。风沙区年均降水规律表现为自东向西递减。东部年均降水量为300～450mm，中部年均降水量为150～300mm，西部年均降水量为30～150mm。由于年降水量东西部差异较大，使风沙区东部、中部、西部分别形成草甸草原、典型草原、荒漠草原、草原化荒漠和荒漠等自然景观。

（3）冷热剧变。风沙区年、日气温变化较大，风沙区年温差可达35℃，且随着纬度的增加而增加，最大年温差在东北部风沙区，其极端气温年较差为60～70℃，这种温差主要由冬季严寒造成。由于冬季低温，使东北部风沙区发育了不少半灌木、小灌木生活型的植物，冬春季节地上绝大部分死亡。风沙区气温日较差大的特点尤为突出，一日有四季，较为明显。全区气温日较差大都在14℃以上，中、西部为16℃或16℃以上。风沙区夏冬季节气温变化较大也是该区气温主要变化特征之一。夏季炎热而短促，冬季严寒且漫长。最热月7月的平均气温，除了东部几个草原及柴达木荒漠区为18℃以下，其余地区均可达到20～28℃；最冷月1月的平均气温，少部分地区为-8～-6℃，其余地区均为-20～-10℃。在这种气温年较差、日较差均大的状况下，植物在夏季除需耐干旱、耐高温以外，还需具备秋冬季节温度骤降的抵抗能力，需要较强的抗寒性。在夏季，植物除了需要具备在高温、缺水条件下进行光合、蒸腾作用等能力，还需具备夜晚温度骤降的生理生态适应能力。

（4）风大沙多。风沙区平均风速一般为3～4m/s，风速向北逐渐增强，其中，中国与蒙古国、俄罗斯、哈萨克斯坦等国交界处风速最强，风沙日为75～150d/a。在植被稀疏的流沙区，乃至新垦草原区无流沙堆积的广大区域的农田表层，风大时往往形成沙暴和沙尘，沙尘暴漫天飞扬，能见度直线下降，低于1km。此外，强劲的风力造成的剧烈风蚀、风积作用，为沙漠、戈壁、风蚀沙地的形成提供了丰富的动能，也为风沙区可再生能源和新能源的开发利用提供了丰富的风能资源。

2. 风沙区地貌

我国风沙区所处纬度偏北。除了东北平原西部的松嫩沙地、科尔沁沙地海拔较低以外，其他大部分沙漠、沙地远离海洋，深处内陆，且地势较高，分布在海拔1000m以上的高原。风沙区的地貌总体特征主要是以高原型地貌为基础，山地、丘陵、高平原、山前洪积和冲积平原、下陷湖盆、洼地（沙漠、低山平地草甸、湖泊）等地貌单元组合。风沙区以内蒙古高原、鄂尔多斯高原等为主体，南连黄土高原北部、东北部，西南与青藏高原的东北部相接，三大高原在甘肃中、南部相接壤。

我国风沙区地貌是以山地和高原为骨架，由东部的大兴安岭，中部的阴山山脉、燕山山脉、晋西北的吕梁山等与贺兰山、桌子山、六盘山、祁连山、阿尔金山、昆仑山、喀喇昆仑山和准噶尔西部山地等形成一条条弧形山脉，大致形成东西走向或南北走向，并蜿蜒于高原的东、中、西南边缘，划分出内蒙古高原、鄂尔多斯高原、黄土高原、青藏高原、新疆台地，以及由山前断陷作用形成的松嫩平原、西辽河平原、河套平原、河西走廊、戈壁、塔里木盆地、准噶尔盆地、吐鲁番-哈密盆地等区域，自东向西呈现平原与下陷盆地或山地、高平原与下陷的高原湖盆镶嵌排列、带状分布。这种地貌构造形态迥异的单元，能影响水热条件的再分配，导致各种自然条件和草地资源组合呈现显著差异，使各个草地大类型具有不同的开发利用方向。

我国北方风沙区地貌有不同组成结构，东部有几个草原带沙地分布于较为平坦微起伏的准平原台地与下陷盆地中。中西部沙区地貌的基本特征是高山与盆地相间，形成既有明显分界又有联系的地貌单元，各个沙漠四周高山环抱，地形十分闭塞。沙区内部为山地、丘陵分割成的若干个盆地，而此类内陆盆地在地质结构和地貌特征上都具有同心圆式环带状模式；由盆地外围向盆地中央可有规律地划分为几个地貌基质带，即山地-丘陵-山前洪积、冲积砂砾质或砾质戈壁-山前边缘壤质、沙壤质沉积平原-下陷高湖盆分布的砂质沙漠（形成各种形态沙丘与沙丘链）-沙漠中心草甸、盐碱地或湖泊-同心圆的中心带。中小地形分割及基质的差异，导致土壤水分、养分、温度等一系列生态要素的再分配，加深了风沙区内部的草地组、型的差异，形成多种类型的草地，为畜牧业发展提供了多种多样的生存空间与物质条件（时永杰和常根柱，2003）。

3. 风沙区植被

风沙区植被主要分为温带草原区植被和温带荒漠区植被。

1）温带草原区植被

温带草原区植被指由耐寒、旱生、多年生草本植被为主组成的植被群落。其中耐寒旱生植物的生态型包括中旱生、真旱生、强旱生。我国温带草原区植被类型依据生态-外貌原则，可划分为草甸草原带、典型草原带和荒漠草原带。其中草甸草原带建群种为中旱生或广旱生多年生草本，中下层掺杂有中生、中旱生草本层，中生灌木、小灌木层等。典型草原带由典型旱生-真旱生或广旱生植物组成。代表性群系有大针茅群系、西北针茅群系、羊草丛生禾草群系和本氏针茅群系等。荒漠草原带是草原向荒漠过渡的一类草原，是草原植被中最干旱的一类草原，建群种由强旱生的丛生禾草组成，常混生有大量强旱生小半灌木，在群落中形成稳定的优势层片。代表性植物有短花针茅、黑沙蒿、老瓜头、牛枝子、猪毛蒿、赖草和猪毛菜等。

2）温带荒漠区植被

温带荒漠区植被的建群种大多数由超旱生和强旱生的小灌木、小半灌木、灌木组成，有一小部分以超旱生的小乔木和盐生薄肉质、微型叶的小半灌木（如藜科、柽柳科、蒺藜科）为主。植被类型可分为草原化荒漠、灌木荒漠、小半乔木荒漠、半灌木荒漠和根茎禾草 5 个群系亚型。草原化荒漠有沙冬青群系、柠条锦鸡儿群系、铺散亚菊-灌木亚菊群系等类型。灌木荒漠有膜果麻黄群系、沙拐枣群系、白刺群系、柽柳群系。小半乔木荒漠有梭梭群系和白梭梭群系。半灌木荒漠有红砂群系、油蒿群系、盐爪爪群系等。根茎禾草有芦苇群系和沙鞭群系。

风沙区植物群落的组成比较简单，层次少，生物量较低。由于气候和人为因素的共同作用，许多地区植被破坏严重，出现了大量的水土流失和土地沙化现象，给当地人们的生产、生活带来严重的危害。因此，保护和合理开发风沙区现有植物资源、恢复和重建被破坏的植被，是当地居民维护生态平衡、保护生态环境、促进经济发展的重要途径。

5.1.2　风沙运动基本规律

风沙区沙物质运动主要以风力侵蚀的形式呈现，即在干旱多风的沙质地表条件下，由于人类过度活动的影响，在风力侵蚀作用下，使土壤及细小颗粒被剥离、搬运、沉积的一系列过程。风沙运动需要具备两个基本条件：一是要有强大的风力作用，二是要有干燥、松散的土壤。

1. 风沙流结构特征

风沙流是指沿着地表运动的含有沙粒的气流。当风速达到起沙风速时，沙粒在风的作用下，随风运动形成风沙流。风沙流是风对沙输移的外在表现形式。气流中搬运的沙量在搬运层内不同高度的分布状况称为风沙流结构。风力搬运沙粒的数量即为风沙流强度。风沙流结构和强度与沙的输移和沉积直接相关。

1）沙粒的起动

风是沙粒运动的直接动力，气流对沙粒的作用力为

$$P = \frac{1}{2} C \rho V^2 A \tag{5-1}$$

式中，P 为风的作用力；C 为与沙粒形状有关的作用系数；ρ 为空气密度；V 为气流速度；A 为沙粒迎风面面积。

由式（5-1）可见，随着气流速度增大，风的作用力也增大。当风的作用力大

于沙粒惯性力时，沙粒即被起动，使沙粒沿地表开始运动所必需的最小气流速度称为起动风速（或临界风速）。

Bagnold（1941）根据风和水的起沙原理相似性及风速随高程分布的规律，提出沙粒起动风速的理论公式，其表达式为

$$V_h = 5.75A\sqrt{\frac{\rho_s - \rho}{\rho} \cdot gd} \cdot \lg\frac{y}{k} \tag{5-2}$$

式中，V_h 为任意点高度 h 处沙粒的起动风速；A 为风力作用系数；ρ_s、ρ 分别为沙粒和空气的密度；g 为重力加速度；d 为沙粒粒径；y 为任意点高程；k 为地面粗糙度。

沙粒起动风速的大小与沙粒的粒径大小、沙层表面湿度状况及地面粗糙度等有关。一般在一定粒径范围内沙粒越大、沙层表土越湿、地面越粗糙、植被覆盖度越大，起动风速也越大。

2）沙粒粒径随高度的分布特征

风沙流中不同高度分布的沙粒粒径大小不同。一般离地表越高，细粒越多，主要为悬移；越接近地表粗粒越多，主要是跃移和蠕移（图 5-1）。风沙流中沙粒粒径随高度的分布特征如表 5-1 所示。

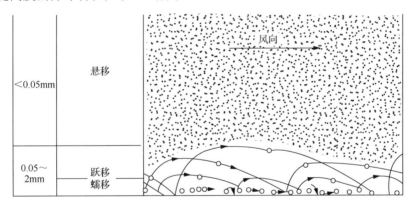

图 5-1　沙粒运动的 3 种形式

表 5-1　风沙流中沙粒粒径随高度的分布特征

高度/cm	粒径/%		高度/cm	粒径/%	
	>0.1mm	<0.1mm		>0.1mm	<0.1mm
1	20.96	79.04	6	7.92	92.08
2	18.25	81.75	7	4.49	95.51
3	12.80	87.20	8	2.19	97.81
4	10.55	89.45	9	2.02	97.98
5	8.72	91.28	10	1.75	98.25

3）含沙量随高度的分布特征

沙粒粒径和运动方式的差异造成风沙流中的含沙量在距地表不同高度的密度不同，含沙量随高度增加而迅速递减，较高气流层中含沙量少，而贴地面含沙量大。大量实验表明，绝大部分沙粒（约 90%）都在离地表 30cm 以下，特别集中在 10cm 以下（表 5-2）。

表 5-2   不同高度风沙流中含沙量的分布（风速为 9.8m/s）（吴正，1987）

高度/cm	0～10	10～20	20～30	30～40	40～50	50～60	60～70
含沙量/%	79.32	12.30	4.79	1.50	0.95	0.40	0.74

4）含沙量随风速变化的分布特征

风沙流中含沙量不仅随高度变化，也随风速变化，当风速显著超过起动风速以后，风沙流中的含沙量急剧增加。含沙量与风速之间呈指数函数关系，其表达式为

$$S = e^{0.74v} \qquad (5-3)$$

式中，S 为绝对含沙量；v 为风速；e 为常数（e=2.718）。

数据显示，当风速不同时，近地表 10cm 高度内的含沙量分布也不均匀。含沙量随高度增加而迅速递减，而且不同风速时高度与含沙量之间均呈线性关系（图 5-2）。在同一粒径沙粒组成的地表上，无论风速大小，近地表一定高度（约 3cm 处）风沙流中含沙量总是相对稳定的（约占 15%）；超过这一高度时，相同高度风速越大风沙流中含沙量越大；而低于这一高度时，相同高度风速越大风沙流中含沙量越小。总体来看，风速越大，近地表 10cm 高度内风沙流中总含沙量也越大。这主要是因为随风速增大，风沙流中下层的含沙量相对减少，上层含沙量相对增加，但由于总输沙量随风速增大而增大，所以上下层绝对含沙量都增加。

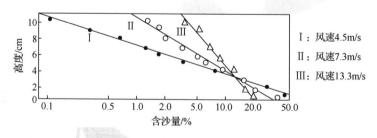

图 5-2   不同风速下含沙量与高度的关系

2. 沙丘移动特征

沙丘的移动是相当复杂的，其运动与风力、沙丘高度、水分、植被状况等因

素有关。在风力作用下，沙粒从沙丘迎风坡吹扬搬运，而在背风坡堆积。这种运动只有起沙风才起作用。从我国沙区的观测资料来看，起沙风仅占各地全年风的很小一部分。如新疆且末的起沙风（风速≥5m/s）出现频率为 19.7%，占全年总风速的 42.8%；新疆于田的起动风出现频率更小，仅占全年总风速的 10.8%。沙丘的移动方向、方式和强度取决于起沙风的状况。

1）沙丘移动的方向和方式

沙丘移动的方向随着起沙风方向的变化而变化。移动的总方向与起沙风的年合成风向基本一致。根据气象资料显示，我国沙漠地区影响沙丘移动的主要为东北风和西北风两大风系。在东北风的作用下，沙丘自东北向西南移动；其他各地区，沙丘都是在西北风作用下向东南移动。

沙丘移动的方式取决于风向及其变率，分为以下 3 种方式（图 5-3）。第一种方式为前进式，这是由单一的风向作用产生的。如我国新疆塔克拉玛干沙漠和甘肃、宁夏的腾格里沙漠的西部等地，受单一的西北风和东北风的作用，沙丘均以前进式运动为主。第二种是往复前进式，它主要受两个方向相反而风力大小不等的风作用产生的。如我国沙漠中部和东部沙区（毛乌素沙地等），则都处于两个相反方向的冬、夏季风交替作用下，沙丘移动具有往复前进的特点。冬季在西北风的作用下，沙丘由西北向东南移动；在夏季，受东南季风的影响，沙丘则产生逆向运动。不过，由于东南风的风力一般较弱，所以不能完全抵偿西北风的作用，总的来说，沙丘慢慢地向东南移动。第三种是往复式，是在两个方向相反、风力大致相等的情况下产生的，这种情况一般较少，沙丘将停在原地摆动或仅稍向前移动。

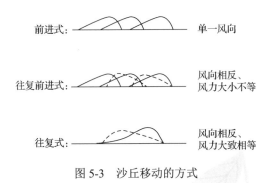

图 5-3　沙丘移动的方式

2）沙丘移动的速度

沙丘移动的速度主要取决于风速与沙丘本身的高度。如果沙丘在移动过程中，形状和大小保持不变，则向风坡吹蚀的沙量，应该等于背风坡堆积的沙量。在这种情况下，沙丘在单位时间里前移的距离 D 与背风坡一侧堆积的总沙量 Q 有如下关系：

$$Q = rDH \quad 或 \quad D = Q/rH \tag{5-4}$$

式中，Q 为单位时间内通过单位宽度，从向风坡搬运到背风坡的总沙量；D 为单位时间内沙丘前移的距离；H 为沙丘高度；r 为沙子的容重。

由式（5-4）可以看出，沙丘移动速度与沙丘高度成反比，而与输沙量成正比。沙丘移动速度除了受风速和沙丘本身高度的影响外，还与风向频率、沙丘的形态、密度和水分状况及植被等因素相关。因此，在实际工作中，通常采用野外插标杆、重复多次地形测量、多次重合航片的量测等方法，以求得各个地区沙丘移动的速度。

根据观测研究，在古尔班通古特沙漠、腾格里沙漠中许多湖盆附近、乌兰布和沙漠西部、毛乌素沙地大部、浑善达克沙地、科尔沁沙地及呼伦贝尔沙地等，由于水分、植被条件较好，沙丘大部分处于固定、半固定状态，移动速度很缓慢；只有在植被破坏、流沙再起的地方，沙丘才有较大移动速度。在广大的塔克拉玛干沙漠和巴丹吉林沙漠内部地区，虽然属于裸露的流动沙丘，但因沙丘十分高大、密集，所以移动速度也很小，前移值不超过 2m/a；在沙漠的边缘地区，沙丘低矮且分散，移动速度较大，通常前移值达到 5～10m/a。移动最大者如塔克拉玛干沙漠西南缘的皮山和东南缘的且末地区，那些分布在平坦砂砾戈壁裸露的低矮新月形沙丘，前移值可达 40～50m/a。沙丘移动通常侵入农田、牧场，埋没房屋，侵袭道路，给农牧业生产和工矿、交通建设造成巨大危害。

5.2 风沙防护林

5.2.1 防风固沙林

营造防风固沙林是控制和固定流沙，防止风沙危害，改良沙地性质，变沙漠为农林牧业生产基地的经济有效的措施。

1. 防风固沙造林技术

1）树种选择

在防风固沙林的建设中，树种选择是关键，选择正确与否将直接关系到造林的成败。树种选择的基本原则是坚持适地适树和因地制宜原则，以乡土树种为主，选择适宜在当地生长，有利于发展农、林、牧、副业生产的优良树种。

（1）乔木树种应具有耐瘠薄、干旱、风蚀、沙割、沙埋，生长快，根系发达，分枝多，冠幅大，容易繁殖，抗病虫害，改良沙地见效快，经济价值高等优点。北方选择的树种须耐严寒，南方选择的树种须耐高温，如樟子松、小叶杨、小钻杨、胡杨、旱柳。

（2）灌木树种要求防风效果好、抗干旱、耐沙埋、枝叶繁茂、萌蘖力强、木材（或薪材）产量高、质量好。同时，具有改良土壤，有效提供饲料、木料、肥料的优点，耐平茬、热能高、耐啃食、适口性好，如乌柳、沙棘、细枝羊柴、紫穗槐、柠条、梭梭、沙蒿、沙打旺等。

2）树种组成

从水分平衡角度来看，树木的蒸腾耗水是破坏地下水动态平衡的主要原因，乔木树种的蒸腾耗水量大都明显高于灌木树种。中国林业科学院民勤综合治沙试验站研究的结果显示，沙枣的蒸腾耗水量约为梭梭、沙拐枣、细枝羊柴、柠条、白刺的 5～10 倍。对不同树种结构和防风固沙林地水分平衡的研究表明，当梭梭纯林密度为梭梭、沙拐枣混交林密度83%的情况下，梭梭纯林林地的土壤含水率仅为混交林的69%。造林 8～9 年，梭梭纯林土壤有效水年均储蓄量达到最低。因此，在干旱缺水的风沙区，营造防风固沙林要避免树种单一，应营造以灌木为主、乔灌结合的混交林。树种单一，不仅容易导致病虫害蔓延，而且还会导致种内竞争激烈，容易提前衰败。

在树种组成上，要按照各种植物的生态特性合理进行搭配。如固沙先锋植物与旱生植物搭配，深根性植物与浅根性植物搭配，灌木与半灌木搭配，使植物充分利用不同部位和层次的沙地水分与养分，减少竞争，尽快发挥防护效益。如沙坡头地区油蒿、柠条＋细枝羊柴带间混交，民勤沙区梭梭＋沙拐枣混交，均起到了先锋植物与旱生植物互相配合的作用。再如河西走廊临泽地区怪柳属植物与梭梭属植物的互相配合，就是深根性与浅根性植物配合的典型。这种组合在低矮沙丘上 3 年可达郁闭，这些混交林生长均优于树种单一的纯林。此外，营造混交林可以减弱病虫害的蔓延，改善地上部分的通风透光条件，促进植物对土壤水分及养分的充分吸收利用，使林地土壤更好地起到保墒作用。

3）造林密度

造林密度要根据造林地的立地条件、树种的生物学特性及人工植被的种类合理确定。

（1）固定沙地立地条件较好，固定沙丘与丘间滩地宜栽植乔木和灌木，乔木与灌木比例为 1∶2 或 1∶1；杨树、旱柳、白榆等栽植密度为 300～1200 株/hm²；樟子松和侧柏栽植密度为 1500～4500 株/hm²。

（2）流动或半流动沙地立地条件较差，宜采用沙障固沙造林，以灌木为主。单行或双行条带式密植，适当加大行带间距离，增强挡风固沙作用。株距为 1～1.5m，行带距为 3～6m，栽植密度为 1050～3000 株/hm²。

（3）丘间低地水分尚好，宜营造乔灌混交林，一般行距为 2～2.5m，乔木株距为 1.5～2m，灌木株距为 1～1.5m。

4）造林季节

春季造林：春季土壤比较湿润，土壤的蒸发和植物的蒸腾作用较弱，造林后有利于苗木的成活生长。春季造林宜早勿迟。通常在 3 月中下旬至 4 月中下旬进行。栽植过晚，芽苞已经开放伸展，枝叶蒸腾的水分和根系吸收的水分不能平衡，苗木的成活和生长都会受到影响，对干旱的抵抗能力也弱，即使发芽成活往往在夏季又会死亡。

秋季造林：通常在 10 月中旬至 11 月，即苗木刚落叶后进行。秋季造林，往往因苗木地上部分经较长时间的风沙侵袭、干旱和霜冻，容易干枯死亡。同时，在漫长的干旱、寒冷季节又易遭受鼠、兔、兽害。所以，一般树种的植苗造林，秋季不如春季好，不过秋季插条造林，只要能采取防护措施，反而比春季造林成活率高。

雨季造林：西北风沙区降雨多集中在 7～8 月。各地的雨季来临时间虽有早有迟，但这时正值高温期，种子遇连续降雨即迅速发芽生长。雨季造林宜早不宜迟，以夏末秋初最佳，过迟造林，则幼苗当年木质化程度低，影响越冬。沙蒿、油蒿、大籽蒿、细枝羊柴、蒙古羊柴、柠条、沙鞭、梭梭、胡枝子等植物都适用于雨季直播造林。

5）造林整地

营造乔木林时，在北方的中度、轻度风蚀区和杂草丛生的草滩地、质地较硬的丘间地和固定沙丘等，应于前一年秋末冬初整地，次年春季造林。流动沙丘和半流动沙丘造林不宜整地，以免造成风蚀。重度风蚀区可在春季边整地边造林。南方可在造林前整地。营造纯灌木林时，可边整地边造林。营造乔灌混交林和乔木林整地时间相同。整地方式宜采用带状犁耕。整地带向与主风方向垂直，整地带宽为 0.6～1.0m，保留带宽为 1m，整地深度为 12～20cm，在其上再挖穴栽树，具体参见《水土保持综合治理技术规范》（GB/T 16453.6—2008）。

6）造林作业内业设计

（1）林种设计。在流动、半流动沙丘的迎风坡中下部营造以灌木为主的防风固沙林带；背风坡脚留出一定空间的空地后，在丘间低地栽植乔灌混交的阻沙林带。

（2）树种选择。沙丘迎风坡中下部造林树种宜选择乌柳、细枝羊柴、沙拐枣、梭梭等灌木树种；丘间低地造林宜选择沙棘、沙枣、柽柳、樟子松、胡杨、旱柳、榆树、油松等。

（3）造林密度。沙丘迎风坡中下部造林多采取林带与主风方向垂直，以灌木为主，成行栽植，宽行窄株，丛植，株距为 1~1.5m，行距为 2~4m；丘间低地造林宜采用乔灌混交，带状造林，行距为 2~2.5m，乔木株距为 1.5~2m，灌木株距为 1~1.5m。

（4）造林整地。不提前整地，边挖边栽植，避免引起风蚀。

（5）造林方法。多采用植苗造林。

（6）造林季节。多选在春季，于 3 月中下旬至 4 月中下旬进行造林。

（7）种苗设计。种苗设计需要考虑以下几个方面。①种苗需要量设计：根据年度固沙造林规模、初植密度，包括封沙育林的补植株数，并考虑苗木运输过程中正常损耗和补植量（5%~20%）概算。②种苗质量设计：种子质量要达到《林木种子质量分级》（GB 7908—1999）规定的合格标准；栽植苗质量要达到《主要造林树种苗木质量分级》（GB 6000—1999）和《容器育苗技术》（LY/T 1000—2013）中 I、II 级苗的标准。③种苗来源设计：以本地培育的苗木为主、外调育为辅，确定种苗调运量，按照适地适树、因地制宜的原则，确定苗木调运地点。

（8）抚育保护。抚育保护的主要内容：①流动沙丘造林易受风蚀与沙埋两方面的危害，因此，在造林当年和翌年要经常检查，发现风蚀、沙埋现象要及时补救，对缺苗断垄的情况要及时补植造林；②对丘间低地、草滩地，在造林后的 3 年内进行穴状或带状除草松土；③灌木树种在造林两三年后，可隔带或隔株轮流平茬，促进丛生；④造林后郁闭前，要实行封沙育林、育草措施，以防牲畜破坏林草。

2. 防风固沙林的配置形式

我国沙区人们在长期与风沙斗争中积累了很多行之有效的经验和固沙方法，其特点是固沙与造林相结合，乔灌草相结合，既消灭或减轻风沙危害，又变沙漠为生产基地（王杰 等，2012）。具体有以下几种形式。

（1）前挡后拉。沙丘链丘间低地比较大的情况下，先在风蚀较弱的丘间低地和迎风坡下部造林，形成前挡和后拉林带以后，逐年迫近沙畔造林，待沙丘地形变缓，再全部造林固定。

（2）又固又放。这种方法是先固定一些流动沙丘，让另外一些流动沙丘继续移动，使丘间低地逐渐扩大连成片，供作农田、果园用地。主要适用于湖盆滩地边缘地带较小的沙丘、移动快的新月形沙丘和新月形沙丘链。

（3）沙湾造林。沙湾造林主要适用于格状沙丘和新月形沙丘链，是一种在丘间沙湾进行固沙造林的方法。施工方法比较简单，第 1 年在丘间低地造林，第 2 年在沙丘移动后新出现的丘间低地继续造林，年复一年，年年如此，直至流沙被固定并变成平地为止。

（4）防沙林带。在流沙边缘与农田绿洲交界的地方，可营造较宽的防沙林带，

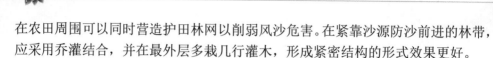

在农田周围可以同时营造护田林网以削弱风沙危害。在紧靠沙源防沙前进的林带，应采用乔灌结合，并在最外层多栽几行灌木，形成紧密结构的形式效果更好。

（5）封沙育林、育草。在辽阔的沙漠戈壁上分布的天然植被，在遏制流沙再起、减少沙源等方面具有十分重要的作用，是应该珍惜的植物资源。长期以来基本上任其自然繁衍，但后来由于过度利用，加上自然条件的变化与病、虫、鸟、兽的危害，其分布面积日渐缩小，生长发育趋向衰退。通过封沙育林、育草使植被稀少的半流动沙地增加天然植被，促使其固定，不论从防护效益或者经济利用方面都能起到良好的作用。

（6）密集式造林固沙。从流动沙丘迎风坡脚开始采用条带状密集开沟植树，沟宽、沟间距、株距等均视树种和造林方法而定。该配置优点是抗风蚀，可不设沙障，造林成活率高，固沙作用大（王杰 等，2012）。

3. 固沙造林中应注意的几个问题

（1）因地选苗。沙地中按照立地条件选择合适的苗木，条件较好的地方（如迎风坡基部和丘间低地）可用质量差一点的苗木造林；条件较差的地方应选用质量好些的苗木。地面过湿、有盐碱化现象的地方，可营造高杆林，使沙吹在树下降低水位，压住盐碱；在迎风面栽植乌柳、沙蒿，乔灌草结合，能很快拉平沙丘，然后在上面造林，全面覆盖，达到治理效果。高 2.5m 以上的沙丘，不宜封顶造林的地方，应先从沙丘中下部造林，使顶部继续风蚀削平后再造林。

（2）适时造林。对于干旱流动沙区的造林一般选在 3 月中下旬进行，春季解冻比较早，此时土壤刚解冻还未形成毛细管，水分不易分散，此时造林根系与土壤接触面积大，具有良好的吸收水分、养分的条件，苗木可以迅速发芽和生根。

（3）选用大苗。一般沙丘下层土壤含水量较高，可选用一、二年生、高达 1.5～2m 的苗木，由于苗基部有芽原基、树皮薄，形成层萌动早，可以很快形成不定根，促进成活。选好的苗木在造林前先用水浸泡 2～3d，增加苗木本身的含水量，可以提高造林成活率。

（4）深埋深植。利用倒坑深埋栽植带根的苗木，先铲去干沙层后再挖坑，坑宜小不宜大，具体视根幅大小而定，宜深不宜浅，如细枝羊柴等的造林必须深埋，埋土厚度不得小于 60～70cm；插杆造林要直插不露，上切口与沙平，踏实。这是固沙造林成功的关键，深埋后苗木与土壤接触面积大，便于吸收更多水分，容易生出新根。

（5）选择突破点。这是营造固沙林的关键，应先在什么地方造林要根据具体情况、立地条件、树种及辅助措施而定。若丘间低地盐碱易涝，应首先在防蚀措施保持下占据沙丘；若丘间低地宜林条件良好，地下水不深，土质又好，则无须采取防蚀措施，可直接在丘间低地造林。

（6）选择适当透风系数。稀疏透风的固沙林有利于风力吹平沙丘。从造成均匀积沙的条件来看，透风系数以 0.35～0.5 为宜。透风系数小于 0.35 的林带，会在距离林带上风向 10m 处形成 60～70cm 高度的沙堤，沙粒集中，不利于彻底改造地形。透风系数在 0.5 左右的林带，积沙均匀，不至于在削平沙丘的同时形成新的沙丘（王杰 等，2012）。

5.2.2　绿洲防护林

在我国西部大开发的生态环境建设中，绿洲防护林系统的建设与管理是一个备受重视的问题。它不仅对干旱区沙漠化的防治有重要作用，而且对绿洲地区生态经济的可持续发展有重要的现实意义。从资源保护和可持续利用角度来看，防护林的生物资源属于可再生资源，它可以通过自我更新、科学管理而实现其永续利用（李自珍 等，2002）。绿洲农田防护林能够防风固沙，具有良好的护田增产作用，还能产生可观的木材产值。随着农田防护林进入成熟期，林带树木会使靠近林缘两侧的作物生长发育不良而造成减产，这种现象称为林带胁地效应。林权为集体所有，若无直观的木材经济效益和间接的生态效益，此时林带胁地效应负效益表现得尤为突出。为了减小这种负效益，长期以来一直存在着农田周边防护林被人为破坏的现象，如开挖断根沟、扒树皮等，对防护林的正常生长产生了不利影响，从而降低了防护林的防护效益和经济效益，防护效益的降低会造成土壤沙化、农业减产，导致恶性循环。为保证农业生产和防护林生态效益与经济效益可持续发展，解决林带胁地效应带来的负效益，需要对林带木材经济效益和胁地负效益进行综合评价，以此作为参考依据，推进集体林权改革。防护林木材经济效益是否能够弥补多年来林带胁地效应带来的负效益，这个问题经常困扰农民和林业管理者，直接关系到农业生产和林业生产的成效。所以，对防护林木材经济效益与胁地负效益进行综合评价具有重要意义。

1. 绿洲防护林的作用

绿洲防护林是绿洲得以稳定存在的生态屏障，又是构成绿洲景观的主要因素，它对形成绿洲小气候、改善生态环境、保障农业稳产高产起着非常重要的作用。风沙危害是我国北方干旱沙区的主要自然灾害，尤其在绿洲防护林体系不够完善的地段，风沙活动更为强烈。在风蚀部位，沙层干燥迅速，种子常被吹落至地表而"吊死"；在积沙部位，因埋压太深而不易出苗，幼苗出土后若遇风沙流，则极易被打死，导致大幅度减产；有些地区常因沙害导致改种或晚播，甚至屡种屡败，严重影响了正常的种植秩序和经济效益（王志刚和包耀贤，2000）。

绿洲防护林的主要作用是抵挡风沙。对绿洲防护林防护效益和沙区气候的研究发现，在我国北方沙区，风沙活动最强的春季恰好是作物种苗期，这一时期的种苗抗风沙能力较弱，作为绿洲防护林主要树种的杨树或柳树也尚未展叶或叶量极少，与夏季相比更容易透风。因此，在设计和经营中应使绿洲防护林在冬季拥有足够好的防护效益。研究表明，在我国沙区风沙流增加的情况下，绿洲防护林降低风速达 50%时防护效果较好，可以有效防护地表免受风蚀危害。相应林带间距是树高的 12～14 倍。对防护林结构的研究表明，林带单位纵断面上所拥有的立木总表面积能够较好地描述林带对气流的阻挡和摩擦作用，较贴切地反映林带防风效应的机理。根据这一命题演绎推理出良好防风效益的林带（疏透度为 0.25～0.35）单位纵断面上拥有的立木疏透度应为 3.3～4.4，生产实践中林带冬季相结构往往过于稀疏，单位纵断面只须控制在 3.3 左右即可，这时单位土地面积上拥有的立木总表面积指数则在 0.3 左右。各地风力状况有一定差异，其数值也应有不同，即绿洲防护林为确保其生态效益必须具有一定的规模，且这一规模是可量化的，用单位土地面积上拥有的立木总表面积表示。规模过小则不能提供足够好的防护效益，从而影响作物的产量；规模过大则必然增加经营成本。在当前绿洲防护林直接效益较低的情况下，也不宜使绿洲防护林占地过大（王志刚和包耀贤，2000）。

2. 绿洲防护林体系模式及其建设概况

绿洲防护林体系是在一定的空间范围内，由人工栽植的片林、林带、林网及天然林、天然灌丛所组成并包括合理利用自然资源、保护天然植被在内的综合绿色防护体系。不同的林分具有不同的结构，从而有着不同的空气动力效应，这种动力效应对微气候环境的调节功能起着决定性作用。

可在绿洲外围建立灌草带或营造防风固沙林，在绿洲边缘营造大型基干防风防沙林带，在绿洲内部营造窄林带、小网格的护田林网，在林网内实行农林混作，并开展"四旁"（路旁、沟旁、渠旁和宅旁）植树，在绿洲内外的小片夹荒地、盐碱下潮地和河滩地等建立小片经济林、用材林和大片的薪炭养畜林等。

在干旱荒漠地区，合理利用有限的水资源是成功建设防护林体系的关键。对于农田防护林等，除坚持按农林面积比例配水、调整作物结构、配给一部分春水用于造林外，主要是在规划设计上采用渠、路、林、田相结合的窄林带、小网格形式。这样做不但少占用耕地，少用水，造林投资少，而且防护和用材兼顾，生态经济效益显著，农民乐于接受。对于大面积的薪炭养畜林、防风固沙林和灌草带，在不与农业争水的前提下，根据各地不同的水资源特点加以发展。如北疆冬季有稳定的积雪，生长季节又有一定的降水，可以通过封沙育草和径流造林等措施来恢复和发展以梭梭为主的灌草带；南疆则可以利用丰富的夏季洪水辅以开发利用地下水，发展红柳、沙拐枣等灌木林和营造薪炭养畜林等。

防护林配置中，如果混交林物种多，各物种之间的相互制约关系复杂，可以增强系统的稳定性和自我调节能力，某一个物种的变化不易打破整个系统的平衡。因此，新疆绿洲防护林也逐步向乔、灌、花、草复合式配置转变。新疆绿洲防护林配置经历了 3 个阶段：第一阶段为 20 世纪 50～80 年代，第二阶段为 20 世纪 80～90 年代初，第三阶段为 21 世纪初（赵新风 等，2009）。

第一阶段主要体现了新疆绿洲防护林模式的宽林带、大网格特点，防护林类型为单纯的农田防护林，或单纯的防风固沙林。第二阶段为宽林带、大网格向窄林带、小网格过渡阶段。在防护林类型上都为传统的农田防护林，且林网规格较大，但配置上却为三行窄带式、林网内形成更小的网格、毛渠上补种桑树等模式。第三阶段防护林配置为窄林带、小网格、生态经济型防护林模式。有人认为三角形栽植比矩形栽植有更大的木材产量；但有人则考虑根据防风效益按灌木＞草本＞乔木的次序来重新布置防护林模式。所以，到了第三阶段，新疆生产建设兵团采用的防护林配置模式与 1954 年的初始阶段相比发生了很大变化，南疆普遍采用新疆杨与胡杨、灰胡杨、沙枣带状混交，北疆采用箭杆杨、俄罗斯杨与尖果沙枣、胡杨、灰胡杨带状混交（刘钰华，1995）。今后，新疆绿洲防护林配置模式可进一步借鉴前人的成果：先植入灌草及耐风蚀沙埋的树种，后植入乔木进行乔灌混交（如沙枣＋柽柳模式）、在冬春季节进行防护林和冬小麦组合、防护林与作物留茬组合等模式防风效果好，杨树与沙棘混交（赵新风 等，2009）。

1）内蒙古额济纳绿洲类型亚区建设

额济纳绿洲类型亚区位于额济纳东河流域，即额济纳旗政府所在地周边，行政区域均位于额济纳旗境内。该类型亚区整体属于阿拉善高原戈壁地貌，由发源于祁连山的黑河水在类型亚区冲击形成扇形三角绿洲。区域为典型的大陆性气候，年均降水量为 37mm，蒸发量为 4000mm，极端干旱。以林灌草甸土为主，为非地带性土壤，且与固定、半固定风沙土、潮土相间分布。类型亚区降水稀少，不产生地表水，境内水源完全依赖发源于祁连山北麓的黑河水注入。区域植被主要建群种为胡杨、柽柳、梭梭等天然乔、灌木，林下伴生有苦豆子、甘草、芨芨草等。类型亚区周边为广袤的沙漠、戈壁，植被稀疏，风大沙多，环境极其严酷。该亚区目前存在的主要生态问题是：黑河上游用水量加大，绿洲来水量显著减少，导致西居延海干枯，东居延海断续干枯，胡杨枯死，绿洲面积减少，周边沙漠扩张、危害并蚕食绿洲。

防护林建设要以做好生态环境保护为前提，以水定建设规模，重视林草植被建设，突出生态效益。在额济纳东、西两河流域及两河间三角洲实施封育、人工造林等措施恢复、增加植被；在沙漠前沿建设乔灌草合理配置的防风阻沙林带；在绿洲外围构筑防护林体系，控制沙漠的扩展与侵袭。

2）额济纳绿洲的恢复与重建——荒漠河谷胡杨残林更新复壮

（1）立地特征。绿洲胡杨林地由于黑河下泄水量减少，加之放牧活动频繁，致使绿洲地下水位下降，植被衰退。

（2）技术措施。转移牲畜以减轻对绿洲生态系统的压力，充分利用胡杨自然萌芽、根蘖繁殖能力强、萌发速度快、对立地条件要求不严的特性进行绿洲的恢复和重建。一是对胡杨实施围栏封育，加快胡杨更新复壮和林下植被恢复。二是开沟断根，距主干10～15m处用机械开挖40cm深的沟，将部分水平根截断，促进根蘖苗萌发。通过开沟，打破土壤表皮板结层，疏松土壤，有利于根蘖苗萌生。三是间苗定株，将丛状根蘖苗留一健壮枝，其余的抹去，每年保证灌1次水。四是修枝抚育，对胡杨根蘖幼树进行适当的修枝抚育，每株根蘖苗只保留3个侧枝，其余芽或枝条抹去或剪除，以利于改善光照，调节林木内部营养，增强树势等。

3）干旱绿洲防护林体系建设

（1）立地特征。荒漠绿洲的地表水、地下水资源较为充沛。从绿洲中心向外，水分、植被、土壤等条件较差，风沙危害严重。

（2）技术措施。从绿洲中心向外，配置不同层次、不同功能的防护林带，形成防护林体系，阻沙防风相结合，层层设防，保护沙漠绿洲。从外围沙漠边缘向绿洲农田共建设3层防护林体系（刘芳，2008）。

外层（封育灌草固沙带）：封育灌草固沙带是绿洲的最外层防线，外接戈壁、沙漠，风蚀、风积都很严重，须采用封育措施建立足够宽度的、有一定高度和盖度的草灌带，以拦截风沙流，防止就地起沙。有条件时封育灌草固沙带越宽越好，至少不能低于200m。尽可能利用冬闲水1年进行1次灌溉，必要时进行补植、补播。被人为破坏的残次灌木林须恢复、复壮。封育灌草固沙带建成后，可有计划地进行适度利用。

中层（防风阻沙基干林带）：为继续削弱风力、沉降剩余沙粒，须在农田与封育灌草固沙带之间设置第二道防线，即防风阻沙基干林带。在不需要灌溉、地势较开阔的地方，可大面积营造乔灌结合、多树种配置的混交林。靠近沙丘的地方可选用耐沙埋的灌木造林。沙丘背风坡留一定宽度的安全带后，选用小叶杨、旱柳、合作杨、梭梭、柽柳等生长快、耐沙埋的树种造林。地势狭窄处可营造乔灌结合的窄林带。风口处可营造多带式林带，带宽不做严格限制，带间可育草。灌溉造林时，因水分条件所限，林带一般较窄，20m左右即可。若外缘沙源丰富、风沙危害严重，则可营造多带窄带式林带。沙丘迎风面可选沙枣等抗性强、枝叶茂密的树种。若林带内积沙、无法灌溉，须先清除积沙，并将之铺撒在背风一侧。

内层（绿洲内部的农田林网）：为改善绿洲内部的小气候条件，保证作物正常生长，获得稳产高产，须建成纵横交错的窄林带、小网格、长方形林网。主林带

（长方形网格的长边）须与主风方向大致垂直。主林带间距应按主要防护林树种壮龄时平均树高的 15～20 倍计算，林带由 2～4 行树木组成。副林带间距可适当大些，一般为 300～400m，由两行树木组成。树种以二白杨和新疆杨为最好，也可适当配置枣树、沙枣树等经济树种，行距为 4～6m，株距为 2～4m（孙策，2007）。

4）荒漠绿洲生态经济型防护林带建设

（1）立地特征。已实现荒漠绿洲的农田林网化。

（2）技术措施。荒漠绿洲气候温和，各地域均有一些名特优乡土经济树种。农田防护林多以各类杨树为主，且多沿渠、路两侧配置。结合林带的更新改造，可栽植一些抗病虫害的经济树种，形成生态经济型防护林带。

为了不影响农田防护林的防护效益，可伐去渠、路两侧副林带向阳面一侧的林带，栽植适合当地气候条件的经济树种。杨树副林带更新采伐后，渠、路两侧各栽植 1 行树体高大的经济树种。在主林带向阳侧距主林带 3～4m 处加植 1 行经济树种，增加主林带的经济效益。采用嫁接后的良种壮苗造林。栽植一两年后，进行定干整形，加强水肥管理和病虫害防治。

5.2.3　锁边林

锁边林就是在沙漠边缘，为了阻止沙漠的扩张和对人类活动的侵袭与干扰，用人工种植灌木的方法，沿着沙漠的边缘种植梭梭树，固定沙地，阻止风沙侵袭造成更大的破坏，锁住沙漠侵蚀的步伐。

在半个多世纪中，依托国家林业重点工程建设，鄂尔多斯市持续推进人工造林、飞播造林、封沙育林及工程固沙，建成了乔灌草、带网片相结合的库布其沙漠锁边防护林体系。锁边治理模式就是在库布其沙漠南缘和北缘条件较好的立地营造乔灌草相结合的锁边林带。从 2000 年开始，随着国家重点生态工程的实施，加大了对库布其沙漠的治理力度，按照国家工程、地方工程一起实行的思路，在库布其沙漠边缘积极营造锁边林带，农牧民成为主力军。从 2001 年开始，为了巩固成效，继续实施天保工程飞播造林 3 万亩，在库布其沙漠锁边林内侧种植蒙古羊柴、沙打旺、大籽蒿等沙生植物，有效控制了沙漠蔓延。随后，国家开始实施退耕还林工程，在飞播区域外侧广泛种植杨树，形成内外联动、高低搭配、乔灌结合的锁边治沙格局。经过多年的努力，如今的锁边林已成为阻挡库布其沙漠边缘的一道坚实屏障，它如同一条长长的、镶嵌在库布其沙漠边缘上面的绿色带子，"妖娆"身姿沐浴在阳光下随风摇曳，在沙漠中显得无比耀眼夺目。目前，一道道绿色的锁边林不仅将库布其沙漠装点得"风姿绰约"，更是将好日子牢牢地"锁"在了农牧民手中。

5.2.4 典型风沙区综合治理模式

1. 黄土高原风沙区综合治理模式

1）黄土高原风沙区概况

黄河流域受风沙危害的地区主要分布于白于山以北、阴山以南、贺兰山以东、朔县—右玉—呼和浩特一线以西的区域，包括风沙区、干旱草原区和黄土丘陵的一部分。该区以鄂尔多斯干旱剥蚀草原为主体，包括北部的黄河河套冲积平原、西部的卫宁平原、西南部的宁夏南部山间盆地及东南部黄土丘陵的广大地区。在行政区划上属山西、陕西、宁夏、内蒙古 4 个省（自治区），面积约为 20.7 万 km^2。沿黄河干流、西起宁夏中卫市、东到山西河曲县、长约 1000km 的区间受风沙危害的主要有无定河、秃尾河、窟野河、皇甫川、浑河、西柳河等大小 17 条入黄支流。在此范围内，主要分布有毛乌素沙漠、库布其沙漠、乌兰布和沙漠、宁夏河东沙地等及零星片块状沙丘。

2）风沙综合治理模式

黄河上中游地区的风沙区受到风沙的强烈危害，沙化面积逐年扩大，农田、草场面积缩小，农牧业生产水平低，人们收入极低，生态环境十分脆弱，要改变这种现状，应针对风沙运动规律进行综合治理（刘斌 等，2001）。

黄土高原风沙区的范围较大，在其治理方略上要考虑东南部与西北部的治理差异。东南部年降水量较多，地下水资源比较丰富，前面所述的治理关键措施多易实施。但在该区的西部，其年降水量较少，地下水资源匮乏，存在较多的流动沙丘。因此在治理过程中，要以东部地区综合治理为重点，逐步推进。在西部则根据当地的实际情况，采取设置沙障固沙、簇式造林、块状密播等方法，以群体栽植增加对风蚀和其他不利因素的抵抗力，从而起到固沙的作用。

根据该区遭受风沙危害的土地类型所处的具体部位及其受害特点，在治理安排上，贯彻预防为主、防治结合的原则。在预防上，保护复壮现有的植被，禁止开荒，停止采伐树木，控制牲畜发展数量，实行封闭育林育草模式，建设基本农田，大力开展造林种草，固定流动及半流动沙地，改良草场，分区轮牧。

对地势平坦易遭受沙压的农田和草场布设以防风、护田及护场为主的农田防护林、牧场防护林，以防风固沙改善农田、草场的水土条件为目的，提高其质量及生物量。在农业方面，要改变过去粗放耕作、广种薄收、乱垦乱荒的陈规陋习，建设稳产高产的基本农田，采用蓄水打坝的方法，大力兴修水利灌溉工程，发展水浇地，调节农田水分。对耕地采取保护措施，营造农田防护林，控制耕作土壤风蚀，同时采取合理的耕作制度，实行科学种田。在牧业方面，要改变过去牲畜超载、自由放牧和掠夺式经营草牧牧场的习惯，对草场加以改良与合理利用。由于水分是风沙区牧草生长的限制因素，也是草场利用的限制因素，因此在风沙区根据水分分布状况来划分季节性牧场，根据不同季节的气候、草原分布、水源和牲畜的生理要求等特点对不同类型的牧场加以利用。对沙化不太严重、植物没有完全枯死的地方加以封育，促进自然更新，逐渐恢复植被。同时，围绕家庭草库伦（用草垡子、荆条、木杆、土墙、铁丝网等把一定范围或面积的草场围圈起来，进行封闭培育，或采取补播、灌溉、施肥等各种综合性改良措施，保持牧草的稳产高产，有计划地对草地进行放牧或割草利用），发展生态型畜牧业，从根本上改变靠天养畜、滥牧的习俗。这也是实行畜牧业集约化经营的重要手段（刘斌 等，2001）。

在风沙区的综合治理中，林业措施是从根本上改变沙化的重要措施，应根据立地条件的差异，从风沙区的具体情况出发，根据不同地区地下水位、沙丘高度、沙丘密度、坡向等具体情况，采用相应的造林营林措施，选用好树种，进行适地适树。在风沙区的综合治理中，搞好生物措施的不同配置。根据风沙运动的基本规律，用固、阻、输、导相结合的方法，因地制宜地进行配置。在平缓的沙地，由于其上沙层不厚，流动性较差，可用林木增加地表的粗糙度，林带降低地面风速，减弱其挟沙能力，达到固沙的目的。中小型沙丘或沙丘链移动快，危害大，可采用前挡后拉围攻的方法造林：前挡是在沙丘的迎风坡后的丘间低地栽植乔灌木林带，以阻挡沙丘的前进；后拉是在迎风坡的下部栽植灌木，造成不饱和气流，引起风蚀，拉低沙丘。大型沙丘移动较慢，造林也困难，可用逐步造林或暂缓造林的方法，待周围绿化后再行造林固沙。在新月形沙丘或沙丘链背风坡前方栽植乌柳及高杆杨柳形成片林，阻止流沙前移，并在它的迎风面栽植油蒿或乌柳，固定沙面。另外，在滩地等中低沙区，采取乔灌草综合配置进行治理。风沙区的面积在黄土高原地区占有相当的比重，随着国家西部大开发的实施，治理投入的加大，风沙区的林草植被迅速增加，形成新的生态平衡。风沙区的综合治理以减沙、固沙，改善农牧业的生产条件，增加风沙区饲料和农牧业产品为目标（刘斌 等，2001）。

2. 玛曲高寒草原风沙综合治理模式

1）玛曲草原风沙区概况

玛曲县位于黄河上游，属于川西、川东高原灌丛草甸区。天然草地面积为 85.9 万 hm^2，占玛曲草原土地总面积的 89.4%，具有特殊的生态保护功能。近几十年来，玛曲县的草场退化和土地沙漠化趋势日益严重，20 世纪 40～50 年代黄河首曲（玛曲）草原无沙化发生，60～70 年代草场开始出现零星沙化，80 年代中期沙化面积达 $1440hm^2$，1994 年增加到 $5595hm^2$，2001 年增加到 $7570hm^2$，2008 年增加到 $9085hm^2$，而且沙化速度和沙化危害程度都在加剧，其中欧拉、尼玛、曼日玛 3 个乡镇最为严重。草原沙化对当地社会经济发展和区域生态安全带来了严重的影响，主要表现为：草原生产能力降低，制约了经济发展；草原蓄水能力降低，导致对黄河的水源安全和蓄水调节功能降低；由于风沙活动强烈，大量的泥沙进入黄河支流或者直接进入黄河，加剧了水土流失（肖斌 等，2011）。

2）综合治理技术模式

（1）流动沙丘治理技术模式。流动沙丘流动性强，危害严重，土壤中种子数量少，植被恢复慢。针对这种情况，首先要将沙丘固定，然后撒播植物种子，即机械沙障固沙＋人工补播（补植）＋封育模式。机械沙障可就地取材，人工采割当地生长茂盛的毒杂草（如黄帚囊吾、狼毒、灌丛枝条等），设置成 1m×1m 的方格，高度为 10～20cm；或者用草皮设置 1m×1m 的方格沙障；也可购买工厂化生产的生态垫等。人工补播可选择生长快、适应性强、营养丰富的植物种子。在设置好沙障并补播（补植）后要完全禁牧封育，在植被恢复后可适度放牧。对于相对孤立的流动沙丘，可采用草皮全覆盖模式：选择适宜在当地生长的草类，在积温比较高的地方（如临夏、兰州等地）培育成草皮，在高温雨季运输到当地，将沙丘用培育的草皮全面覆盖，一方面可固定流沙，另一方面草皮可直接生长在沙丘上，快速恢复草原植被（肖斌 等，2011）。

（2）中度沙化草原治理技术模式。中度沙化草原虽然已有大量的流沙裸露，但是还没有形成典型的沙丘，基本没有流动。这一类沙化草原在治理中不需要设置沙障，只需要封育和人工补播。

（3）轻度沙化草原治理技术模式。轻度沙化草原基本上没有流沙裸露，植被生长相对较好，土壤中种子数量也相对较多。采取封育禁牧措施，可使植被逐渐恢复。同时也需要采用人工和化学的方法清除毒杂草。

（4）潜在沙化草原治理技术模式。潜在沙化草原是指虽然还没有流沙出露地表，但是由于草皮较薄，家畜过度践踏、鼠兔和旱獭等动物打洞，很容易导致草皮破碎，流沙出露地表，引起草原的沙化。

3）防治草原沙化

防治草原沙化最主要的是限制超载过牧情况，轮封轮牧，治理鼠兔和旱獭等动物危害（肖斌 等，2011）。主要采用以下几项措施。

（1）加强鼠虫害防治。玛曲高寒草原害鼠主要为高原鼢鼠、高原鼠兔、喜马拉雅旱獭等，害虫为蝗虫、草原毛虫等，危害十分严重。鼠类不仅大量采食牧草，而且挖土造丘、破坏草皮，导致流沙裸露，草场沙化。草原毛虫蚕食牧草，破坏牧草生长点，降低牧草生长能力。在草原上人工投放低毒鼠药、鼠夹等，能够有效防治鼠类和旱獭对草原的危害。草原毛虫采用生物防治效果很好，可以在草原放养鸡来控制草原毛虫的数量，既防治虫害，又有经济效益。

（2）合理轮牧休牧，科学规划，以草定畜，舍饲育肥。通过调整畜群结构，合理利用草地资源；根据草地气候特点，实行划区轮牧，规范季节草场的放牧管理制度；降低放牧强度，调整放牧时期和放牧畜种。实现草场围栏化、住房定居化、圈舍暖棚化、牧畜良种化、饲草料基地化、疫病防治规范化等。

（3）强化法治意识，完善草地管理制度。玛曲草原地处高寒区，形成了独特的生物区系，生长着很多珍贵的中药材，同时因当地经济欠发达，牧民收入不高，为了改善生活，滥挖、滥牧、滥砍、滥采等现象十分严重，导致草原退化。要根据《中华人民共和国草原法》《中华人民共和国森林法》《中华人民共和国防沙治沙法》等法规，制定适合当地的草原管理制度，加大法律宣传力度，增加科技培训投入，增强牧民的法律意识和提高牧民科技水平，通过法律和科技手段促进草原管理，帮助当地牧民增收。

5.3　草牧场防护林

草牧场防护林是为改善牧场小气候、抵御灾害性天气（如冷雨、寒风、尘暴、雪暴）对牲畜的侵袭而建立的防护林。它的主要功能是利用森林生态效益保护草场，促进整个能量流和物质转化过程中初级（植物性）生产与次级（动物性）生产的转化效率。由于草牧场独特的地理位置，其环境条件大部分呈现极干、极陡、岩石极多或极冷的特征。除极少部分分布于湿润、半湿润地区外，绝大部分分布在干旱、半干旱地区。这些地区的共同特点是：蒸发量显著大于降水量，气候干燥，土壤干旱，各种自然灾害频发，一些地区还不同程度地存在着钙积层问题，造林难度大。草原生态系统是陆地生态系统的重要类型之一。由于人口的快速增长、社会经济的迅猛发展和对草原资源的过度开发利用，草原生态系统变得十分脆弱。产草量下降，草质变劣，草原生产力急剧降低。因此，加强草原建设、扭转当前的不利局面、恢复草原生态系统的平衡已势在必行。国内外草牧场防护林营造的生产实践和众多的研究成果表明，作为防护林特殊林种的草牧场防护林在改善草牧场区域小气候、减免自然灾害、提高牧草和牲畜的产量和质量、增加草牧场生态经济系统的生产力和稳定性，以及增强对有害因子的抵抗力等方面发挥着重要作用（段文标 等，2002）。

以 18 世纪苏格兰营造海滨防护林为先导，各国纷纷进行防护林建设。19 世纪丹麦首先把防护林建设推向国家级规模。20 世纪以来，美国、苏联、加拿大、日本、德国、瑞士、意大利、英国、奥地利，以及北非等国家和地区先后效仿，陆续开展了大规模的防护林营造和研究工作。之后，营造防护林的举措在全世界广泛开展起来，由最初营造滨海防护林、农田防护林逐渐扩展到营造沙地防护林、水土保持林、草牧场防护林、果园防护林等各种形式的防护林，并逐渐形成多树种搭配、多林种配置、统一规划、合理布局的防护林体系的趋势（段文标和陈立新，2002）。

苏联是营造防护林最早的国家之一。早在 1843 年的沙俄时期，他们就在俄罗斯干草原区和乌克兰干草原区营造了较大规模的草牧场防护林，其主要形式有牧场防护林、避风林、饲料防护林、乔木绿伞、牧场土壤改良林、场旁防护林、圈旁防护林等。通过大量的科研活动和工作实践，初步积累了营造草牧场防护林的经验，并为其理论的形成奠定了基石。草牧场防护林造林的基础是由苏联著名科学家、森林改良土壤工作者姆•阿•奥尔洛夫奠定的（段文标 等，2002）。

美国防护林营造的历史，最早可追溯到 19 世纪的中叶。国际上著名的防护林工程首推美国联邦政府的大平原防护林工程，该工程正式名称为大草原各州林业工程（也称为罗斯福工程）。其中他们营造的牧场防护林类型有：①畜舍周围防护林，该类防护林用来保护牲畜，常营造在畜舍圈周围或上风方向，形式多样；②疏林草场，该类防护林是在牧场上栽植树木，保护草场和牲畜；③小块状片林，该类防护林与苏联营造的乔木绿伞相似，多用来经营草场和草场防护林（段文标和陈立新，2002）。

几乎在同一时期，北非五国也正在建设一项跨国工程，称为绿色坝工程或绿色带。其基本内容就是通过造林种草，建设一条横贯北非国家的绿色植物带以阻止撒哈拉沙漠的入侵或土地沙漠化。

我国也是世界上营造防护林最早的国家之一。但是，大规模有计划地营造防护林是从中华人民共和国成立以后开始的。进入 20 世纪 80 年代之后，特别是三北防护林系统工程实施以来，三北地区掀起了前所未有的造林高潮，造林规模和速度都超过美国的罗斯福工程、苏联的斯大林改造大自然计划和北非五国的绿色坝工程，在国际上被喻为"中国的万里长城""生态工程之最"。从此草牧场防护林建设的速度大大加快。截至 2020 年底，五期工程累计完成营造林保存面积 527.12 万 hm^2，40 多年累计完成营造林保存面积达 3174.29 万 hm^2，草牧场防护林已初具规模。防护林的基础理论正是从人类同各种灾害做斗争的伟大实践中产生和发展的，而防护林理论反过来又回到防护林建设的实践中，接受检验，指导生产，并逐渐趋于完善，臻于成熟。草牧场防护林的理论与农田防护林相比较，虽然显得浅显，但却具有重大意义，因为这预示着草牧场防护林已作为一个单独的防护林种从农田防护林中分离出来，预示着在不久的将来草牧场防护林学的问世（段文标 等，2002）。

5.3.1 防护林空间配置与结构

草牧场防护林的设计与营造，在我国现代化草原畜牧业基地建设中，具有重要的意义。草牧场防护林的主要作用表现在：保护草牧场，避免灾害性天气的袭击，恢复草原生态平衡，调节和改善牧区小气候，防风固沙，改善草牧场的自然环境，防止草牧场退化、沙化、盐碱化。

草牧场防护林主要以保护草牧场为主，其次是保护牲畜和防灾，提供较为理想的放牧环境。将草牧场基地的立地条件划分类型，根据各地自然条件及社会经济条件，以科学理论为指导，因地制宜，因害设防，不同的立地条件选用不同的树种，做出草牧场防护林体系的规划设计。进行草牧场防护林设计时，应结合农牧各业进行合理规划。要与沟、渠、路结合，南北走向的路林带要配置在道路的西侧；东西走向的路林带配置在道路的南侧。做到主林带与主要害风方向垂直，副林带与主林带相交，形成以主林带为长方形或正方形的矩形网格。

1. 草牧场防护林的布局

（1）网格状。第一种：布设主带间距为 300～500m、副带间距为 800～1000m 的长方形网格，主要作为春、夏、秋季大型牲畜放牧场。第二种：布设主带间距为 300m、副带间距为 600m 的长方形网格，作为打草场防护林。第三种：布设主带间距为 400m、副带间距为 600m 的长方形网格，作为精饲料基地和青贮种植基地。三者均以农田防护林的形式设计。

根据林带的宽度与结构，草牧场防护林可分为紧密结构、疏透结构和通风结构。林带宽度一般为 15～20m，林带由 6～8 行纯乔或乔灌搭配组成。对乔灌搭配林带，其中乔木 4～6 行，株行距为 3m×2m。林带两侧各 1 行灌木，株距为 0.7m，乔木和灌木间距为 1.5～2m 即可。以上 3 种网格布局和结构设计的草牧场防护林防护效益较为理想。

（2）带状造林（主带状）。带状造林与网格状的区别是不设副带，只设主带。采用单一走向的带状造林。带间距为 100～200m，带宽为 14～22m，由 4～5 行乔木组成。林带间种植豆科和禾本科牧草，主要用于牲畜冬季防寒及小畜、幼畜、临产母畜放牧，其优点是便于抚育管理和机械化作业。

（3）片状造林。为了防止牲畜遭受风吹日晒，可在有水源、通风较好的固定沙丘地段及平缓沙地营造片林作为牲畜的夏季放牧林，在炎热的夏季牲畜可以在树下乘凉，在寒冷的冬季牲畜可以在林内背风取暖。同时片状林地还可解决牧区的用材和薪炭林问题。片状造林株行距为 1m×3m 或 2m×6m，当采用大苗栽植时，株行距可扩大为 4m×6m 或 5m×6m。

2. 草牧场防护林树种选择

樟子松适应性强，耐干旱、瘠薄、盐碱，防护效益显著，是风沙干旱地区营造草原防护林的主要树种；小黑杨、银中杨生长快，萌蘖力强，根系发达，耐干旱和盐碱，可与樟子松混交，带状或片状栽植，防护功能较好；锦鸡儿和沙棘两个灌木树种具有适应性强、耐干旱、耐瘠薄、耐牲畜践踏啃食的特点，是防风固沙、水土保持、提高土壤肥力、发展饲料林和经济林的优良树种，可在沙地大面积推广栽植。

3. 草牧场防护林营造模式

营造草牧场防护林必须按立地条件，因地制宜地采取不同模式。在平地、土壤条件较好的草原区营造防护林带，防护效果显著；在高岗和低洼草原区营造伞状林和片林，伞状林空气湿度大，牧草产量提高显著，片林土壤含水量高，防风效果好；在严重退化和盐碱草原区营造疏林，牧草产量提高比较显著。

4. 草牧场防护林栽植处理

与一般栽植相比，蘸生根粉、施用保水剂、打泥浆栽植造林成活率和保存率都有显著提高，其中打泥浆造林成活率和保存率最高。因此，在干旱地区栽植杨树，应大力提倡打泥浆造林，既能提高造林成活率，又能降低造林成本（纪永军 等，2009）。

5.3.2 绿篱围栏与空中牧场

1. 绿篱围栏

绿篱常作为围栏在苗圃地和草场隔离中使用。林业苗圃是林业建设的重要组成部分，林业苗圃一般面积较大，小型苗圃面积也多在 7hm^2 以上。苗圃通常划分为生产用地和辅助用地（非生产用地），按育苗特点分为播种区、移植区、无性繁殖区、试验区、综合管理区等，各区一般用道路网或绿篱来分隔。林业苗圃一般位于交通方便、地势平坦的地段，人为活动比较多。为方便生产管理，防止人畜破坏，苗圃外围需要用大量的围栏来分隔，长期以来，多数苗圃使用刺铁丝围栏，主要是因为刺铁丝围栏建造施工简便，建成后就具有了禁入功能，但刺铁丝易生锈腐蚀，过 4～5 年就需要更换，增加了投资。绿篱防护效果好、取材方便、造价低、使用期长，长期以来，许多机关、林场、田边、果园周界都广泛采用绿篱防护，绿篱已成为一种重要的园林艺术。我国的绿篱植物资源非常丰富，将其用于草地建设中具有重要意义和广阔的前景。利用绿篱植物进行草地围栏，不仅能起到良好的防护效果，而且还可以综合利用，获得较高的经济效益和长远的生态效益（戴俊宏，2003）。

1）绿篱围栏的功能

苗圃绿篱应具备以下功能：一是防止人畜进入；二是阻拦小型野生动物进入；

三是美化环境，降低风速，减小蒸发，促进苗圃生产。按其功能分类，苗圃绿篱可分为禁入式绿篱、分隔式绿篱、防风绿篱 3 类。禁入式绿篱主要布置在苗圃外围，高度一般为 1.5～3.0m，其作用主要是防止人畜进入，因此对禁入功能要求较高。苗圃中播种区、无性繁殖区、试验区等各分区的分离则采用分隔式绿篱，高度一般为 0.4～1.5m，功能是分隔各区，主要考虑美化环境和一定的分隔作用。防风绿篱作为风障可保护庭院花木在冬天时不因刮大风而受损，这些较大较高的绿篱大多采用枝叶茂密的常青灌木（如日本紫杉、铁杉、侧柏等）。绿篱围栏主要有以下几方面的功能和特点。

（1）防止人和动物的穿越。禁入是苗圃绿篱的主要功能，禁入式绿篱多采用刺篱带，由枝干的密集度形成防止人和动物通过的空间障碍，而篱带的高度和宽度使人和动物无法跨越。经修剪、整形，配置合理的篱带，绿篱高度达到 1.5m 以上、宽度达到 0.4m 以上时，人和动物就无法跨越。若地面再配置带刺小灌木（如悬钩子、香水月季等），小型野生动物也难以通过，完全能够满足禁入的目的；若配合苗圃周边环形排水沟，形成沟篱结合，则禁入功能更强（戴俊宏，2003）。

（2）造价低，防护期长。绿篱防护带用篱墙植物栽培而成，其工程造价一般为建造水泥桩刺铁丝围栏造价的 30%以下。只要加强绿篱管理，注意平茬更新、修剪整形，绿篱至少可使用 25 年以上。如云南际盛苗圃建篱 1 年多，多数绿篱带高已达 1.5m、宽 0.4m，表现出良好的禁入功能和防护效果。

（3）绿化美化改善生态环境。绿篱防护带是由多种植物组成的人工群落，篱带植物的作用：一是可以吸收有害气体，净化空气，还能降低噪声；二是限制水分蒸发，调节空气湿度；三是通过枝、叶、根系作用，减小冲刷，降低水土流失；四是可以减小风速，促进苗圃增产。同时绿篱是绿化的组成部分，是重要的园林艺术，绿篱能够美化苗圃环境。

2）林业苗圃绿篱防护带设计

（1）设计原则。绿篱必须服从林业苗圃工程总体设计，建篱工程只是林业苗圃工程的一部分内容，因此，树种选择要适合篱墙要求，防止绿篱带生长影响苗圃生产。绿篱设计应具有特色和创意，要求可行与实用：一是种源丰富，易采集；二是施工方便，成活率高；三是造价低，节省投资。充分考虑绿篱带生长变化对禁入功能、防护效果、外貌、景观的影响，对绿篱必须进行有效管理，注意采用抚育、整形等园艺技术。

（2）绿篱植物的选择。绿篱植物的选择、配置要遵循适地适树、以乡土树种为主、外来树种为辅、兼顾生态功能与景观效果的原则。为了给苗圃绿篱提供最适树种，应选择符合以下条件的树种：①适合本地气候条件；②适合苗圃的立地条件；③具有枝刺、皮刺、叶刺的灌木或草本植物；④生长速度快；⑤景观效果好；⑥牛、羊、马等牲畜不喜食；⑦对污染有一定抗性。另外，忌选与育苗树种病害有关的、是苗木病虫害中间寄生的、是苗木传染源的、能给苗圃招来病虫害的树种。

按苗圃对绿篱要求的侧重点不同，对营建不同要求的防护带应选用不同的绿篱植物（郭志芬，1990）。苗圃外围的禁入式绿篱带应选用具有枝刺、皮刺的植物。考虑植物生长因素，可选用生长高度为 1.5～5.0m 的灌木，要求其分支密，易整形，耐修剪，枝刺、皮刺密度大，坚硬，锐利的植物种类，如马甲子、刺篱木、簕仔树等。苗圃内部的分隔式绿篱要求景观优美，应选用常绿、枝叶飘洒的种类，如紫叶小檗、枸橘、金樱子等。在靠近道路网的地段，由于道路工程施工，造成多数地段土壤结构被破坏，立地条件差，应营造生态效果较好的绿篱带，选用根系发达、耐贫瘠、枝叶繁茂、抗污能力强的种类，如火把果、营实蔷薇、枸橘等。在禁入式绿篱的内侧有时需要营造防风篱，以减小风速、降低蒸发、减轻自然灾害。防风篱带的结构应是通风的，即树冠的下部是稀疏的，可采用杨树、柳树、槐树、大叶黄杨、松类、云杉等（戴俊宏，2003）。

3）苗圃绿篱的栽培和管理

一般来说，苗圃地土层深厚，土壤肥力较好，水源充足，立地条件较好。但分隔式绿篱多位于苗圃内部道路网周围，由于道路工程施工，造成多数地段土壤结构被破坏，土壤肥力丧失，立地条件差，篱墙植物不易成活，即使成活，生长也较差。因此，有必要开沟施放基肥，改良土壤，厩肥、堆肥和绿肥是维持土壤肥力最好的肥料。整地方式采用带状整地，带宽为 0.8～1.0m。整地时只要施足基肥，淋足定根水，后期注意适时中耕除草，就可确保成活率和幼树正常生长。

长期以来篱墙植物多采用插条苗，建议采用营养袋苗种植。实践表明，该方法具有以下优势：一是种植成活率高达 90%以上；二是绿篱植物生长速度快，年平均株高可达 0.6～1.5m；三是克服了种植期短的缺点，全年均可施工。

加强成林管护是成篱的关键技术，主要是注意修剪，避免绿篱植物生长过快、覆盖地面过大，从而影响苗圃正常生产。修剪时遵循砍外留内、砍大留小、砍稀留密、砍病虫害株留健壮株的原则。

林业苗圃工程采用绿篱防护带能有效防止人和动物的穿越，而且造价低，防护期长，还能美化生态环境。但刺铁丝围栏建成后即可发挥禁入功能，而绿篱在建篱一两年内禁入功能和防护效果还不强。因此，在条件允许时，可先在苗圃外围建竹篱，然后在其内侧营造绿篱带，等绿篱长成后拆除竹篱，用这种方式，在绿篱建设初期能防止人畜进入（戴俊宏，2003）。

2. 空中牧场

林业饲料资源主要包括树叶、嫩枝和木材加工副产物。但由于我国是以分散的小农经济为基础的国家，养殖饲料科学技术比较落后，因此对林业饲料资源的利用方式十分有限：目前主要利用方式是放牧牛羊等食草性家畜直接寻食落叶及人工采集鲜叶和收集落叶直接饲喂，或经过粗加工，与秸秆、精料调制后饲喂畜禽；深加工、精加工生产饲料酵母等高档饲料甚少，有些项目甚至现在还处于空白。放牧牛羊等草食性家畜直接采食落叶和收集树叶加工调制后饲喂，不仅是过去饲料利用的主要方式，而且是将来仍会延续利用的方式（唐亮，2008）。

1）空中牧场发展潜力

被称为"空中牧场"的林业饲料业越来越受到国内外人士的关注和重视。FAO 数据显示，截至 2020 年，全世界森林面积共有 40.6 亿 hm^2，不少树种的枝芽、嫩枝叶等含有叶绿素、胡萝卜素、维生素等营养成分。日本、美国等国家在利用森林采伐和木材加工废弃物制取牲畜饲料方面都取得了一定成效。日本科学家将桦树枝丫用化学方法进行处理，生产出优质粗饲料，用来喂养奶牛、山羊等反刍动物，效果甚好。美国也兴建了许多锯末饲料加工厂，生产出的饲料已成为畜牧业中饲料的重要来源之一。木本饲料的优势明显，是替代部分传统饲料应用于畜牧业的优良选择，开发和利用木本饲料，有利于缓解传统饲料资源日趋紧张的现状。

我国在发展林业饲料业方面有着得天独厚的条件。官方数据显示，截至 2022 年我国森林面积有 2.3 亿 hm^2，树种资源极其丰富，各类树种（包括藤本）有 8000 余种，其中可以作为木本饲料的植物就有 1000 多种。木本饲料的营养价值十分丰富，粗蛋白质含量普遍高于传统饲料，氨基酸种类齐全，富含多种维生素和矿物质元素等营养物质，可以直接作为木本饲料或者开发成饲料添加剂饲喂畜禽，如紫穗槐干叶的粗蛋白质含量达 23.7%，刺槐和胡枝子干叶的粗蛋白质含量都超过 18%。杨柳科中的木本饲料也很多，如响叶杨、辽杨、山杨、青杨、胡杨，以及旱柳、水柳等。将上述植物的鲜叶晒干或切碎煮熟，都可作为猪、羊等牲畜的饲料。其他如苹果、梨、梧桐、楸、乌饭树的叶均可用作饲料。除了阔叶树种来源的木本饲料外，很多针叶树种（如马尾松、黑松、赤松、黄山松、云南松、油松、红松、樟子松等）也可以开发成优质的猪饲料或者饲料添加剂，在木本饲料中占有相当大的比重。预计到 2030 年，我国每年可提供的木本饲料资源将突破 10 亿 t，其中仅松针资源就有 1 亿多 t。如果将木本饲料产量的 20%用作饲料加工，其年产能就相当于目前全国粮用饲料的 3 倍（张颖超 等，2021）。发展新型的林业饲料生产，不仅可以提高森林资源的利用率和利用价值，还能有力地促进畜牧业的发展，繁荣林区经济，丰富城乡市场的肉、奶、蛋供应，对改善人们生活水平有积极的作用。中国林业科学研究院南京林产化学工业研究所在研制松针粉加工成套设备的同时，广泛开展了马尾松、黄山松、黑松、赤松、油松、云南松松针粉的应用试验，均取得了成功。江苏省连云港市农业机械厂曾先后为37个厂家提供了制取松针粉的成套设备，正常投产的工厂都取得了不同程度的经济效益。

2）树叶的饲料价值

（1）营养丰富。树叶虽外观粗糙、零星分散，但其养分含量较高，尤其是刺槐、紫穗槐等树叶中蛋白质含量可达20%，分别是玉米和大麦的3倍和2倍。另外，青树叶中维生素含量也较高。据分析，柳树、杨树青树叶中胡萝卜素含量为110～132mg/kg，紫穗槐青树叶中胡萝卜素含量高达270mg/kg，松针叶中除富含大量的胡萝卜素外，还含有维生素C、维生素D、维生素E、维生素K等。此外，树叶中还含有铁、钴、锰等多种微量元素和种类较多的氨基酸，尤其是许多草本饲料中比较缺乏的赖氨酸在树叶中含量尤为丰富，槐叶粉中赖氨酸含量可达0.96%。可以说，树叶饲料是一种平衡饲料，可补充其他饲料营养成分的不足。

（2）价格低廉。目前，饲料工业面临着饲料资源不足的危机，这是导致饲料价格偏高的主要因素。在畜禽饲养成本中，一般饲料支出占80%左右。由于目前配（混）合的饲料结构简单，对粮食的依赖性较大，严重影响了农民饲养效益。因此，广辟廉价饲料替代粮食、用尽可能少的粮食发展畜禽养殖业，是未来畜牧业的发展趋势。树叶资源丰富，如果任其自然掉落，尤其是森林，不但是一种巨大浪费，还容易发生火灾、滋生虫病等。若开发饲用，只有采集、运输、加工等费用，其成本远远低于粮价，是一种难得的廉价饲料，如果在配（混）合饲料中添加10%的树叶粉，饲料成本就可以降低10%～15%。其添加量越大，饲料价格降低的幅度就越大，且饲料质量不受影响，还会因少用一些添加剂而再度降低饲料成本。

（3）节粮的需要。随着人们经济收入的逐年提高，生活水平向全面小康社会过渡，客观上要求畜牧业在数量和质量上有较大的发展和提高。这就必须突破饲料短缺的难关，广泛开辟饲料资源，大力发展节粮型畜禽生产。

（4）特殊效应。树叶不仅可用作饲料，还可以用来提取天然绿色素。很多树叶还是中草药的来源，如枸杞叶对畜禽具有收敛健胃作用；松针中含有植物抗生素，对畜禽疾病有抵抗作用，是天然的畜禽饲料添加剂。有人曾对桃树叶用于化脓性创伤等症的治疗进行探讨，总结了20多年的兽医临床实践，对304例创囊的治疗，创囊小的1次即愈，创囊大的两三次治愈，总有效率达99.3%。这种治疗方法简单易行，疗效显著，药源到处可取，不用花钱，值得推广应用（张志鹏等，1994）。

3）典型树叶饲料

（1）杨树叶。每千克杨树叶粉中含叶绿素8241mg、胡萝卜素197mg、维生素C 824mg、灰分16.2%、钙2.38%、磷0.09%。用杨树叶代替36%的豆饼喂鸡，产蛋量与全喂豆饼相同。在蛋鸡饲料中添加 5%～7%杨树叶，可提高产蛋率 5%～9%，而且种蛋受精率、孵化率、雏鸡成活率也有明显提高，蛋黄色泽加深。用杨树叶来代替部分精饲料喂猪也有促增重的作用。尤其是速生杨树叶不苦不涩，适口性好，含有 7 种氨基酸，有较高的饲用价值（张利梅 等，2007）。

（2）刺槐叶。刺槐叶具有芳香、适口性好等优点。新鲜的刺槐叶中含有 28.8% 的干物质，每千克刺槐叶总能量达 5.33MJ。刺槐叶富含多种维生素和微量元素。刺槐叶用作饲料最好选用鲜叶，也可以经快速干燥制成刺槐叶粉，综合利用以刺槐叶粉最为理想。刺槐鲜叶或落叶都是家畜、家禽喜食的好饲料（张利梅 等，2007）。

（3）槐树叶。槐树叶含粗蛋白质 20.82%，高于米糠（17.5%）和麦麸（17.7%），粗脂肪 2.7%、粗纤维 19.48%、无氮浸出物 31.69%、钙 3.79%、磷 0.03%、赖氨酸 0.96%以及多种维生素，尤其是胡萝卜素和维生素 B_2 含量丰富，槐树叶粉是补充猪体蛋白和维生素的好饲料。日猪饲料中槐树叶粉添加量不要超过 15%，若喂量过大，会因苦味较重而影响适口性和采食量。用槐树叶粉饲喂猪、鸡、兔等，能减少精饲料喂量，降低饲养成本（张利梅 等，2007）。

（4）泡桐叶。泡桐叶不仅养分齐全，且含有天然植物抗菌物质，其提取液对多种大肠杆菌、绿脓杆菌及葡萄球菌均有抑制作用，用于饲喂畜禽，具有十分明显的促生长、促增重、提高饲料转化率的作用。除叶片以外，泡桐花也可以作为饲料，泡桐花喂猪，早在《本草纲目》中就有记载。夏秋泡桐花作青饲料，可防止热性病的发生。

（5）松针叶。每千克松针叶含胡萝卜素 69～356mg、维生素 C 950～2203mg、维生素 B 217.2mg、叶绿素 1349mg、粗蛋白质 11.9%、粗脂肪 11.10%、粗纤维 27.12%。松针叶富含 40 余种微量元素和矿物质。粗脂肪中所含的不饱和脂肪酸能有效提高肉的品质。松针叶中含有植物杀菌剂及植物激素，可抑制机体内有害微生物的生长繁殖，可促进畜禽生长，显著提高经济效益。

（6）沙棘叶。沙棘叶营养丰富，蛋白质含量高，含有多种氨基酸和大量维生素、矿物质，是家畜的优质饲料。沙棘叶有促进畜禽免疫器官生长发育的作用，对犊牛腹泻、肠痉挛、消化不良、皮疹和风湿病等均有良好的治疗和预防作用。

（7）沙打旺叶。沙打旺茎叶含有较高的粗蛋白质，粗蛋白质含量与有"牧草之王"之称的紫花苜蓿差不多。作为饲草，沙打旺的适口性好，各种牲畜都喜欢吃。骡、马、牛、羊食用沙打旺后，长得膘肥体壮，抗病性增强。尤其对西北干旱、半干旱缺乏饲草的牧区来说，沙打旺茎叶是不可缺少的优良饲料。

4）适宜作饲料林的树种

适宜作饲料的树种有以下几种：①适口性好的树种，包括锦鸡儿、沙打旺、蒙古羊柴等豆科灌木和沙棘；②抗性强的树种，包括锦鸡儿、长梗扁桃、驼绒藜、羊柴、细枝羊柴、灌木柳、柽柳、梭梭、沙拐枣等乡土灌木和沙枣、胡杨、旱柳、白榆、大果榆等乔木；③耐食性强的树种，包括沙棘、柠条、长梗扁桃、蒙古羊柴、驼绒藜等。树木种植 3 年以后就可以进行收割或放牧，丝毫不影响其生长。锦鸡儿等经收割、平茬后，更会刺激萌生茂盛的枝条。

5.3.3　庇护林

庇护林是在大风、寒冻、暴风雪、大雨、酷暑等灾害发生时及日常放牧活动中为牲畜提供临时休息场所与庇护所，通常是以伞、片林相结合的方式分布在草牧场水源附近的防护林。以五六株乔木为主形成伞，起到遮阴降温的作用，为牲畜提供临时休息场所；以乔木、灌木相结合形成几十平方米到几十亩地的片林，为牲畜提供躲避场所，并与牧场周围以乔木、灌木相结合为主形成的防风林带相结合，形成由伞、片、带、网组成的草牧场防护林体系。在草牧场空间上非均匀分布的庇护林对草牧场水文气候也会产生积极影响，具有削减风速、减小风蚀、改变小气候、改善土壤理化性质的作用，有利于牧草的生长。

1. 庇护林对风速的影响

疏林式草牧场防护林具有明显降低风速的空气动力效应。刘广菊等（2000）的研究发现，疏林式草牧场防护林防风效果随高度的增加而减弱，这是由气流遇到疏林时受到阻碍而引起的。首先，低层气流遇到疏林时，只有部分气流通过疏林，林内风速大幅降低；其次，疏林对低层气流的阻碍摩擦作用、空气的黏性等也要消耗气流的部分运动能量，使之转化为无规则的乱流能量和摇动枝干的机械能，相应地减弱了林内低层气流的流速；最后，另一部分气流被迫抬升从林上越过，使上层气流速度增大，从而改变了林内气流动能的空间分布，即低层气流的动能减小、上层气流的动能增大，在林内形成了极大的风速梯度。

2. 庇护林对温度的影响

1）对空气温度的影响

疏林式草牧场防护林对空气温度的影响比较复杂，它涉及许多因子，如林带结构、天气类型、风速、空气乱流交换强弱、季节等。通常林内晚间增温幅度大于清晨。林内低层气温增高有利于牧草春季的返青与生长发育。

2）对地表温度的影响

疏林式草牧场防护林能够减弱低层气流的运动速度和乱流交换作用、提高低层气温，因此，对地表温度必将产生一定的影响。在春季，林内低层空气的风速较小，乱流交换作用较弱，气温较高，并且低层暖气流与上层冷气流的能量交换因林内风速梯度的存在而受阻，所以春季林内的地表温度高。在夏季，白天地表温度高于空气温度，夜晚则与白天相反，林内近地层气流的运动速度较小，乱流交换作用较弱，使林内的地表土壤与近地层气流，以及近地层气流与上层气流之间的能量交换不如无庇护林的草牧场充分，因此，林内地表温度在中午高，而夜晚与清晨低。此外，林内牧草的群体数量及呼吸强度等对地表温度也有一定的影响。

3. 庇护林对水文的影响

1）对土面蒸发状况的影响

土面蒸发状况一般采用自由水面蒸发来表征，这是由于在同一时间和地点，水面蒸发与土面蒸发呈正相关。在 5 月，疏林式草牧场防护林具有较明显的降低蒸发量的效应。因为在自然条件下，自由水面蒸发速度随水面温度、水面上水汽饱和差及风速等的增加而增加。疏林式草牧场防护林可以降低风速，使林内近地层空气乱流交换作用减弱，水面上的水汽饱和差减小（刘广菊 等，2000）。

2）对空气绝对湿度的影响

空气绝对湿度又称水汽压，是一定温度下单位体积空气中所含有水汽的分压力。疏林式草牧场防护林具有明显增加空气绝对湿度的效应，随高度的增加其效应有所减弱。这是由于林冠下层的风速小，乱流交换作用弱，空气中的水汽含量高，因此，林内的空气绝对湿度高，而绝对湿度随温度的升高而增加。

3）对空气相对湿度的影响

相对湿度是鉴定干旱地区农作物适宜生长条件的重要特征，为空气中水汽压与饱和水汽压之比。研究表明，同一高度处，林内的相对湿度高于无林庇护点。这是由于林内的风速相对较低，减弱了乱流交换作用，使林内植物蒸腾与土壤蒸发的水汽在林内近地层大气中的逗留时间较旷野长，因此林内空气中的水汽含量增高，水汽压和相对湿度高于无林庇护点。

第6章

石漠化区生态林业工程

6.1　石漠化过程及影响要素

6.1.1　石漠化过程

石漠化是在热带、亚热带湿润、半湿润气候条件和岩溶及其发育的自然背景下，受人为活动干扰，地表植被遭受破坏，导致土壤严重流失，基岩大面积裸露或砾石堆积的土地退化现象，是岩溶地区土地退化的一种极端形式（苏欣，2014）。石漠化与荒漠化具有显著的不同，石漠化不仅在湿润、半湿润地区常见，而且在干旱、半干旱地区也很常见（周金星 等，2021）；而荒漠化则主要分布在干旱、半干旱与半湿润地区，一般分为风蚀荒漠化、水蚀荒漠化、冻融荒漠化和土地盐渍化4种类型。石漠化的发生、发展主要包括以下几个过程。

1. 植被退化、丧失过程

石漠化过程中植被退化、丧失是最为直观和敏感的表现形式。受人为活动或气候变化等影响，植被退化、植物群落受损，影响生态系统的稳定性，而稳定性变差的群落和系统更容易受损、退化，甚至丧失。研究表明，石漠化植被退化、丧失过程，首先表现在物种数量减少；其次是群落组成成分、结构趋向单一化，以及生物量和植被覆盖度降低；最后是地被物的丧失使其对流水侵蚀的抑制作用减弱甚至消失，从而为流水侵蚀、化学溶蚀等提供了有利条件。可以说，地表植被的退化与丧失是石漠化的先导过程（李森 等，2007a）。

以粤北岩溶区为例（李森 等，2010），粤北岩溶区轻度石漠化土地的植被是以多年生草本苎麻为优势种的荨麻科植物和石灰岩藤状灌木组成的混合群落；到中度石漠化土地，植被演替为以一年生青蒿为优势种的草本和藤状灌木组成的混合群落；到重度石漠化土地，植被退化为多年生野古草等草本植物群落及少量小灌木；到极重度石漠化土地，仅有乌蕨、苔藓、地衣等低等植物和极少数低结构草丛群落。在石漠化过程中植物群落从灌草混合群落退化为草本群落，直至苔藓，层片从4层变为1层，平均高度从55.7cm降到5.4cm，群落结构趋于简单；物种多样性减少，丰富度指数从 1.80 降到 0.40；植被平均覆盖度从 70% 降至不足 10%（表 6-1）。同样，在湘西和黔中土地石漠化过程中，植物群落也都出现乔木群落→灌木群落→灌草群落→草本群落（草地）/石漠方向的退化、演替，群落结构明显退化和不稳定，高度下降，尤其在重度和极重度石漠化土地，只有零星的草被，其数量、覆盖度均不足以形成一个层次。

表 6-1 粤北岩溶区不同等级石漠化土地的植被特征

石漠化土地等级	植物群落及结构	丰富度指数	植被平均覆盖度/%
轻度	为多年生草本和藤状灌木混合群落，有少量马尾松等次生乔木。以苎麻、野艾蒿、青蒿、牛筋草、黄荆群落为主，物种数超过 17 种，优势种为苎麻，群落层片 4 层，平均高 55cm	1.80	51~70
中度	为多年生草本和藤状灌木混合群落，也可见乔木，以青蒿、类芦、白茅、马唐、牛筋草和吊丝竹等草本植物和深绿卷柏等藤状灌木混合群落为主，有 15 种以上植物，优势种为青蒿，群落层片 3 层，平均高 45cm	1.40	31~50
重度	为多年生草本植物群落及少量小灌木，以野古草、牛筋草、野菊、白茅群落为主，有 11 种以上植物，优势种为野古草，层片结构为两层，平均高 30cm	1.10	10~30
极重度	为苔藓、地衣等低等植物和极少数低结构草丛群落，仅在石茅和石穴处可见小灌木，优势种为乌蕨等，层片结构为 1 层，平均高 5cm	0.40	<10

总之，随着石漠化程度加重，植被生境越来越向旱生、岩生方向转化，群落结构趋于简单，多样性和植被覆盖度降低。据初步研究，无论是人为活动影响下由石垒地起始的石漠化植被演替系列，还是自然因素影响下由自然坡面起始的石漠化植被演替系列，都以植被系统的受损、退化过程为核心，以自然植被丧失为终结，最终形成仅有苔藓、地衣和低结构草丛生长的石质荒漠。

2. 土壤侵蚀过程

当地表植被退化或丧失后，土壤层暴露于大气中并受流水侵蚀。从非石漠化土地到石质荒漠，土壤侵蚀是贯穿石漠化全过程的引力作用方式，它从根本上制约了地表残余物质的积累和风化壳的持续发展，因此是石漠化的关键环节。南方岩溶区广泛发育非地带性的红色石灰土和黑色石灰土，土层浅薄且不连续，土壤富钙、偏碱性。上部土层质地松软，孔隙度较大，下部土层质地黏重，孔隙度小，土体直接位于基岩之上，其间无过渡层，附着力很差。1996 年中华人民共和国水利部颁布的《土壤侵蚀分类分级标准》（SL 190—96）中给出我国南方红壤丘陵区土壤允许流失量为 500t/（km²·a）。韦启璠（1996）认为岩溶区土壤最大允许流失量仅为 50t/（km^2·a）。由于石灰土的抗蚀性和抗冲性能较差，土壤结持力弱，遇水很快分散，当降雨尤其是暴雨时，裸露、半裸露的土壤层受雨滴击溅和流水冲刷，其结构和外观遭到侵蚀破坏。因此，土壤侵蚀速度都比较快。此时土壤侵蚀会出现土壤流失和土壤丢失两种现象（李森 等，2007b）。当土壤发生侵蚀时，一部分土壤物质沿坡面流失，并在坡脚或沟谷下游发生堆积，这一现象称为土壤流失。还有一部分土壤颗粒、溶蚀物质及风化壳物质沿着坡面垂直或倾斜运动就近流入岩溶裂隙，或者通过落水洞将土壤流失于地下系统中，就是所谓的土壤丢失现象。

3. 地表水流失过程

土壤水分是土壤养分循环的媒介，是维系地表植被和各种生物活动的命脉。土壤水分缺失使土壤旱化，既影响土壤生命系统的存活，也使土地发生退化。由于岩溶区地表具有特殊的双层结构，地表溶洞、溶沟、裂隙发育，渗透系数达到 0.5～0.7，是非碳酸盐地区的 2～3 倍，地表水渗漏性很强，从而使水文网出现一系列特殊的变化：缺乏系统的地表水文网，而地下水文网却很发达。据观测，当降雨到达地表后，壤中水、地表水和地下水在坡面上很快发生转化。降雨入渗到土壤中，当壤中水达到饱和或近饱和时产生坡面薄层水流，一部分形成坡面径流转为地表水，另一部分沿陡坡、岩石裂隙和落水洞流入地下暗河、溶洞转为地下水。以粤北江英石漠化试验地降雨模拟试验为例，该试验地出露石炭系下统大赛坝组（C$_{1ds}$）石灰岩地层，裸露的石灰岩呈石芽、落水洞等形态，节理、裂隙发育，平均达 5.9 条/m^2，渗透系数为 0.47～0.60。李森等（2010）采用不同雨强进行 36 场模拟降雨后发现，降雨在土壤层的入渗、产流主要受雨强及降水量的影响，在小雨强（≤0.30mm/min）时，试验地以超渗产流模式为主；在大雨强（＞0.30mm/min）时，降雨强度大于下渗强度，又使超渗产流模式转变为蓄满产流模式；而在基岩面上，无论雨强大小，基岩的入渗、产流基本为蓄满产流模式。在上述模式的制约下，到达试验地地表的总降水量中，有 35%～45%的降水量转化为地表水直接汇入沟谷流失，有 47%～60%的降水量渗入地下转化为地下水，有 5%～8%的降水以壤中水的形式保留，直至蒸发、蒸腾而脱水殆尽（刘霁，2010）（图 6-1）。

上述实例说明，尽管南方岩溶区的降水充沛，水资源比较丰富，但是由于其特殊的地表结构，水分渗漏大，降水、壤中水、地表水与地下水转化迅速，形成岩溶区水循环的特殊模式，使水资源利用困难。水分的丧失不仅造成干旱缺水的石漠化土地，也造成了岩溶区"土地在山上、水源在山下"的水土资源不协调格局。

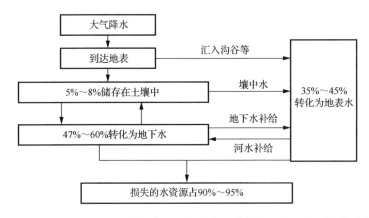

图 6-1　岩溶区 "四水"（大气降水、壤中水、地表水、地下水）转化示意图

4. 碳酸盐岩溶蚀、侵蚀过程

埋藏、半埋藏的碳酸盐岩及下伏基岩，在岩溶作用、流水作用及重力作用下，形成裸露、半裸露的石芽、溶沟、角石等，造成少土多石、生境严酷的土地，其间经历了复杂的碳酸盐岩溶蚀、侵蚀过程。①降雨充沛时，大气、土壤中较多二氧化碳逸出，与碳酸盐岩产生溶蚀作用。降水量与碳酸盐岩的溶蚀速度具有线性关系；参与的二氧化碳越多，溶蚀作用就越强；温度主要对溶蚀速度进行调控。在溶蚀作用下碳酸盐岩沿着负向或正向溶蚀岩溶形态演变，尤其在土层和岩石交界处溶蚀比较剧烈。②在溶蚀的同时，碳酸盐岩质地变差，在重力作用下易崩解、坍塌，加快其向溶蚀岩溶演变的速度。③溶蚀、侵蚀产生的可溶物、残余物在流水的作用下，被侵蚀、冲刷殆尽，仅剩裸露岩石。李森等（2010）在粤北江英石漠化试验地不同深度埋设石灰岩试片，测定各深度石灰岩的溶蚀强度。经过两年的观测发现，在年均降水量为 1849mm 的条件下，裸地、耕地、草坡地各深度石灰岩试片的平均溶蚀率为 0.6508%，其中，草坡地最大（1.0521%），裸地次之（0.6926%），耕地最小（0.2078%）。自地表至地下 30cm 试片溶蚀率均呈抛物线型变化，地表平均溶蚀率为 0.5367%，地下 15cm 处平均溶蚀率回升至 0.4855%，地下 30cm 处平均溶蚀率又增至 0.9203%（图 6-2）。这说明，草坡地石灰岩溶蚀占有优势，地下 30cm 处石灰岩溶蚀率最高，为地表溶蚀率的 1.77 倍。这可能是由于草坡地植被盖度高，可释放出较多二氧化碳，地下 30cm 处植物根系发育且土壤含水量较高，导致溶蚀作用较强（李森 等，2007b）。

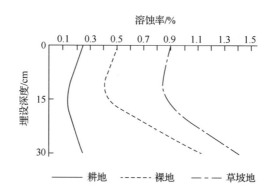

图 6-2　岩溶区不同地类、不同深度石灰岩试片溶蚀率的变化

在长期的溶蚀、侵蚀及重力作用下，地上、地下的碳酸盐岩演变为半裸露、全裸露石芽、溶柱、吊岩（角石）、溶沟、溶斗等溶蚀岩溶形态，并且裸露、半裸露基岩出露范围越来越大，土被的范围越来越小。从轻度石漠化到极重度石漠化，基岩裸露率由 30%～50% 增至 50%～70%，再增至 70%～90%，最终达 90%以上，形成类似石质荒漠的景观。这是土地石漠化的重要过程，也是其外在表现形式。

5. 土地生物生产力退化过程

随着土地石漠化发展，土壤的物理、化学和生物特性和土地生物生产力都发生明显退化。根据对粤北英德、阳山等典型石漠化样地的土壤机械组成、土壤养分和土地生物生产量的测定发现，在土地石漠化的过程中，土壤物质发生迁移，土壤粒度组成向沙化、粗化方向演变（刘霁，2010）；土壤中有机质、总氮、总磷和总钾含量逐渐降低，尤其在重度和极重度石漠化阶段，土壤的有机质、总氮、总磷和总钾含量迅速降低，导致生物生产量大幅下降，土地生物生产量干重由轻度石漠化的 400～270g/m² 降低至极重度石漠化的 50g/m² 以下（表 6-2 和图 6-3）。土壤组成及养分含量是土地生态系统中生命存活的物质保障。随着石漠化程度的加重，土壤颗粒沙化、粗化，养分含量减少，土地的生物特性或经济生产力持续降低，使生命物质难以存活。这也是石漠化土地在开垦之初还有一定的生产力，但经过 3～5 年的耕种后很快就丧失种植价值的原因之一（李森 等，2007a）。

表 6-2　岩溶区典型石漠化样地土壤理化特性和土地生物生产量变化

土地类型	土壤平均机械组成/%					土壤养分				土地生物生产量干重/(g/m²)
	砾石极粗沙	粗沙	中沙	细沙、极细沙	粉沙、黏土	有机质/(g/kg)	总氮/(g/kg)	总磷/(mg/kg)	总钾/(mg/kg)	
非石漠化	16.86	32.33	22.21	26.51	2.09	38.72	5.46	3.37	80.51	>400
轻度石漠化	24.96	30.00	19.59	24.40	1.05	30.39	4.78	2.89	76.01	400~270
中度石漠化	36.60	28.60	14.34	19.80	0.66	18.19	2.39	1.60	62.96	271~175
重度石漠化	39.10	27.21	16.64	16.40	0.65	13.44	1.53	1.21	37.22	176~50
极重度石漠化	56.57	24.30	9.40	9.18	0.55	9.26	1.07	0.26	25.81	<50

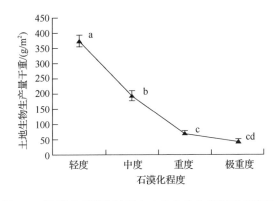

图 6-3　岩溶区石漠化过程中土地生物生产量干重变化

综上所述,岩溶区土地石漠化过程首先从地被物消失开始,接着引起土壤侵蚀冲刷,地表特殊的双层结构又使地表水流失,石灰岩也随着地下溶蚀和土下溶蚀,协同土壤阶段性的快速侵蚀而脉动式地相对向上"生长"为石芽、溶沟、角石等岩溶形态,植物生存条件不断恶化,土地生物生产力大幅衰退。因此,土地石漠化就是由上述过程组合而成的地表生态过程,是岩溶区土地生态系统退化、岩溶生态系统发育、形成类似石质荒漠景观的土地退化过程(李森 等,2007b)。

6.1.2　石漠化的危害

石漠化加速生态环境的恶化,吞噬人类的生存空间,导致自然灾害频发,影响喀斯特地区的人们生活水平和区域经济的发展,并危及我国南方长江、珠江流域等人口密集区域的生态安全。石漠化的危害主要体现在以下几个方面。

1. 生态系统遭受严重破坏

石漠化最初表现为土层变薄、土壤养分含量降低、耕作层粗化、农作物产量降低，继而导致以森林植被为主体的岩溶生态系统功能逐渐削弱和退化（吴照柏 等，2013）。石漠化区域的植被群落结构从高大乔木向乔灌林、灌丛、草地和裸地退化，群落密度下降，生物量急剧减少。土地石漠化导致了岩溶生态系统减弱或退化，失去了森林水文效应，丧失了调蓄地表水和地下水的能力，可有效利用的水资源逐渐枯竭，缺水问题日益严重。土地石漠化同时加剧了岩溶生态系统的退化，环境容量降低，岩溶生态系统内植物种群数量下降，植被结构简单化，生物种群多样性受到严重破坏。当环境逐渐恶化，温度变幅加剧，土壤总量快速减少，水分和养分迅速流失，土地生产力急剧下降，石漠化末期阶段的群落生物量仅为未退化阶段的 1/200 左右。

2. 水土流失，耕地丧失严重

石漠化与水土流失互为因果关系，即水土流失会产生石漠化，而石漠化的出现又会加剧水土流失。喀斯特地区石漠化过程导致水土流失严重、地表土层逐渐变薄、养分含量降低、岩石裸露度增大、土地生产力下降到丧失耕作的价值、生态功能退化，形成生态恶化—口粮不足—毁林开荒—生态恶化的恶性循环。据测算，贵州省石漠化地区每年大约流失表土 1.95 亿 t，大面积耕地因土壤流失而被废弃。

3. 加剧岩溶区旱涝灾害

石漠化生态系统的承灾阈值弹性较小，缺乏森林植被来调节缓冲地表径流，致使这类地区一旦遇到大雨，地表径流便快速汇聚于岩溶洼地、谷地等低洼处，造成暂时局域性涝灾。如云南省西畴县岩溶洼地，因水土流失导致落水洞堵塞，地表水排水不畅，常年就有 375 个易涝洼地，雨季常被淹没，淹没期短则 3～15d，长则 1～5 月不等。另外，石漠化地区的岩溶漏斗、裂隙及地下河网发育，是峰丛洼地、谷地的主要泄水通道，当降雨量较小时，地表径流较快地渗入地下河系而流走，导致地表干旱。

4. 激化人水矛盾

土地石漠化地区的一个显著生态特征就是缺水少土。岩溶地貌本身是一个脆弱的生态系统，由于人类长期不合理的经济活动，导致植被稀少，失去了森林水文效应，发挥不了森林调蓄地表水和地下水的能力，生态环境失衡，水土流失逐年加剧，水资源紧缺。加之岩溶地区地表、地下景观的双重地质结构，渗漏严重，其入渗系数较高，一般为 0.3～0.5mm/min，裸露峰丛洼地区可高达 0.5～0.6mm/min。

导致地表涵养水源能力更低，水土保持能力更弱，使河溪径流减少，出现非地带性干旱和人畜饮水困难，造成"地下水滚滚流，地表水贵如油"的现象（谢攀，2015）。

5. 区域社会发展受限和人们生活水平受到影响

2020 年以前，在西南岩溶石漠化区，曾经的贫困县与岩溶县、石漠化严重县具有空间的一致性。石漠化区域是我国少数民族主要聚居区，也是经济欠发达区域和边疆区域，其中曾经的国家级贫困县的石漠化土地面积占岩溶地区石漠化土地总面积的 59.3%，石漠化加剧了这些地区的贫困。石漠化地区的经济发展水平与全国经济发展水平之间差距大，人均纯收入和人均国民生产总值一度只有全国平均水平的 60% 和 40%。各种自然灾害呈现周期缩短、频率加快的特征，因此造成经济损失加重、生活水平和生活质量下降、生命安全和财产安全不断受到威胁。

6.1.3　石漠化的成因

石漠化的形成是一个自然与经济社会相关联，以强烈的人为活动为主导，人为因素与自然、环境、生态和地质背景共同作用的结果。

1. 自然因素

1）可溶性的基岩

碳酸盐岩是石漠化形成的物质基础。碳酸盐岩以石灰岩和白云岩为主，主要成分是碳酸钙（$CaCO_3$）和碳酸镁（$MgCO_3$），形成土粒的主要成分二氧化硅（SiO_2）、氧化铝（Al_2O_3）、氧化铁（Fe_2O_3）的含量极低，石灰岩仅占 1.52%，白云岩也只有 2.02%，即使是所有酸不溶物，其平均含量也仅为 4%左右。因此，碳酸盐岩石的风化都是以强烈的化学溶蚀为主，绝大部分物质如氧化钙（CaO）、氧化镁（MgO）都在溶蚀过程中形成重质碳酸钙、重质碳酸镁，然后随水流失，极难残留，致使碳酸盐岩分布区岩溶十分发育，基岩大面积裸露，土被零星浅薄，可供侵蚀的土壤总量较少，土壤层次发育不全，母质层（C 层）常缺失，土体构型多为 A～D 型，土壤与岩面直接相连，雨水渗入后形成摩擦力极小且较光滑的接触面，导致土壤整体移动，从而加大了侵蚀量。另外，强烈的溶蚀作用与节理裂隙发育叠加，形成较多的溶沟、孔隙、漏斗及暗河，渗漏十分强烈（杨海洋，2010）。

2）强烈的岩溶侵蚀过程

强烈的岩溶侵蚀过程从两个方面促进石漠化的形成和发展：一方面，较快的溶蚀速度不仅溶蚀母岩全部的可溶组分，也带走大部分不溶物质，降低碳酸盐岩的造土能力；另一方面，强烈的岩溶侵蚀过程有利于地下岩溶裂隙和管道发育，形成地表、地下双层结构，不利于表层水土的保持，加速石漠化的形成和发展。王瑞江等（2001）发现岩溶区的水体暂时硬度较大，Ca^{2+}含量较高，方解石浓度处于过饱和状态。

3）湿润多雨的气候条件

降水动力作用是石漠化形成的又一主要因素。西南地区年降水量为 800～1800mm，绝大部分地区为 1000～1400mm，且降水时空分布不均，降水多集中在5～9 月，丰沛而集中的降水为石漠化形成提供强大的侵蚀动能，尤其酸雨为碳酸盐岩溶蚀提供丰富的溶解介质，并抑制岩溶地区林草植被的生长，破坏岩溶地表植被，加速了岩溶地表的土壤侵蚀（刘玉国，2013）。此外，近年来频繁发生的暴雨、泥石流、崩塌，以及持续干旱的气候条件也加速了土地石漠化的进程。年均降水量、年均气温、暴雨日数和日最大降水量等因子与土地石漠化之间有显著的关联性，反映了区域气候变化对土地石漠化发展演变的重要影响（李森 等，2007a）。

4）陡峻的地形与地貌

西南喀斯特地区陡峻而破碎的地貌，为石漠化形成提供了侵蚀势能，总体呈西北高、东南低、高山低地、崎岖不平、切割深的地形轮廓利于降水的流失，加大了降水对土壤的侵蚀。大坡度的地形对石漠化的拓展起到促进作用。地形和坡度直接控制堆积土层的厚度及土壤侵蚀量，坡度较大的地区不利于土壤堆积，水土流失较快，植物难以生长，致使大面积基岩裸露（李海明，2009）。王世杰和李阳兵（2007）认为，地质构造运动塑造了陡峻而破碎的喀斯特地貌景观，地表切割度与地形坡度较大，为水土流失提供了潜能。因此，石漠化主要分布在地形坡度大、切割较深的盆地外围岩溶山区和盆地周边岩溶峰丛洼地。

5）易于流失的土壤

西南岩溶地区的成土母质主要为纯灰岩，少部分为泥质灰岩、硅质灰岩等，由碳酸盐岩风化物形成土壤的速率极慢，且成土之后土被不连续、缺少母质层（C 层）、土层较薄、土壤松散、石多土少、岩土间附着力低等特点决定了其易于被冲刷和流失，极易遭受侵蚀，不利于表层水土的保持，加速了土地石漠化的形成和发展。石漠化是土壤侵蚀长期作用的结果，土壤侵蚀是石漠化过程中某一阶段作用强度的体现，二者在成因上存在因果关系。强烈的土壤侵蚀导致土被丧失、植被退化、岩石裸露，石漠化形成（刘洋，2014）。

6）脆弱的植被生长环境

喀斯特山区是一种典型的钙生环境，组成其生态环境基底的化学元素具有富钙亲石特性，而且风化淋溶的成土速率极慢，植物生长所需的营养元素相对匮乏，尤其是钾含量非常低，且容易溶解流失，因此这种钙生环境对植物具有强烈的选择性。该区域土层浅薄，岩体裂隙、漏斗发育，地表严重干旱，环境严酷，对植物生长具有极大的限制作用，适生植物具有耐旱、喜钙、抗酸、抗贫瘠及石生等特点。许多喜酸、喜湿、喜肥的植物在这里难以生长，即使能生长也多为长势不良的"小老头树"。因此，在我国喀斯特地区适应生存的物种较其他地区少，主要是耐贫瘠喜钙的岩生性植物群落，群落结构相对简单，生态系统稳定性差，容易遭受破坏。

2. 人为因素

1）人口快速增长及其连锁反应

自明清以来，我国西南岩溶地区人口快速增长，尤其是清朝雍正时期的人口迁移政策使贵州等地区的人口暴增。到21世纪初期，南方岩溶区8个省（自治区、直辖市）的人口达4.4亿，占全国总人口的33.8%，人口密度达226人/km²，高出全国平均水平58.6%。岩溶地区单位面积上可耕地仅占20%～30%，难以利用的石质山地高达50%以上，土地生产潜力不高，能供养的人口比较少，多数地区的人口密度已大大超出理论人口容量，多数土地超出其承载能力1～2倍，甚至2倍以上。碳酸盐岩分布与人口分布存在某种制约关系，岩溶石山地区人口承载力偏低，岩溶县的人均国民生产总值、农民人均纯收入也不及非岩溶县（李森 等，2007b）。

2）不合理的土地利用

西南岩溶地区目前仍然广泛存在的不合理、不科学的耕作方式和作物布局，如刀耕火种、陡坡耕作、广种薄收、单一种植模式等，都造成耕作区的地表土壤极易流失，导致生产力逐年下降，直至土地丧失耕作价值，最终形成石漠化。在贵州36 920km²的总耕地面积中，旱耕地占69%，而在旱坡耕地中，实现梯田化耕作或者沿等高线耕作的不到1/3，而占耕地总面积46.2%以上的耕地仍是传统的顺坡耕种。同时在作物布局上也不合理，多单一种植，不同作物之间的间作、混作、套作较少。

3）乱砍滥伐与过度放牧

由于历史原因和地域差异，西南岩溶山区绝大部分人仍处于经济欠发达、文化落后的状态，直至今日还保留了一些不合理的生活习惯，对石漠化的形成和发展产生较大影响。如樵采、集群放牧、放火烧山等，在某些地区造成了植被的毁灭性破坏。此外，农村生活生产所依靠的能源结构单一，往往是靠山挖山、靠树砍树，同时缺乏幼苗补栽补种等科学观念，导致山区乔木、灌木乃至草本藤本都被大量砍伐和挖掘。根据监测结果显示，西南地区因过度樵采造成的石漠化土地面积达到 302.6 万 hm^2，占人为因素诱发石漠化土地总面积的 31.4%。山区农牧民习惯散养山羊、黄牛、猪等牲畜，牲畜啃食植物常破坏植物根系而毁坏林草植被，使土壤层因缺乏保护而被侵蚀（李森 等，2010）。

4）其他工程和工矿建设

一些工矿和工程建设因缺乏科学规划，技术落后，监督管理和保护不到位，随意开采挖掘，乱堆乱放废弃碎石等，导致植被遭到破坏，水土流失严重，基岩裸露，最终导致石漠化的发生。贵州等地存在的百年以上的矿床开采、金属冶炼等均造成了植被破坏、土地生产力退化、基岩大面积裸露，从而导致石漠化，也称为"矿山石漠化"（刘玉国，2013）。

石漠化发展的过程一般具体表现为人为因素→林退、草毁→陡坡开荒→土壤侵蚀→耕地减少→石山、半石山裸露→土壤侵蚀→完全石漠化的发展模式。此外，造成我国南方石漠化严重的深层次原因还包括人口增长过快、人地矛盾突出、经济发展相对滞后、经济欠发达地区面积大，以及人们淡薄的生态环保意识。

6.2　石漠化生态修复模式

岩溶地区石漠化综合治理受到国家的高度重视，已列为国家重要的工作目标，石漠化综合治理对我国的经济社会发展、生态文明建设具有重要意义。针对石漠化防治问题，国家实施了一系列的生态治理工程，如退耕还林、天然林资源保护、生态公益林保护、农业综合开发、小流域综合治理等。

6.2.1　工程模式

1. 坡改梯工程

石漠化地区因地表起伏较大，石漠化程度加剧，形成许多石漠化耕地（石旮旯地）；而石旮旯地是当地的主要耕作土地。另外，对于冲沟、陡坡、边坡等生态敏感地段，由于区域降雨量充沛，雨季分配不均，尤其是暴雨季节，水土流失严重，地质灾害频发，导致土地石漠化扩展，采用工程治理模式具有见效快、稳定性强等特点。

石漠化地区成土速度极慢，现有的土壤流失量远远大于成土量。坡耕地防治水土流失的坡改梯模式以"三改一配套"（即坡改平、薄改厚、瘦改肥，配套拦山沟、排水沟、蓄水池相结合的排、蓄、灌功能齐全的坡面水系治理工程）为主要内容，在全面科学规划指导下，主要对 15°～25° 土坡进行梯田化。根据社会经济的实际需求、土地最佳利用方式和土源状况，选择坡改梯地点。按照地形变化，大弯就势，小弯取直，沿等高线造梯地、梯田。在此基础上，推广适用组装配套农业科学技术，因地制宜形成农、林、牧生产体系。

贵州省沿河县磨刀溪小流域还对 25°以上的 516 亩陡坡实施了坡改梯，在梯地边坎种植经济林果木与绿篱，并配套建设小水池 18 口、沉沙池 18 口、引水渠 0.6km、溪沟 0.87km、田间便道 6km 等小型水利水保设施。通过 3 年的治理，流域内植被盖度达到 42%，比治理前提高了 1.5%（于兴国 等，2013）。蓄水池、引水渠、溪沟、田间便道等设施，提高了山区农业生产水平，极大地方便了田间劳作和农产品运输，解决了当地人们出行难、饮水难等问题，单位面积产量增加 10%以上，实现流域内生态效益和社会效益的协调发展。另外，湖南省南漳县薛坪镇三景庄村利用"一保"（保持水土）、"二调"（调节当地生态条件和调优农业种植结构）、"四服务"（抓新技术指导服务、抓新模式展示服务、抓好"点对点"帮扶服务、抓长期监管服务）的技术措施进行坡改梯，建成了石坎 20 个，长 224m，干垒块石 1470m³，形成梯田 107.5 亩。石坎梯田的建成，不仅使该地农田面积从原来的 105 亩扩展到 107.5 亩，也增强了农田抗灾、避灾的能力，单位面积粮食产量得到了大幅提升，小麦单产由原来的 200kg/亩增加到 300kg/亩，玉米由 300kg/亩增加到 400kg/亩。在同等投入情况下，梯田建成后经济效益也大幅增长。

2. 基本农田建设工程

以土地整理、水土保持为中心任务，结合坡改梯、中低产田改造、兴修小水利、推广节水灌溉和水土保持工程进行西南石漠化区的基本农田建设。其基本思路是：工程、生物、化学和农耕农艺措施相结合，山水田林路综合治理，建立健全农田排灌渠系和坡面水系，控制和减少水土流失（田秀玲和倪健，2010）。

坡耕地是石漠化形成的主要原因之一，利用当地丰富的石料来砌筑梯田坎，并人工种植生物地埂，对 15°～25°坡地进行梯田化，已成为石漠化区防治坡耕地水土流失的主要模式。由于深山区的耕地较为匮乏，也可将一定数量坡度大于 25°的陡坡耕地进行坡改梯建设。岩溶地区的石灰土有别于地带性土壤，其影响土壤资源发挥功效的主要制约因素有土层浅薄、零星分散和营养元素有效态含量低且供给不平衡等。在改良石灰土土壤时，除了注意土壤"三改一配套"技术的应用，还要注意土壤定向培育营养元素供给的平衡。

3. 小型水利水保设施建设

小型水利水保工程模式主要以蓄为主，提引结合，修建引水渠、拦沙谷坊、小水窖、沉沙池、蓄水池、管网等综合小型水利水保工程，削能截砂，拦截地表径流，减少水土流失，发展农业生产和农林经济；采取蓄灌配套措施，解决生产用水和部分人畜用水问题。

在坡面集水沟较低一端和蓄水池的出水端以下布设灌溉（排水）沟，灌溉（排水）沟与坡面排水沟相连接，沿等高线按 1%～2%的比降布置，在连接处做好防冲措施，起到排灌沟和排洪沟的作用。在坡面局部低凹处，根据地形有利、岩石良好（无裂缝暗穴、沙砾层等）、施工方便等因素，布设小水窖、蓄水池、沉沙池等小型水利水保设施。沉沙池布设在蓄水池进水口的上游附近 3～5m 处。小水窖、蓄水池的分布与容量须根据坡面径流总量、蓄排关系和修建省工、使用方便等原则，因地制宜，合理确定，设计蓄水池容量为 30～100m³ 等不同规格。在水土流失严重的山沟，或在基础坚硬无滑坡、无泥石流地段布设谷坊、拦沙坝，根据水窖和蓄水池位置，结合农林地和村庄位置确定管网路线，管道路线沿线布置要保证管路平直，以减少水流损失。

贵州在安顺油菜河南山、羊场片区，安龙法统坝子、平塘克度盆地等区域，针对坡度小于 10°，存在旱涝灾害的坝、谷、盆地区域，采取修建引水渠、排涝渠等农田水利措施，保证农田旱涝保收，提高基本农田单产，实现由降雨径流→水土流失→旱、涝低产的恶性循环向降雨→集雨浇灌→稳产高产良性循环的转变，从而达到石漠化综合治理的目的。实践表明，小型水利水保工程治理模式能有效地防止水土流失，改善耕地灌溉条件，解决石漠化地区严重的生产、生活缺水问题。特别是在旱季，一眼 30m³ 的小水窖可以解决 1～2 亩的经果林用水。灌溉（排水）沟渠可拦、蓄、引地表径流，防止水土流失和防渗，节约有限的水资源（詹奉丽，2016）。

4. 农村能源建设

石漠化地区燃料缺乏，人们生活水平相对较低，砍伐取暖做饭所需燃料常常会破坏山林植被。为此要通过农村能源建设来解决农民的燃料问题、杜绝上山砍柴打草来遏制石漠化发展。新能源建设包括沼气池、节能灶、太阳能与小型水电等。石漠化地区的沼气能源主要靠养殖和种植获得，因此，沼气要与林果业和养殖业配套发展，把发展沼气与退耕还林、封山育林、植树造林和发展养殖业结合起来，施行养殖-沼气-种植"三位一体"的发展模式。同时，要配套实施"一池三改"工程，即改厕、改圈、改灶和建池同时进行。

6.2.2　生物治理模式

生物治理模式（技术）主要针对石漠化地区的植被恢复，并不断发展形成技术体系。由于喀斯特生境的特殊性，土层浅薄、土量少、石砾含量高、肥力差、渗透力强、零星分布，加上山体坡度较大，对降水的拦截、保持能力较差。因此，喀斯特地区植被恢复存在许多难点和技术瓶颈。

1. 生态农业模式

生态农业是根据岩溶生态环境的土地类型，实行多层洼地的生态经济模式，以形成多层次特殊的土地资源开发利用形式。发展生态农业，既能有效利用土地资源，又不毁坏其脆弱的生态环境，是石漠化治理的有效途径之一。"五子登科"（山顶戴帽子、山腰拴带子、坡地铺毯子、大田种谷子、多种经营抓票子）的立体生态发展模式已成为石漠化治理的重要技术模式。

高渐飞等（2011）勘察研究了贵州省毕节市石桥小流域不同土地利用方式下的石漠化分布情况，并根据小流域上、中、下游生境特征与社会经济发展情况，分别对发生石漠化的各类土地采取生物措施与工程措施治理，对流域上、中、下游段发生石漠化的疏、灌林地及荒草地采取自然与人工促进封育及营造生态林等措施。对发生石漠化的耕地上游区，以林粮间作为主；甘堰塘附近种植桃树，其他区域发展大泡壳核桃。对中游地区的苗寨至大苗寨进行坡改梯及生产便道建设，改善生产条件，解决两个寨子基本口粮短缺问题；半坡一带采取粮草间作，用阔叶菊苣与玉米间作，以短养长，并发展壮大该区域的生态养殖（鹅）业。对下游地区的洼地要排水保住基本农田；坡地实行桃与牧草（黑麦草＋苜蓿）的间作；在地势较平坦（坡度＜10°）的地块进行牧草与本地玉米的轮作，通过建设棚圈、青贮窖，配套饲草机械等设施，培植草地畜牧业大户。针对居住在半坡地区人畜饮水困难的村寨，以提水站-高位水池-管网调度方式实现流域水资源的优化调配，并在混农林（草）区配置生产道路及引水管道（图6-4）。共完成治理石漠化面积387.12hm²，治理率达到 95.9%。流域内水土流失与石漠化趋势得到遏制，流域土壤流失量减少了32%，人均年收入增加了532元，生态、经济、社会发展逐渐步入可持续发展轨道。

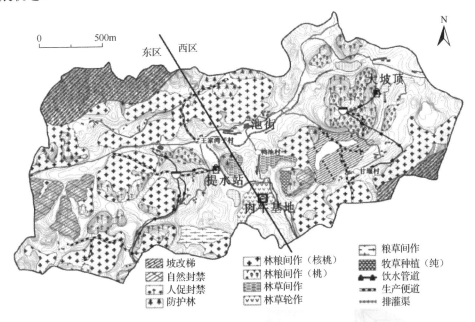

图6-4　贵州省毕节市石桥小流域生态农业模式

2. 丛枝菌根真菌治理模式

岩溶生态系统地表干旱缺水，营养元素分布不均衡，石漠化的发生进一步加剧了干旱缺水现象，使植被恢复的环境极其严酷，这种逆境环境造成植物很难定居，即使勉强存活，也会生长缓慢，生物量偏小，极大地限制了植物恢复潜力的发挥，结果导致植被定植率差、恢复周期长，甚至出现连年植树不见树、连年造林不见林的现象。丛枝菌根真菌（arbuscular mycorrhizal fungi，AMF）能促进植物对矿质营养元素的吸收，提高植物的抗病性、抗旱性和抗逆性，改善土壤理化性质，稳定土壤结构，能够和植物相互作用控制植物群落的组成、物种多样性和演替进程，稳定生态系统（魏源 等，2012）。目前已有大量的实践探讨论证了丛枝菌根真菌在石漠化治理中利用的可行性及应用途径，旨在为西南地区的石漠化治理开辟一条崭新、有效的途径。

3. 草食畜牧业发展模式

在云南、贵州等石漠化山区，放养牛、羊是农村家庭经济收入的一大来源。尤其近年来，随着人们生活水平的提高、市场经济的推动、商品经济的流通，牛、羊等畜牧业也取得了较快的发展。但很多养殖业是在对天然草地进行掠夺式利用的基础上开展的，由于畜群比例大，不科学的放牧使草地缺乏恢复再生的时间和物质投入，退化严重，在土层瘠薄的土壤上，草地植被破坏后快速出现水土流失的现象，加剧了当地土地的石漠化程度。

大量研究表明，发展草食畜牧业可有效调整石漠化地区单一的农业结构，减轻人口对土地资源的压力，增加农民收入。以草代林代粮，进行草农牧林结合，短期内可保持水土，远期则可开发林木资源。通过种草来发展畜牧业，并结合农作物秸秆和饲料，对牛马改放养为舍养，形成畜多-肥料多-收入多的良性循环，对喀斯特地区的生态治理和经济发展大有帮助。高贵龙等（2003）提出根据不同草地类型组装配套草地畜牧业，对劣质低产草地进行草地改良：山顶种植优良牧草和水土保持林；山腰进行林下种草；山脚平地采用粮（油菜）草套作或果草套作，围栏划区轮牧＋控制放牧强度＋适当施用维持肥模式实现草地的可持续利用，这一模式在贵州清镇取得了显著的成效（谢攀，2015）。金深逊和周凯（2005）提出粮草间作能提高农田的综合产出率，经济收入比单种粮食作物增加84.06%。因此，积极推广并加强研究牧草种植、本地良种改良培育、草地围栏区划轮牧等关键技术是治理石漠化地区的重要举措。

4. 果-草-畜-清洁能源生态产业发展模式

云南建水所处喀斯特断陷盆地区，水资源极其短缺，但光照和热量资源丰富，资源气候条件非常适合发展黑山羊养殖，柑橘、石榴和紫花苜蓿种植等产业。该县立足当地资源优势、以循环经济为纽带、以生态涵养为中心，依托当地黑山羊养殖、经果林和饲草种植等产业基础，充分利用丰富的光照资源发展太阳能，高标准探索形成果-草-畜-清洁能源有效融合的绿色循环发展新格局（图6-5）。

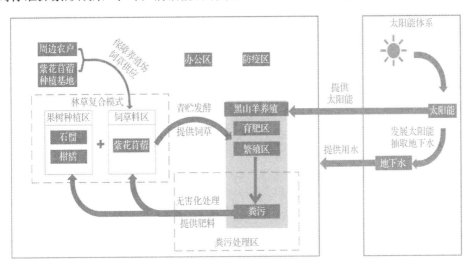

图 6-5　云南建水果-草-畜-清洁能源生态产业发展模式

在州、县、乡三级党委、政府关怀下，合作社科学规划养殖场区布局，建成涵盖繁殖区、育肥区、柑橘和石榴种植区、饲草料区、办公区、防疫区、粪污处理区 7 区的标准化养殖场。积极引入现代化养殖管理技术，打造集人工授精、分群饲养、配方饲喂、科学防疫和品种改良于一体的标准化黑山羊繁育体系（王玉斌 等，2021）。

为提升饲草供应能力，合作社初步建成 1000 亩紫花苜蓿规模化种植基地，同时与周边农户签订牧草收购合同，保障养殖场饲草供应。引入青贮发酵技术、分群饲喂技术，推动饲草料高效利用。为了满足发展牧草种植和人畜用水问题，充分利用丰富的光照资源发展太阳能抽取地下水。

合作社注重发挥示范带动作用，落实草场生态补偿机制，打造饲草和畜禽废弃物利用的有机循环模式：紫花苜蓿经青贮发酵后直接供应黑山羊养殖，降低饲草成本，黑山羊粪污经无害化处理后直接还田柑橘、石榴地和草场，保障养殖废弃物资源化利用，有效实现了柑橘、紫花苜蓿种植、黑山羊养殖和太阳能高效利用的互联互通，突破喀斯特断陷盆地区水分和养分限制的瓶颈，促进区域生态环境保护和生态产业经济持续发展的协调。

6.2.3　其他治理模式

1. 旅游资源开发模式

石漠化地区的喀斯特地貌是自然环境中一类独特的地理景观，在中国西南地区分布广泛。喀斯特景观具有许多开发利用价值：教育价值、探险价值和美学价值等。常见的喀斯特地貌包括地表和地下两种，地表的喀斯特地貌如石芽、石林、峰林等，地下的喀斯特地貌如溶沟、落水洞、地下河等。除此之外，还包括与地表和地下密切相关联的竖井、芽洞、天生桥等喀斯特地貌。各种石钟乳、石笋、石瀑布、莲花盆等钙质沉积也是形态各异。同时，岩溶地区往往也是瑶族、侗族、苗族等少数民族聚集区，具有浓郁的少数民族风情，旅游开发价值较高。通过整合岩溶地区的自然资源和人文景观资源，通过招商引资、承包经营等途径，在岩溶地区发展第三产业，开拓旅游市场，转变当地直接依赖土地生产的发展模式，实现区域的可持续发展。

贵州花江大峡谷处于贵州西部旅游黄金线上，即黄果树—断桥—上关温泉—花江大峡谷—马岭河峡谷—万峰林一线，黄果树、马岭河峡谷两个国家级旅游风景名胜区之间。结合典型的喀斯特峡谷景观和文化历史遗迹，为自然观光游、观光农业、生态旅游、科技旅游、奇石文化旅游、探险活动等旅游业的开发提供了可能。在花江示范区内的干二盘、法郎开展参与式乡村旅游项目，通过参与式乡村旅游项目的开展，从旅游产品的生产到销售、从开发到接待均有社区居民主动参与，乡村旅游的发展从经济上保障了社区居民的旅游收益，提高了居民的经济收入，增强了其群体自立、自强的意识，从而提高了居民的生活质量和综合素质。

2. 生态移民治理模式

环境移民是指由于资源匮乏、生存环境恶劣、生活贫困，不具备现有生产力要素合理开发的强度石漠化地区，无法吸收大量剩余劳动力而引发的人口迁移。环境移民的实质是人口分布结构的调整和环境资源的再分配，所以合理利用土地资源是喀斯特移民地区改善生态环境和解决低收入问题的关键（谢攀，2015）。吕大明等（2008）分析了荔波、平塘移民模式，荔波县在县内条件较好的乡镇修建移民新村，由移入地村组无偿划出部分耕地分发给移民耕种。平塘县将移民与县内茶场发展相结合，移民转产为茶场工人，承包茶园管理，有较稳定的经济收入。广西按照"统一规划、连片开发、分户经营"和"搬得出来、稳得下来、富得起来"的要求，对缺乏基本生存条件的大石山区人们实施异地搬迁安置，同时巩固完善历年异地安置场点建设，使安置点农民收入逐年稳步提高，不仅减少了岩溶地区由于人口过多带来的生态环境破坏，还增加了农民的收入。

加强岩溶地区的人口调控，以及合理控制岩溶地区人口的自然增长，同时对石漠化程度特别严重、生活条件极端恶劣、生存状况严重恶化的地区，加强人口控制力度，有计划、有步骤地实施异地生态移民，有效降低石漠化地区的人口压力。除了将石漠化地区的人口进行异地搬迁，还要考虑搬迁人口的劳动就业意愿，可对搬迁的人口进行专业技能培训，提高农民素质与就业能力，降低对石漠化土地的依赖与扰动，促进岩溶地区的植被恢复。

由于我国经济实力和石漠化地区的现实状况，石漠化地区的人口移民必须采取生存移民与生态移民相结合的办法来进行。现阶段可采用的途径有 3 种。①开发性建设移民。就近利用自然资源建设劳动密集型加工产业，集中招工，使部分人口完全脱离石漠化地区而生存。②城镇服务性移民。制定优惠政策，鼓励农民进城定居，从事服务和商贸行业。③区域集中迁移。通过兴建集镇、集约经营农业，提高非坡耕地农作物产量，普及推广非木质能源，从而减少人口和能源对石漠化土地的压力（刘肇军，2009）。

3. 开发及产业建设模式

在保护岩溶地区生态环境的前提下，充分发挥岩溶地区资源优势及国家在政策、资金、技术等方面进行扶持的优势，加快产业调整步伐，促进当地经济社会发展，实现农村致富。岩溶地区具有丰富的自然景观、人文景观等旅游资源优势，通过招商引资、承包经营等途径加大旅游资源开发力度，壮大旅游产业（如广西桂林，贵州黄果树、织金洞，四川九寨沟，云南石林）；通过大力推广优良种质资源，培育种养业及相关的加工企业等，如金银花产业、茶叶产业、水果产业、纸浆材产业；岩溶地区矿产资源丰富，可加大矿产资源开发力度；利用岩溶地区的水力资源，加快水利水电建设。

4. 自然保护模式

我国岩溶石漠化地区具有复杂多样的自然环境、丰富的种质资源、多样的植被类型、珍贵的古树名木及珍稀野生动植物资源，为生物多样性保护和自然保护区建设提供了良好的条件。建立自然保护区不但是我国生态建设和保护的需要，也是我国石漠化种质资源保存和石漠化防治的需要。结合岩溶地区自然、社会经济状况，在岩溶生态系统严重退化地区，或植被保存较为完好的地区，选择原生性、典型性相对较高的珍稀野生动植物原生地及天然林区等特殊功能区，有针对性地建立各种类型自然保护区（罗海波，2006）。

6.3   生态林营造技术

森林是陆地生态系统的主体。从古至今，森林和人类始终有着不解之缘。然而，人类逐步走向文明之后，对森林的索取增多，尤其是农业耕地的开垦，更加快了大片森林的毁灭。几千年来，广大的平原和部分斤陵山地的森林资源逐渐退缩消失，气候、水文、土壤等条件恶化。单一的农业结构破坏了原有自然系统的生物平衡，农田生态系统抗逆功能脆弱，作物产量低而不稳，水土流失、风沙干旱加剧。各种灾害的教训使人们认识到生态危机的严峻性，认识到重建有利于人类生存和发展的环境保障体系的重要性（范志平 等，2000）。

在大气环境和大气辐射的作用下，森林通过物理和化学作用，为生命和环境组成的地球生物圈提供直接和间接的有利于人类的、具有使用价值的公共商品，以及涵养水源、保持水土、改善气候、净化空气等公益效能。生态林业是以生态学理论为指导而建立起来的一种新型林业生产模式。

生态林是以发挥生态调解为主要功能的林分。生态林业广泛参与自然界生态系统物质、能量的高效利用，在系统的动态平衡和自我调节中起关键作用。生态林业具有生态效益、经济效益和社会效益。①生态效益：保持水土、涵养水源。据测定，$1hm^2$ 森林可蓄水 30 万 L；松树树冠可拦截 40%的雨水，阔叶树可拦截 20%；林下深厚的腐殖质可提高保水量，延长渗水时间，因此可保持水土。②经济效益：森林的经济效益可概括为直接经济效益与间接经济效益两大类。直接经济效益主要来自木材、药材、苗圃、果实的生产，以及公园旅游收入等。间接经济效益主要来自遮阳和防风带来的能源节省，防火、贮水保土和净化环境所带来的损失减少，绿地所带来的财富增值，以及环境改善所带来的经济效益等。③社会效益：森林可缓解温室效应，调节气候，改善生态环境。森林可吸收二氧化碳，释放氧气。据测定，$1hm^2$ 针叶林每年吸收 22t 二氧化碳，释放 16t 氧气；$1hm^2$ 阔叶树每年吸收 14t 二氧化碳，释放 10t 氧气，使空气得到进一步净化，有效缓解由于大气中二氧化碳浓度升高而引起的温室效应。森林可以吸收太阳辐射和大气热量，同时树木通过蒸腾作用将大量水分释放到空气中，从而提高森林湿度、降低温度。一棵成年树在生长季节可蒸腾 400L 水。森林可降低风速，背风面相当于树高的 30~40 倍距离内或在靠近林带相当于树高 10~20 倍的距离内，风速可降低至 0%。森林可吸附尘埃及悬浮颗粒。森林树木可吸收和降低噪声 2~10dB。有些树种（如松、杉等）还能分泌杀菌物质，使空气中细菌减少（安丽华，2013）。

喀斯特地区生态环境脆弱。山高坡陡，水土流失严重，加之土层浅薄，土壤总量少，基岩裸露面积大，贮水能力低，以及岩石裂隙渗漏性强等特殊的喀斯特地表结构和水文地质条件，形成了湿润气候背景下的临时性干旱——喀斯特干旱，地表严重缺水，农业和人畜用水困难，从而加速了生态环境的严重退化。可持续发展是国际社会共同关注的问题。喀斯特区域环境中存在的土地退化、土壤侵蚀、水土流失、石漠化面积不断扩大等生态环境恶化现象，已经引起了国内国际上的广泛关注。我国先后启动了"天然林资源保护工程""长江中上游防护林体系建设工程""退耕还林还草工程"等生态恢复、重建与保护工程，旨在恢复与重建这些区域的生态环境，实现区域生态、经济和社会的可持续发展（梅再美，2003）。改善生态环境是实施西部大开发战略的根本和切入点，建设生态林是改善生态环境的基本方法。

6.3.1　农田复合生态林营造技术

农田复合生态系统是通过空间和时间的布局安排，将多年生的木本植物精心地用于农作物和（或）家畜所利用的土地经营单元内，使其形成各组分间在生态上和经济上具有相互作用的土地利用系统和技术系统的集合。其中的生态林是重要的一部分，生态林的营造技术是建立农田复合生态系统的基础（梁玉斯 等，2007）。

1. 农田复合生态林的规划设计

1）林带防护结构设计原则

林带结构是指林带树冠上下组成的层次、宽度、横断面形状、枝叶状况、密度和透光情况。一般应选疏透结构或透风结构的林带。疏透结构的林带较窄，从林带的纵断面看，上下都有均匀的透光孔隙，通常由中间 4 行以上乔木、两侧再配 1 行灌木组成。如果不配灌木，则乔木下部必须保留足够的侧枝。有效防护距离在 $25H$（$25H$ 表示林带高度的 25 倍）范围内。透风结构的林带上部较紧密，下部通风。通常由两行以上乔木组成，有效防护距离在 $28H$ 范围内（单宝霞 等，2009）。

2）林带走向、间距、宽度设计

（1）林带走向。在大面积的农田上，只有营造许多纵横交织的林带，形成众多林网，才能起到全面的保护作用。林带走向同时兼顾主带垂直于主风向来确定。

（2）林带间距。平原地区主带之间距离为 200～300m，副带之间距离为 500～600m，网格面积要大于 150 亩、小于 300 亩（单宝霞 等，2009）。

（3）林带宽度。林带宽度是指林带两侧边行树木之间的距离，再加上两侧各 1～15m 的林缘宽度。

3）林带的作用

林带的一系列防护作用中防风作用是主导。随着风速的变化，田间小气候的温度、湿度、蒸发速率、蒸腾速率均随之发生变化。同时，林带还具有改良土壤和防止干热风危害的作用，最终促进农业的高产和稳产。

（1）林带的防风作用。气流在运行过程中，遇到林带阻挡后，林带的屏障作用消耗了一部分气流，林带上方附近风速降低，气流密度加大，迫使一部分气流从林带上方越过，越过林带屏障时与树枝摩擦从而减弱能量。另一部分气流进入林带后，也改变了原来的结构，原来较大的涡流被林带的孔隙过滤，分散成许多方向不同、大小不等的小旋涡，它们彼此互相摩擦撞击，并和树干、枝叶摩擦而消耗能量，从而削弱风力，降低风速。

（2）林带改善田间小气候的作用。林带可提高空气湿度。一般情况下，在林带防护范围内与无林旷野相比，相对湿度平均增加 15% 以上，绝对湿度平均增加 20% 以上。林带可减小蒸发量。在林带保护下，因湿度增大，温度降低，风速减小和涡动减弱之后，湿度空气可较长时间地滞留于农田地表空气层内，使地表水分蒸发量减少。因此，林带可以改变干旱程度。林带可调节田间温度。因林带降低了风速，改变了气流结构，使空气的热量交换作用减弱，从而对其防护范围内的近地表层气温产生一定的调节作用。它随季节、昼夜和天气条件的不同而有差异。一般春、秋、冬 3 季可增温 1%～3%。林带这种提高湿度和降低温度的作用，对农作物的播种和生长发育有益，还可减小寒流和霜冻对农作物的危害（单宝霞 等，2009）。

2. 生态林的营造技术

1）树种选择原则

依据生态经济学原理，筛选不同区域适宜的造林树种是造林的关键环节。

（1）乡土树种原则。造林树种尽量选择乡土树种。植物都有一定的气候带，树木能否成活、生长趋势好坏决定于生存环境中的土壤酸碱度、水分、温度、湿度、光照等自然条件。有些树种在一个地区长势良好，但到了另一个地方可能会长势很差，甚至不能成活。乡土树种是自然选择的结果，它长期生长于某地，相比其他树种，对本地环境具有较强的适应性，可获得较好的生长态势。

（2）多样性原则。开展多物种、多形式的造林。因为大面积纯林不能充分发挥森林的多种效能，也不利于生物多样性的保护和发展。

（3）合理配置原则。根据石漠化小生境，进行乔灌草搭配，选择合理配置密度。喀斯特山区的地形差异很大，不同的乔灌草等植物需要不同的环境，这就决定了农林复合系统必须因地制宜，根据土地条件的差异，在不同地段栽植能与之相适应的植物种类，做到宜乔则乔、宜灌则灌、宜草则草，乔灌草合理配置（林长松和潘莎，2007）。

（4）地带性原则。根据不同的区域，选择合理的治理模式和造林树种。

（5）生态适应性原则。宜乔则乔，宜灌则灌，宜草则草，适地适树。

（6）生态效益与经济效益兼顾原则。一方面，农林复合模式要以改善生态环境为根本目的，同时也要解决好农民长远生计问题。树种的选择要以生态树种为主，适当选择经济树种，在实现水土保持的基础上，尽可能发挥土地的经济生产能力。另一方面，农林复合模式要以经济效益支持生态效益，以生态建设保护经济发展，这是美国等发达国家西部开发的成功经验，也是我国西部地区几十年来种草种树"生态运动"经验教训的总结。所选择树种要在充分利用山区自然资源优势的基础上，适应当地社会经济条件，能够进一步培植为山区特色经济产业，并且应以生产天然绿色无公害产品为经营思路，其产品能长期占据市场，形成独特稳定的市场空间。要选择经济树种或兼用树种，在种植模式上创新，最大限度地发挥林木的经济效益及生态效益（林长松和潘莎，2007）。

2）树种选择的要求

（1）能忍耐土壤周期干旱和热量变幅。在幼苗期间，既能在土壤潮湿环境下生长，也能抵抗土壤短期干旱的影响；既能在温差小的环境下生长，也能在夏日炎热、昼夜温差较大的条件下不致受到灼伤或死亡。同时，在高温、干旱综合影响下，也能照常进行生理活动（戴国富，2012）。

（2）要求根系发达，能穿窜岩隙缝间，趋水趋肥性强。

（3）易成活，生长迅速，能短期内郁闭成林或显著增加地表盖度。

（4）具有较强的萌芽更新能力。

（5）适宜中性偏碱性和钙质土壤。

3）推荐的树种

（1）针叶乔木：柏木、侧柏、圆柏。

（2）阔叶乔木：刺槐、银合欢、响叶杨、桤木、麻栎、白栎、闽粤栲、女贞、构树、青冈栎、枫香树等。

（3）经济树种：黄檗、花椒、核桃、杜仲、香椿、乌桕、漆树、桑树、油桐、盐肤木、棕榈等。

（4）灌木：白刺花、刺梨、火把果、紫穗槐、马桑、杜鹃等。

（5）藤（草）本植物：金银花、扶芳藤、爬山虎、灯芯草等。

4）栽植密度

因地制宜地设计造林密度有利于缩短郁闭年限，快速增加地表植被覆盖度，达到保持水土和防治土壤侵蚀的目的。栽植密度为 1.5m×2.0m，栽植后穴面呈馒头状，覆土深度一般比苗木原土深 15cm。栽植后，必须浇足定根水（每株约 15L），然后覆松土、培树盘，并用 1.0～1.5m² 的地膜覆盖，使中间略低，四周用土压紧。

5）造林技术

造林要严格贯彻细致整地、随起随栽的原则，严格按照相关造林技术规程进行栽植。在同一条林带上造林，要做到树种一样、规格一样。只有这样才有利于林木的均衡生长发育，充分发挥林带防护作用（单宝霞 等，2009）。

（1）整地挖穴。造林时间选在晚冬至早春（12月至翌年2月）雨季到来之际，最好选择阴天或毛毛细雨的天气栽植。造林前一年秋季进行整地，以利于蓄水保墒，根据立地条件及栽植苗木大小情况，采用坑状或穴状方式进行整地。坑状整地坑径50cm，坑深50cm，将挖出的土放在坑的北侧，以利于坑内的积雪及早融化；穴状整地穴径50cm，穴深25～30cm，穴略呈丘形，刨穴时打碎土块，捡净根茬、杂物，将土翻回原处。也可采取鱼鳞坑整地，种植穴规格为50cm×70cm×50cm（霍玉梅等，2012）。

（2）苗木处理。在造林前进行苗圃地检疫和苗木质量检验，达不到造林标准的苗木不准出圃用于造林。营造针叶树种要多选用容器苗，并要求在苗木运输过程中做到土坨不散，顶芽完好，以提高造林成活率。用裸根苗造林时，在苗木运输栽植的诸多环节中，要做到苗不离水，根不暴露在空气中，运输时要打包，栽植前要假植，以保持苗木的新鲜与活力。对于生根较难的树种，要用ABT号生根粉溶液浸泡根部，促使其早生根、多生根。用阔叶苗木造林时，严禁起苗伤根"打茬拐"（霍玉梅等，2012）。苗木运输装车前，要将苗木根部用泥浆或保鲜剂浸蘸。装车后，要用苫布覆盖并定时检查，以避免苗木失水干枯，丧失生命力。

6）幼林抚育

对于新建林带，凡是林木成活率低于90%的缺苗断苗状况，均应于造林后1～2年内用大苗补齐。幼林郁闭前要及时除草、松土、培土、摘芽，有条件的还应灌水和追肥。这样才能迅速成林，尽早发挥防护作用。

7）加强管护

在林地管护上，坚持"三分造、七分管"，从造林到成林始终落实管护责任，做到树进地、人到位，严格依法治林，严禁人畜破坏，防治病虫鼠害。具体做到"五落实"，即地块落实、人员落实、任务落实、责任落实、措施落实（郭瑞军和刘泉，2012）。

6.3.2 生态修复林营造技术

1. 退耕还林还草

国家《退耕还林条例》中明确规定，石漠化严重的耕地应优先列入退耕还林工程范畴。2004年国家对退耕还林政策进行了结构性调整，虽然退耕还林计划大幅减少，但国家在下达2004年退耕还林计划时，明确要求云南、广西、贵州等省（自治区）要把退耕还林计划重点安排在石漠化集中区（但新球等，2004）。梅再美和熊康宁（2003）指出，结合喀斯特脆弱生态环境的特点来改变土地的利用方式，进行农业产业结构的合理调整，大力实施坡耕地的退耕还林还草工程，以及在退耕还林还草中实行节水型混合农林业模式，将是实现区域生态、经济和社会可持续发展的关键。以往对陡坡耕地退耕还林还草工程的研究主要集中于以下几种模式。

（1）乔木模式。该模式主要是以营造水土保持林、水源保护林等防护林为主要方向，在造林工程中选择林种和树种时必须因地制宜、适地适树，多选择乡土树种。例如，贵州在陡坡退耕还林营造时，在高山营造水土保持林和水源保护林，可选择华山松、云南松、滇杨、响叶杨和栎类等树种进行植苗造林；在中山营造时可选择马尾松、湿地松、杉木、柳杉、楸、刺槐、樟树、楠木、杜仲、杨树类和栎类等树种；低洼地区和坡麓发展喀斯特特色林果药等产业，如无患子、苏木、火龙果、澳洲坚果等（王克林 等，2019）。造林时均选择块状整地方式，植播穴规格一般为40cm×40cm×30cm 或 30cm×30cm×30cm，配置方式多为"品"字形配置，株行距200cm×200cm 或 200cm×300cm，造林时间主要在10～12月。

（2）灌木模式。该模式以营造水源保护林和生态经济林为主要方向，在造林工程中可选择盐肤木、冬青叶鼠刺、茅栗、化香树、火把果、三棵针、马桑、山胡椒、花椒和八角等乡土灌木树种。造林时均选择块状整地方式，水源保护林一般采用直播的方法，也可植苗造林，直播穴规格一般为15cm×15cm×10cm 或20cm×15cm×10cm，配置方式多为"品"字形配置，每穴2～5粒种子，将种子均匀撒入土中，覆土厚2～5cm，造林时间以11月至翌年2月的雨后初晴日或雨季为宜。营造生态经济林需要人工分段培育壮苗，即大田撒播，当幼苗长至10cm 时，移栽到苗床上再次培育，苗高40cm 时即可出圃上山造林。整地规格为40cm×40cm×30cm，株行距因地制宜，栽植密度为80～167 株/亩，雨季植苗造林。

（3）竹林模式。石漠化地区具有双层水文结构、缺土少水、富钙（镁）、偏碱性的特性，物种选择受限；而岩溶地区竹类种质资源丰富，其生态效益与经济效益俱佳，是实现治"石"与致富的有效物种，推广意义重大。在营造竹林时也应遵从适地适竹的原则，种苗宜筛选喜中性偏碱性、喜钙或耐钙、耐干旱、耐瘠薄的一年生健壮丛生竹苗或母竹，保证其适生性。造林地尽量选择平地或山地坡脚的潜在石漠化或轻度石漠化土地，根据基岩裸露、土被连续性及厚度等实际情况确定种植穴规格。对于土壤缺乏的石漠化区域，可考虑客土造林，至少保证种植穴规格在40cm×40cm×30cm 以上。为减少水土流失，可推广干旱地区的鱼鳞坑整地方式。针对石漠化区域缺土少水的实际情况，造林后利用枯草或石头覆盖种植穴地表，并推广保水剂、生根粉、地膜覆盖等工艺，提高造林成活率。针对基岩裸露比例与土壤实际情况，以"好土稀种、差土密种，大秆竹种稀、小秆竹种密，管理水平高则稀、反之则密"为原则，一般以采用3m×4m、4m×4m 或 4m×5m 株行距配置为宜，以种植密度比土山区域的高10%～20%为宜，从而实现尽早郁闭，减少水土流失并迅速改善小生境（吴协保 等，2015）。

（4）林草模式。为减少地表冲刷，可以选择乔木树种与多年生草本经济作物相结合的林草模式，使其形成复层森林群落结构。选择适应性广的楸树、桦木、响叶杨、喜树和刺槐等乔木树种与砂仁、蓖麻、黑麦草、红三叶、白三叶等多年生草本经济作物，采用植苗造林和种草方式，块状（40cm×40cm×30cm）和带状（100cm×30cm）整地，乔木栽植密度 111～167 株/亩，草种在整地带上条播。

2. 封山育林育草

封山育林是培育森林资源的重要途径之一。岩石裸露率在 70%以上的石山和白云质砂石山地区，土壤很少、土层极薄、地表水极度匮乏，立地条件极差，基本不具备人工造林的条件，应采取全面封禁的技术措施，减少人为活动和牲畜破坏；利用周围地区的自然条件，先培育草类，进而培育灌木；通过较长时间的封育，最终发展成乔灌草相结合的植被群落（苏维词 等，2002）。

在实践中，要根据当地人们生产、生活需要和封育条件，以及封育区的生态重要程度确定封育方式。①全封：对边远山区、江河上游、水库集水区、水土流失严重地区，以及恢复植被较困难的封育区，宜实行全封。②半封：对有一定的目标树种、生产良好、林木覆盖度较大且当地人们生产和生活燃料有困难的封育区，可采用半封。③轮封：对当地人们生产、生活和燃料等有实际困难的非生态脆弱区，可采用轮封（陈永毕，2008）。

长期以来，过去一直采取的大片面积封山育林方法经营相当粗放，效果不明显。据调查，这种粗放经营，只对受到破坏程度较低、破坏的年度较近、林地上留存的伐根较多、人口密度较小、社会再破坏频度低、管护到位等自然条件和社会经济条件较好的石山地区，封育效果相对显著，而对其他受损严重的石漠化地区则收效甚微。因此，针对这种状况，提出了渐进式的封山育林方法，对破坏较为严重、经营较为粗放又难以恢复的石山区，在做好规划设计和周密安排的基础上，要采取分阶段进行的全封闭性封山育林方法。先对部分石山进行封山育林，产生一定效果后，就依次开始下一部分石山的封山育林，并在一定条件下慢慢解除首先实施封山育林的石山区的部分禁止条款，最终达到恢复石山地区生态的目的，达到平衡状态，实现石山生态的可持续发展（夏槐赞，2004）。

3. 人工促进封山育林育草

由于树木的生长速度慢，树冠对地表的覆盖度低，还林区前期的保土保水效果不及还林还草区，因此，岩溶区植被恢复重建应采取封育与造林结合、造林与种草结合的模式（郭红艳 等，2016）。封山育林是培育森林资源的重要途径之一，特别是在石漠化地区，通过研究森林顺向演替规律，采取积极的人工干预措施，促进其顺向演替，使森林植被从初级向高级阶段演替发展。对岩石裸露率为 50%～

70%的半石山及部分条件相对较好的石山、白云质砂石山,经过局部整地、每亩人工补植(播)30~50株(穴)后,再采取全面封禁措施,以期形成灌草或乔灌混交林。补植的物种主要有香椿、滇柏、华山松、桤木、乌桕、栎类、竹类、砂仁、马桑、白花刺等生态经济型林草。

此外,在海拔较高的高原区、农牧交错区(需要大量牧草)、荒山和坝上荒滩草地,以及集中连片的退耕地还林和荒山荒地造林,可采用林草结合的方式进行植被恢复。

根据不同立地条件,选择不同的乔木树种(华山松、核桃、柿、板栗、枣、漆树等)与多年生草本植物(紫花苜蓿、草木樨、三叶草、黑麦草等)进行混交栽植。利用草本植物的速生性,达到迅速覆盖地表的目的。同时,采取林畜结合,实现以短养长、长短结合的经济效益。混交形式采用带状混交,可按两行乔木间种植6~8m草带配置,草带实行隔年隔带打草制度。造林采用穴状、鱼鳞坑、水平阶或聚流水平沟与鱼鳞坑结合的方式整地,沿等高线按"品"字形排列。种草以犁耕整地或点播小坑整地为主。乔木造林密度栽植不少于1800株/hm^2,草带播种45~75kg/hm^2。饲草于春季随整地随播种,可按3m宽种植在行间,当年草盖度不小于0.2。栽植以一、二年生实生裸根苗植苗造林为主,春秋季造林均可。部分树种(如华山松)既可直播造林,也可采用容器苗在雨季进行造林。裸根苗栽植前要进行ABT生根粉浸根、蘸根等技术处理,在土壤保水性较差的地区要采用保水剂、地膜覆盖等抗旱措施,确保造林成活(罗永猛和石梅,2013)。

4. 人工造林

人工造林是石漠化治理最为有效的措施。中国林业科学院热带林业实验中心的造林试验显示,石漠化地区人工植苗造林的成活率一般可达90%以上。国外治理经验也证实了这一点,如第一次世界大战结束后,意大利维琴察省在被战争破坏的岩溶土地上大面积种植冷杉等树种,如今该地区岩溶石漠化地段已恢复生机,成为生态环境良好的森林。石漠化地区人工造林应采取乔灌、乔草、灌草或乔灌草相结合的方式来进行。由于石漠化地区属于生态环境脆弱区,在造林时必须要注意树种和草种的选择,实践证明:树种应选择落叶少且落叶易腐烂的树种,草种应选择根系发达、有经济价值的多年生牧草。另外,人工造林在树种草种选择、配置方面应避免大规模种植单一物种。造林的季节选择同样重要,石漠化地区季节性干旱严重,雨季气温偏高,影响造林成活率,春、冬季气温适宜,造林易于成活,但须采取工程措施解决土壤水分不足的难题(郭红艳等,2016)。

1)营造生态经济林

西南喀斯特地区石漠化与人们生活水平不高、收入低等问题相互交织,是该区域社会经济可持续发展的瓶颈。营造生态经济林（作物），在防止水土流失、遏制石漠化发展的同时，还能够改善人民生活，促进当地经济发展。因此，生态经济林（作物）在石漠化治理过程中起着不可或缺的作用。采用的经济树种主要有桃、李、石榴、梨、核桃、脐橙、椪柑、杧果等，常见的药用植物有杜仲、金银花、喜树等，另外，还有花椒、吊丝竹等一些典型的石漠化治理造林经济物种。经果林主要布设在石漠化山区山腰及山麓中、轻度石漠化地区荒草地或大于 25°陡坡开荒地，在栽种前要进行整地。

被誉为"天然温泉"的四川省攀枝花仁和区的植被属川西南山地偏干性常绿阔叶林亚热带河谷植被。仁和区集南方热量、北方光照于一体，南亚热带到温带的作物均可在此地种植。该地区的石漠化治理主要以发展杧果种植特色产业为主。针对石漠化土地缺少水的实际情况进行坡改梯工程，并合理配置水窖、引水渠等水利水保设施。另外，根据当地气候条件、品种特性和市场情况，确定主要种植品种为攀枝花本地适宜的晚熟杧果。选用纯度高、品质好、无病虫害、健壮的良种实生苗，根据品种特性、地势、土壤状况确定合理的种植密度，并进行除草、施肥、摘顶、修枝等后期管理工作。通过对石漠化坡地沿等高线实行坡改梯，兴建高标准杧果种植基地 1300 亩，完善产业配套基础设施建设，减少了水土流失，有效遏制了石漠化的扩展，带动了区域杧果特色产业发展，促进了当地人们增收，经济效益显著。该案例就是充分利用当地光、热优势和特色资源，充分发挥其发展特色林果业的优势和潜力，发掘农村经济新的增长点，加快产业结构调整，把石漠化综合治理与农村产业发展有机结合，打造干热河谷绿色产业。

除了经果林的治理模式，贵州省贞丰县的花椒经济型治理模式也成为石漠化地区治理的典型生态经济模式。1992 年，贞丰县提出"因时因地制宜、改善生态环境、依靠种粮稳农、种植花椒致富"的治理思路，在顶坛片区种植根系发达、枝叶繁茂、耐干旱的经济树种花椒，花椒能实现地表快速覆盖，达到水源涵养和保持水土的功效，花椒同时也是一种调味品，在云南、贵州、四川、重庆等地深受欢迎。种植前选择当地竹叶椒和小红袍等品种优良的乡土树种进行人工分段培育壮苗，采用鱼鳞坑整地或穴状整地方式，种植穴规格为 40cm×40cm×30cm，种植密度为 80 株/亩。在种植后当年进行松土、抚育、培土，第 2 年开始定期剪枝、施肥、防治病虫害。该模式通过建立花椒基地，极大地改变了该片区过去以玉米为主的单一农业生产方式，使昔日基岩裸露的银洞湾村从典型的石漠化贫困村转变为"全国绿化千佳村"。农民年人均收入从 1990 年不足 200 元到 2008 年已提高到 5000 多元。到 2008 年底，全县花椒总产值已达 9000 万元，形成了"顶坛花椒"品牌。据贵州省科技厅石漠化治理科研组统计，该片区水土流失防治率达到 94%，土地石漠化治理率达到 92%，森林覆盖率达到 70%。

2）营造植物篱

植物篱是由等高线配置的密植植物组成的较窄的植物带或行（一般为一到两行），带内的植物根部或接近根部处互相靠近，形成一个连接体，选择采用的树种以灌木为主，包括乔木、灌木、攀缘植物等。植物篱投入少、效益高，且具有多种生态经济功能，但是会占据一定面积的耕地，有时会出现与农作物争肥、争水、争光的现象。在土石山区坡耕地上采用灌草结合的方式营造植物篱，具有良好的水土保持效果，虽然生产期运行成本略高于石坎，且植物篱的形成周期较长，但其建设期投入费用低，保土保水能力逐渐增强，同时具有明显的经济效益。

在石坎上栽植植物篱，应选用多年生草本植物或灌木，其地上部分具有密集簇生的特点，发达的根系可有效拦截土壤，减缓径流速度，提高农田土壤含水量。研究表明，与坡耕地常规耕作比较，沿等高线种植植物篱的耕作可使作物增产 20%以上，土壤流失量减少 50%～80%。利用坡耕地土坎种草，在较平缓的土坎上可撒播，在较陡的土坎上可点播。推行农区坡耕地土坎种草养畜：一可为牲畜提供丰富优质的饲料资源，二可保障粮食生产安全，三可实现种植业和畜牧业的有机结合，四可涵养水源、防止水土流失。在峰丛洼地不同地貌部位种植水土保持林，修建薜荔植物篱、裸露石芽植物篱、砌墙保土地埂植物篱、隔坡式植物篱等，可形成一套完整的水土保持技术体系（郭红艳 等，2016）。

5. 低效林改造

对于潜在石漠化或轻度石漠化土地，如果坡度较为平缓、林分生态防护效果较差、林分生长缓慢或经济价值较低，但同时又具备进行定向培育的条件，可在保证其生态效益的条件下，遵循自然规律，通过合理的疏伐、抚育、补植或采伐改造等措施，提高林分质量，定向培育用材林、防护林和经济林，实现生态效益与经济效益的有机统一。对于林分生长缓慢、防护与经济效益差且不符合培育目标的林分，在尽量保护好下层灌木、草本植物，保证生态环境不恶化的前提下，对乔木树种进行采伐，选择生态效益、经济效益好的目标树种进行更新，培育符合经营目标的林分。

第7章

河岸缓冲带生态林业工程

河岸是水陆过渡地带，形成独特的水陆交互的水岸生态系统，具有水域与陆地生态系统的双重属性。河岸缓冲带或河岸植被缓冲带实质是湖泊、河流等水域岸边和陆地交界处两边的各种植被带，一般是由乔木、灌木和草本植物组成的缓冲区域，其功能是防止由周围土地的地表径流、地下径流、废水排放等水流所带来的养分、沉积物、有机质、杀虫剂及其他污染物进入河溪系统。营造河岸缓冲带是防治面源污染的最佳管理措施之一，普遍用于拦截农业生产、农村生活中的非点源污染物，对河岸生态系统的生态及水文过程具有重要的影响。

7.1 农业面源污染

农业面源污染主要是指在农业生产过程中，化肥、农药、畜禽粪便等对土壤和水体造成的污染，影响沟渠、河岸、湖泊等生态系统发育。与点源污染相比，农业面源污染具有时空范围广、不确定性大、成分及其污染过程复杂、有效控制难度高等特征，威胁地表水和地下水安全，已经成为生态环境治理的挑战性问题。FAO 发布的《世界土壤资源状况》（2015）报告指出：全球土壤资源状况不容乐观，土壤条件恶化的情况超过其改善的情况，土壤污染已成为全球土壤功能退化所面临的最主要的威胁之一。

7.1.1 主要污染物

农业面源污染的污染物主要来自种植业生产、畜禽养殖、农村生活垃圾与污水。第一个是由于化肥与农药的超量施用，氮、磷及农药等污染物随着农田水土流失、淋溶过程等方式随着降水或灌溉流入到水体中；第二个是粪尿中的化学需氧量（chemical oxygen demand，COD）、氮、磷、病原微生物、重金属等污染物的不合理排放进入土壤，最终随降水径流进入水体造成污染。

我国的农业面源污染形势比发达国家更为严重，农业生产集约化程度高，化肥、农药施用量更大。大量研究表明，农业面源污染的第一位污染物是氮磷肥料。《第二次全国污染源普查公报》2017 年的调查结果显示，全国农业源排放的污染物对水环境的影响较大，农业污染源（包括种植业、畜禽和水产养殖）是总氮和总磷的主要来源，其排放量分别为 $14.149×10^5t$ 和 $2.120×10^5t$，占排放总量的 46.52% 和 67.22%，COD 排放量为 $106.713×10^5t$，占排放总量的 49.77%，氮磷肥料面源污染形势严峻。丁晓雯和沈珍瑶（2012）对涪江流域的农业非点源污染进行了模拟与分析，发现农业用地的化肥流失是首要污染源，贡献率为 62.12%，其中旱地的化肥流失是最主要来源，贡献率为 50.49%。我国南方亚热带双季稻主产区，总氮和总磷年均径流流失量分别为 $1.16～5.35kg/(hm^2·a)$ 和 $0.10～0.52kg/(hm^2·a)$。总氮径流流失主要以可溶性氮为主，约占总氮的 76.4%，其中无机态的铵态氮（NH_4^+-N）和硝态氮（NO_3^--N）流失量分别占总氮的 36.1% 和 5.7%；总磷径流流失主要以颗粒态磷为主，占总磷流失的 95.3%～98.6%。

我国自 20 世纪 30 年代引进化肥生产后，施用量逐年增加，至 80 年代我国已成为世界上化肥施用量最多的国家之一。FAO 的统计数据显示，2008～2013 年我国年均化肥施用总量是美国的 3 倍，几乎相当于排名前十位的其他国家的施用量总和。自 2008 年以来，我国农用化肥施用总量与主要作物产量增长基本成正比。农用化肥施用折纯量增长了 3.4 倍。2015 年，我国农用化肥施用折纯量达到 6022.6 万 t。化肥的大量施用一方面保证了我国的粮食供应，另一方面未被作物利用的养分通过淋溶、挥发等途径流失进入土壤、水体和大气中，造成环境污染。如表 7-1 所示，1980～2012 年我国磷肥和复合肥的使用比例呈现上升趋势（刘钦普，2014；2016）。

表 7-1　我国 1980～2012 年氮磷钾化肥比例的变化

时间/年	氮肥/（$×10^8$kg）	磷肥/（10^8kg）	钾肥/（10^8kg）	复合肥/（10^8kg）	氮：磷：钾
1980	93.4	27.3	3.5	2.7	1：0.30：0.05
1985	120.4	31.1	8.0	18.0	1：0.29：0.11
1990	163.8	45.2	14.8	34.2	1：0.33：0.15
1995	202.2	63.2	26.9	67.1	1：0.38：0.22
2000	216.2	69.0	37.7	91.8	1：0.40：0.28
2005	222.9	74.4	48.9	130.3	1：0.44：0.35
2010	235.4	80.6	58.6	179.9	1：0.48：0.40
2012	240.0	82.9	61.8	199.0	1：0.49：0.42

土壤中重金属含量差异往往是由人为因素的影响占据主导，如工业产生的大

气沉降、污水灌溉、农业投入品（有机肥、化肥、农药）和生活等产生的重金属污染物，通过不同污染途径进入农田土壤环境。在城市郊区，大气沉降和污水灌溉是城市工业和交通源重金属进入耕作土壤的最主要途径，尤其是镉、砷、铅、汞等元素。分析表明，农田土壤镉主要来源包括大气沉降、畜禽粪便（有机肥）、化肥/农药、污灌及其他（磷肥、饼肥等）等，其中43%～85%的砷、铬、汞、镍和铅来自大气沉降，来自牲畜粪便的镉、铜和锌分别占55%、69%和51%。镉在农田土壤中含量最高，我国0～20cm耕作层中镉的每年平均输通量率可达4μg/kg（Luo et al., 2009）。

7.1.2 污染物迁移运转规律

农田中氮磷流失受农田降雨量及强度、地形条件、土壤性质、土地利用方式、耕作方式、施肥剂量及方式、植物覆盖情况、农业景观结构等因素的影响。

降水径流是影响农田氮磷面源污染的主要外在决定因素。降雨过程中土壤在雨滴打击及径流冲刷作用下，土壤颗粒分散形成一定厚度的扰动层，此层内溶质参与径流迁移过程。坡面农田土壤氮磷先通过对流、扩散作用迁移到地表或近地表层土壤溶液，然后通过水膜或混合层及回流引起的氮磷释放等迁移、溶解在地表径流中，进而影响受纳水体。因此，地表径流可以冲刷搬运富含氮磷养分的泥沙直接进入水体，是农业面源污染的主要驱动力。

农田生态系统中化肥氮的去向有作物吸收、残留在土壤中、迁移到大气和水体中几种。其中，施肥后氮素的损失途径主要包括氨挥发、淋溶、随地表径流流失和硝化-反硝化等。随径流进入地表水和随淋溶进入地下水的氮素是旱田氮素损失的两个主要途径，氨挥发则是水田氮素损失的主要途径。硝态氮和总氮易随地下水迁移，基流对流域硝态氮和总氮流失贡献分别高达27.3%～36.5%和21.3%～33.5%，尤其在水稻种植面积比例高的流域和水稻休耕期，基流对硝态氮和总氮流失贡献更大。

随径流流失的磷素按其形态可以划分为溶解态磷与泥沙结合态磷两种类型，在水环境研究中溶解态磷通常称为颗粒态磷。泥沙结合态磷包括无机正磷酸盐、有机磷化合物和络合物，溶解态磷包括全部的初级和次级矿化磷、有机磷及吸附在细颗粒物上的磷。依其有效性还可以划分为生物有效磷与无效态磷或固定态磷，其中生物有效磷主要包含泥沙结合态磷与部分溶解态磷。

降雨径流中磷主要以颗粒态的形态随径流迁移。磷是沉积性元素，施入土壤的磷肥只有极少部分被作物吸收利用，大部分被吸附固化在土壤中。土壤的机械组成与磷的吸附能力有密切关系，黏粒含量越多的土壤对磷的吸附能力越强，土壤中钙、铝、铁的含量高可明显减少磷释放量。富含磷素的农耕地在雨滴的击打下，表层土壤团聚体破碎化，使含磷土壤细颗粒随降雨径流迁移，地表径流可以冲刷搬运富含氮磷养分的泥沙直接进入水体，地下径流能通过汇流将氮磷带入地表或地下水体。

主要来源于农药、化肥大量施用而积累的重金属在土壤中富集，土壤中的重金属部分可经由植物根系吸收进入植物体内，部分由于淋滤作用进入地下水中，部分可随着地表径流被带走，而绝大部分重金属还是滞留于土壤之中。积累在土壤环境中的重金属会随着土壤水分迁移扩散，与土壤颗粒、重金属及其他溶质不同组分之间发生化学反应。土壤-植物系统中的重金属污染物具有不易降解、不易移除，对土壤物理化学性质及生物学特性（尤其是土壤微生物）产生不良影响等特点，从而影响土壤生态结构和功能的稳定性。重金属自身在环境中很难降解，可通过植物根部或者叶面而被植物组织吸收。重金属在土壤、植物之间的迁移与pH 有密切关系，低 pH 可促进重金属在土壤-水稻中迁移吸收。

农业面源污染防控较为成熟的技术可以分为源头控制、过程拦截和末端净化3 类。源头控制技术主要通过优化农业生产工艺达到减少农业面源污染物产生与排放的目标，包括清洁种植技术和清洁养殖技术；过程拦截技术是指在农业面源污染物产生以后，针对其迁移途径采用物理、化学或生物的方法进行拦截、降解或处理利用，从而降低污染物向水体的排放量，减轻农业面源污染；末端净化技术是指在污染产生后，针对污染类型采取相应的工程措施进行污染治理、净化的综合防控技术。营造河岸缓冲生态林就属于末端治理的一种措施。

7.2 河岸缓冲带的作用

河岸缓冲带包括河岸区、水域区及相邻土地区 3 部分。河岸缓冲带是河流生态系统的重要组成部分，其主要的生态服务功能有防治河流水体对河岸土壤的侵蚀、截留转化来自附近农业用地的径流泥沙和养分、调节洪水、净化河流水质、调节区域小气候、维持碳氮磷等物质循环、地下水补给、休闲旅游、维护生物多样性和建立生态廊道、改善生态系统的完整性等。

7.2.1 污染物与泥沙的清除

1. 污染物清除机理

河岸缓冲带是农区控制水土流失和非点源污染、改善水环境的关键措施（曹宏杰 等，2018）。河岸缓冲带通过乔灌草植被带的吸收、阻隔、过滤、吸渗、沉积等作用，有效地阻止地表径流中颗粒物、氮、磷等营养物质和农药等进入地表水和地下水，发挥其防治水土流失、拦截泥沙、降解污染物、保护水环境的重要作用（孙金伟和许文盛，2017）。

通过河岸缓冲带的拦截、过滤，从农田来的泥沙基本上进入不了河流，泥沙颗粒携带的污染物就地沉积在植被缓冲带中，然后通过一系列生物化学过程被分解。农田土壤中的氮、磷等营养元素通过地表径流和壤中流两种方式进入河流，氮素主要以硝态氮、铵态氮等可溶性态氮，以及与土壤等固体颗粒结合的吸附态氮和以有机残体等形式存在的有机态氮的方式进入河流；磷素主要通过冲刷、溶解作用将岩石风化释放，以及将凋落物分解释放到土壤中。

河岸缓冲带可以通过物理、生物及生物化学循环等一系列复杂的过程实现氮、磷等营养元素的截留转化（陈敏 等，2017），包括植物吸收利用，土壤吸附，通过微环境改变促进反硝化过程将硝态氮转化为氮气，提高土壤入渗率，增加表面粗糙度，降低径流速度，通过沉积和渗透等物理过程实现地表径流中的氮素截留。反硝化过程的主要驱动力包括植被类型、根区离水位的距离及径流速度。最佳的硝态氮去除途径是通过微生物参与的反硝化作用将氮素气化，从而实现彻底消除。研究表明，通过河岸缓冲带的反硝化作用每年可以去除 $20\sim1600\text{kg/hm}^2$ 氮素。

河岸缓冲带中磷素的迁移转化与氮素存在一定的差异，去除磷的途径主要包括水体颗粒物沉积和土壤颗粒物吸附、入渗和植物对溶解态磷的吸收等，其中入渗被认为是去除磷的主要机制，尤其在溶解态磷含量高的径流通过缓冲带时。除了植物直接吸收吸附磷以外，缓冲带还可以通过改变径流速度、增加水力停留时间、促进沉积和入渗实现对磷的间接去除。与氮不同的是，河岸缓冲带对磷的去除量存在一个固定的饱和值，目前并不确定河岸缓冲带是否仅发挥短期磷库的作用。有研究表明，随着时间的推移，缓冲带对磷的截留能力逐渐减少。

河岸缓冲带可以通过吸附、渗透和微生物降解来减少由农田流失到河流中的杀虫剂总量（Arora et al., 2003）。研究表明，地表径流在缓冲带上分布得越均匀，缓冲带的渗透能力越强，对杀虫剂的吸附率越高（Boyd et al., 2003）。

2. 影响因素

河岸缓冲带去除污染物的效果主要取决于缓冲带的污染物类型、气象、土壤、坡度、宽度与植被类型（吴永波，2015）。

（1）污染物类型。河岸缓冲带去除地表径流中大型颗粒物的效率高于小型颗粒物，对于以不可溶污染物为主的径流，坡度是主要的影响因子，土壤水动力学参数不是主要影响因子；而以溶解态污染物为主的径流，缓冲带的宽度就会变为最主要的影响因子，土壤蓄水能力也会对净化效果起重要作用（Barling and Moore, 1994）。

（2）气象。夏季是河岸缓冲带植物吸收营养物质的主要时期，而春、夏两季是植物根系反硝化作用最活跃的时期。因此，在夏季氮素的截留和转化受植物吸收和反硝化作用共同影响，而在冬季和早春，植物处于休眠状态，且土壤温度较低，抑制了反硝化作用的进行。

（3）土壤。土壤理化性质和土壤水分状况等影响污染物的截留转化。土壤质地、容重、孔隙度、三相比影响土壤水分的温度，不仅影响土壤微生物菌群组成及其活跃程度，也影响地表径流的流速和流量。土壤中的 pH、水分、氧气含量及温度等因素对微生物硝化过程有重要影响。河岸缓冲带土壤的有机质含量高时，疏水性有机物就会在地表径流的作用下被大量吸收，为反硝化作用提供了碳源，促进了元素的矿化，而矿物质含量高的土壤则相反。土壤的质地及其结构体直接影响土壤的渗透性和吸附性。研究表明，沙质土为基质的缓冲带比黏质土为基质的缓冲带能截留更多的磷。

（4）坡度。坡度影响地表径流速度、水分入渗量，而径流速度和水分入渗量对污染物的搬运转移有重要的影响。不同坡度处理渗流水总氮的降解能力存在明显差异，一般坡度越大，所需要的缓冲带也越宽。

（5）宽度。河岸缓冲带一般布置在污染源的下方，污染物的去除效果随着河岸缓冲带宽度的增加而增加，其宽度直接决定氮、磷等营养元素的截留转化能力，二者呈正相关。研究发现，河岸缓冲带宽度达 9.1m 时可以去除 84%的悬浮颗粒物（suspended sediment，SS），但当河岸缓冲带的宽度减小到 4.6m 时，去除率降低到 70%，地表径流中氮素的去除率也由 73%降低到 54%（Phillips，1989）。一般来说，增加缓冲带的宽度能吸收更多的含磷颗粒物（Lee et al.，2004）。Lim 等（1998）研究发现，6.1m 宽、比较高的苇状羊茅缓冲带可以百分之百地去除牧场牲畜排泄物中的大肠杆菌；而 Young 等（1980）则认为要达到这一效果，植被缓冲带的宽度至少得 36m。过宽的河岸缓冲带则需要增加更多的成本和占用更多的土地，需要根据区域环境状况、污染物防治目标确定适宜的宽度。汤家喜等（2016）比较分析了辽河上游地区 3 种类型河岸缓冲带（杂草带、草木樨带和林草带）对地表径流及悬浮颗粒物的阻控效应，结果发现（表 7-2）：不同宽度河岸缓冲带对地表径流中悬浮颗粒物平均质量的截留效果明显高于对浓度的截留作用，3 种河岸缓冲带对悬浮颗粒物的截留效率随着缓冲带宽度增大而增加，缓冲带越宽，截留效果越好，截留效率大小依次为 13m＞9m＞5m；河岸缓冲带对降雨径流污染物的截留效果显著好于对融雪径流的污染物的截留效果。对赣江上游 12m、24m 宽度的退耕还林河岸缓冲带和农田河岸缓冲带河段的水质监测结果显示，24m 宽度的退耕还林河岸缓冲带削减地表水总氮、总磷能力要大于 12m 宽度的河岸缓冲带，这两个宽度的退耕还林河岸缓冲带在 3～8 月对总氮的去除率为 5.08%～32.69%，对总磷的去除率为 9.09%～35.29%（周义彪 等，2014）。

表 7-2　辽河上游 3 种类型河岸缓冲带不同宽度悬浮颗粒物的平均质量及截留效率

缓冲带类型	监测类型	0m	5m		9m		13m	
		平均质量/mg	平均质量/mg	截留效率/%	平均质量/mg	截留效率/%	平均质量/mg	截留效率/%
杂草带	降雨径流	356.63a	131.44b	63	32.79c	91	9.13c	97
	融雪径流	1522.55a	1580.33a	-4	1010.29b	34	818.46c	46
草木樨带	降雨径流	369.85a	85.80b	77	16.36c	96	3.52c	99
	融雪径流	1569.27a	1463.94a	7	989.86b	37	799.86c	49
林草带	降雨径流	364.89a	70.84b	81	10.70c	97	4.55c	99
	融雪径流	1586.12a	1409.14b	11	781.96c	51	503.99d	68

注：同一行内不同字母代表差异显著（$P<0.05$）。

（6）植被类型。河岸缓冲带一般是由草本植物、灌木和乔木组成。蒸腾拉力是植物吸收营养元素的主要动力来源，不同植物种类其蒸腾作用强度也有所不同，导致了其对污染物的吸收转化能力存在差异，木本植物有更强的蒸腾吸收能力。同时不同生长季节植物生命代谢活动强度不同，对营养元素的吸收也会有一定的差异（秦东旭 等，2017）。在美国的研究证明，由多种植物组成的森林河岸缓冲带去除污染物的效果要好于由草本植物组成的缓冲带，后者的去除效果一般是前者的 70%。切萨皮克湾项目（Chesapeake Bay Program）专家组提出了林、草河岸缓冲带对总氮、总磷和总悬浮颗粒物的减载效率推荐值（Sally，2014）。草本植物和乔木综合的河岸缓冲带对沉淀物的吸附效果都非常好。小颗粒沉淀物主要是被渗透移除，而大部分大颗粒沉淀物会在缓冲带最开始的 3～10m 处被拦截。推荐的不同地理区域河岸缓冲带去除氮、磷和悬浮颗粒物的效率见表 7-3（Belt et al.，2014）。

表 7-3　推荐的不同地理区域河岸缓冲带负荷减载效率　　（单位：%）

地点	森林河岸缓冲带			草本植被缓冲带		
	总氮	总磷	总悬浮颗粒物	总氮	总磷	总悬浮颗粒物
海岸平原中部	65	42	56	46	42	56
排水良好的海岸平原边缘	31	45	60	21	45	60
排水差的海岸平原边缘	56	39	52	39	39	52
受潮汐影响的地方	19	45	60	13	45	60
皮埃蒙特砂岩片岩/片麻岩	46	36	48	32	36	48
皮埃蒙特砂岩	56	42	56	39	42	56
山谷和山脊-大理石/石灰岩	34	30	40	24	30	40
山谷和山脊-大理石/页岩	46	39	52	32	39	52
阿帕拉契亚高原	54	42	56	38	42	56

Osborne 和 Kovacic（1993）认为森林河岸带对氮截留的能力要比纯草本河岸带强，主要是因为森林河岸带具有较多的可利用态有机碳源，使反硝化作用更为强烈，森林植被根系的水平和垂直分布范围更广，有更强大的吸收能力；而 Syversen 和 Borch（2005）的研究则认为森林河岸带和草本河岸带对氮、磷的去除效率没有显著区别，而森林河岸带对颗粒状污染物的去除效率远高于草本河岸带。河岸缓冲带植物种类与污染物去除效率如表 7-4 所示（Hawes and Smith, 2005）。美国特拉华州自然资源与环境控制部（Delaware Department of Natural Resources and Environmental Control，DNREC）的资料显示，森林对氮、磷和泥沙的去除率分别为 48%～74%、36%～70% 和 70%～79%，草本河岸带对氮、磷和泥沙的去除率分别为 4%～70%、24%～85% 和 53%～97%，森林与草本综合林草河岸带对氮、磷和泥沙的去除率分别为 75%～95%、73%～79% 和 92%～96%。一般来说，草本河岸带对泥沙截留的效果比较好，而树木对土壤中的氮素去除效果比较好。这是因为草本植物的根系比较浅但密度比较高，对减缓径流的速度更有效，可以降低地表径流的泥沙搬运能力，让更多的泥沙沉积下来不被径流搬运到溪流中。树木的根系更深，可以吸收土壤深层及地下水中的氮素，起到稳定河岸、调节流量的作用。同时，森林也能提供一些草本植物所不能提供的作用，如调节水流的温度、为野生动物提供栖息地、枯枝落叶为河流中的生物提供附着基质等。因此，好的河岸缓冲带植被应当是乔灌草相结合、因地适宜的综合植被类型。

表 7-4　河岸缓冲带植物种类与污染物去除效率

生态功能	草	灌木	乔木
泥沙沉积	高	中	低
泥沙携带的养分、微生物和杀虫剂过滤	高	低	低
水溶性养分与杀虫剂去除	中	低	中
行洪	高	低	低
减缓河岸侵蚀	中	高	高

3. 污染物去除效果

在河岸边合理构建不同类型的林草河岸缓冲带均可去除侧方农田流失的氮、磷及截留径流携带的泥沙，显著降低农田进入水体的氮、磷及泥沙含量。河岸缓冲带对氮、磷的去除转化与固体颗粒物的截流效率受植被类型、缓冲带宽度、坡度，以及植被年龄等因素的影响，在不同的地区研究结果虽然不尽相同，但是总体上来说河岸缓冲带具有显著去除污染物的能力。针对河岸缓冲带去除污染物功能的研究中以对氮素的截留研究最多，其次分别是对磷和固体颗粒物的去除和截留研究。表 7-5 是国外有关河岸缓冲带污染物去除效果的一些文献资料（Lowrance et al., 1997）。表 7-6 为美国沿海平原河岸缓冲带生态系统的总氮、硝态氮和总磷平衡收支。

表 7-5　国外有关河岸缓冲带对污染物去除效果的一些文献资料

污染物	缓冲带宽度/英尺	去除率/%	文献资料
氮	50	86（地表径流）	Wenger（1999）
	31	94（浅层地下水）	Hanson 等（1994）
	60	95（亚表层）	Jordan 等（1993）
磷	5～18	20～85	Magette 等（1989）；Mander 等（1997）
	5～16	96	Vought 等（1994）
	19	70	Lowrance 等（1995）
	—	24～80	Peterjohn and Correll（1984）；Lowrance 等（1983）
	23.6	78.5	Lowrance 等（1995）
	28.2	77.2	Lowrance 等（1995）
泥沙	19.0	89.9	Lowrance 等（1995）
	21.3	75～81（总悬浮颗粒物）	Young 等（1980）
	60	90～94（总悬浮颗粒物）	Peterjohn and Correll（1984）

注：1 英尺≈0.3m。

表 7-6　美国沿海平原河岸缓冲带生态系统的总氮、硝态氮和总磷平衡收支

［单位：kg/（hm²·a）］

	作者	地点	输入量	输出量	滞留量	备注
总氮	Peterjohn 和 Correll（1984）	Rhode River，MD	83	9	74	NO₃、NH₄、Org-N 源于 SRO、GW、P、PSF、PQF
	Lowrance 等（1984）	Little River，GA	39	13	26	NO₃、NH₄、Org-N 源于 GW、P、SF
硝化氮	Correll 和 Weller（1989）	Rhode River，MD	45.0	6.4	38.6	NO₃ 源于 GW、SF（仅基流）
	Lowrance 等（1984）	Little River，GA	22.0	2.1	19.9	NO₃ 源于 GW、SF
	Cooper 等（1986）	Beaverdam Greek，NC	35.0	5.1	29.9	NO₃ 源于 GW、SRO、SF
总磷	Peterjohn 和 Correll（1984）	Rhode River，MD	3.6	0.7	2.9	总磷源于 SRO、GW、P、PSF、PQF
	Lowrance 等（1984）	Little River，GA	5.1	3.9	1.2	总磷源于 GW、P、SF

注：滞留量=输入量−输出量；SRO 为地表径流输入；GW 为地下径流输入；P 为降水量；SF 为溪流输出；PSF 为慢速径流；PQF 为快速径流。

汤家喜等（2018）研究了辽河上游的杂草带、草木樨带和林草带 3 种类型河岸缓冲带的污染物去除效果，结果发现 3 种类型缓冲带可截留 38%～87%的悬浮颗粒物总质量；其中 5m 宽的河岸缓冲带可截留降雨径流中 74%的悬浮颗粒物平均质量，宽度为 13m 时，截留效率高达 99%；而对融雪径流中悬浮颗粒物的截留，则须适当延长河岸缓冲带的宽度。姚立海（2013）的研究发现，在 7m 宽度的河岸缓冲带上，天然纯草地对总氮的去除效果比较稳定。在重度和中度污染下，天然纯草地对总氮的去除效果较好，分别为 54.3%和 72.8%；在中度污染下，天然蒿草坡地对总氮的去除率略低于天然纯草地，为 67.4%；在重度污染下，天然林草地的去除率最好，为 75.0%。刘燕等（2014）在贵州的研究结果表明，不同植物及配置对面源污染物的净化效果不同，高羊茅与白三叶草混合种植的河岸缓冲带对总氮、总磷的去除效果较好，去除率分别为 39.35%和 50.89%；而高羊茅与金叶女贞、白三叶草混种对悬浮颗粒物的截流效果明显，去除率为 86.71%；单一高羊茅对固体颗粒悬浮物、总氮、总磷的去除效果最差，去除率分别为 72.33%、26.49%和 26.98%。紫花苜蓿河岸缓冲带对径流和渗流中的铜、铅和镉的去除能力最好（Liu et al., 2019）。李萍萍等（2013）在太湖流域的研究结果发现，不同植被类型对污染物的去除效率受季节变化和污染物种类影响。灌草植被河岸缓冲带对面源污染物的去除率在全年内均较高，草本植被河岸缓冲带对污染物去除率在夏秋季最高、冬季最低，乔灌草植被河岸缓冲带的污染物去除率高于乔草。乔草、乔灌草、灌木、草本 4 种植被的河岸缓冲带对总氮的去除率较低，全年仅为 20%～40%外，而对铵态氮、总磷和 COD 的去除率分别达到了 20%～70%、50%～90%和 40%～80%，去除效果显著。赵清贺等（2018）对广东北江干流河岸缓冲带侵蚀产沙的模拟研究结果说明，植被的存在延迟了坡面初始产流时间、降低了坡面径流系数、减弱了径流侵蚀力。在植被盖度 25%、9°～15°坡度条件下，植被坡对坡面累积泥沙量的阻控效果达到 20.86%～60.14%。

Vellidis 等（2002）于 1993～1994 年研究了河岸缓冲带对除草剂阿特拉津和甲草胺两种除草剂迁移的影响。河岸缓冲带的宽度按照美国农业部（United States Department of Agriculture，USDA）的标准设定为 38m，缓冲带由靠近施肥农田的草本植被带、中间的松树林带及靠近河岸的阔叶林带组成。除草剂主要是通过地表径流迁移，降雨过后两种除草剂浓度分别由农田中的 12.7g/L 和 1.3g/L 降低到进入河流岸边的 0.66g/L 和 0.06g/L，平均浓度低于地下水的允许标准值。在欧洲，溪流沿岸的植被河岸地区被认为可以有效拦截和控制来自分散的农业资源进入水体的化学负荷，因此 Weissteiner 等（2014）提出了一个新大陆尺度的定性指标，即 QuBES（qualitative indicator of buffered emissions to streams，缓冲后排放河流指标），用于对暴露于农药输入的欧洲河流进行定性评估。

弗吉尼亚州布莱克斯堡的研究人员发现果园 30 英尺宽的草滤带清除了 84% 地表径流的沉积物和可溶性固形物，而 15 英尺宽的草滤带减少了 70% 的泥沙负载。在马里兰州的沿海平原上，宽 15 英尺的苇状羊茅过滤带减少了 66% 的耕地土壤流失量（Magette et al., 1989）。在北卡罗来纳州，科学家估计有来自人工栽培农田的 84%～90% 的泥沙被沉积在相邻的落叶河岸缓冲森林区（Cooper et al., 1987）。北卡罗来纳州皮埃蒙特的研究人员发现，草本植被河岸和林草植被河岸缓冲带在减少泥沙方面具有相同效率，可以拦截 60%～90% 泥沙（Daniels and Gilliam, 1996）。

美国农业部的研究人员及佐治亚州蒂夫顿的农业研究服务中心自 20 世纪 80 年代初以来的研究证明，落叶林缓冲区减少了 68% 的农田径流总氮。在马里兰州切萨皮克湾的西岸，科学家们研究发现一个 62 英尺宽河岸缓冲区可从农田径流中去除 89% 的总氮（Lowrance et al., 1984）。在马里兰州的东海岸，科学家发现了河岸缓冲带可以去除农田径流 95% 的硝酸盐（Peterjohn and Correll, 1984）。弗吉尼亚州里士满市的东北部 Nomini Creek 流域研究证明，森林河岸缓冲带可以降低农田径流中 48% 的硝态氮。

河岸地区是重要的磷汇集区，然而相比高效除泥沙或除氮，通常河岸缓冲带在除磷方面效率较低。例如，Cooper 等（1987）观测到只有一半左右的磷进入了卡罗来纳州北部的河岸森林并沉积在森林里。Lowrance（1992）发现佐治亚州河岸阔叶林缓冲带只去除了 30% 的磷。同时，Peterjohn 和 Correll（1984）发现马里兰州落叶阔叶河岸缓冲带去除了来自农田径流近 80% 的磷，但主要是颗粒态磷，对溶解态磷几乎没有影响。

7.2.2 生态效果

1. 稳固堤岸，保护农田

河道的稳定性取决于保持一定的水流、河道形状和坡度，以及泥沙负荷，当其中任何一个因素发生显著变化时，河道就会改变，通常会导致河床或河岸的侵蚀。河岸侵蚀是一种自然过程，河流的横向不稳定性主要是由于河岸上缺乏深根性并生长茂密的植被。如果有植被把河岸固定在一起就会表现出相当少的河岸侵蚀。

河岸缓冲带具有良好的水土保持功能，对于保护堤岸、控制河岸和农田土壤侵蚀均具有良好的效果。土壤侵蚀和崩岸会毁掉宝贵的农业用地，尤其是如果多年不加控制的话，河岸侵蚀形成的土壤成为沉积物进入河道，损害水生生境，污染饮用水水质，淤塞湿地、湖泊和水库。由较大暴风雨产生的径流过程可能会引起洪水，侵蚀河流两岸高价值农田并搬运大量泥沙进入河道中。河岸缓冲带可以有效减小裸露地表面积，减少外力对土壤的干扰，从而降低地表径流对河岸的冲刷。此外，植被的根系、凋落物等可以较好地固持河岸的土壤，增加堤岸的抗侵蚀能力。根系可以稳定截留的沉积物，保持河岸土壤的稳定性。另外，河岸缓冲区植被覆盖也可以降低洪峰水位，减少暴雨径流的侵蚀力。

2. 改善水环境，提高水质

在植被没有受到明显干扰的河岸地区，河岸缓冲带有助于保持高质量的水质和健康的水生群落。植被缓冲带可以通过过滤、吸渗、滞留、沉积等作用，有效地阻止地表径流中颗粒物、各种氮磷有机物和农药等进入地表水和地下水，发挥其防治水土流失、拦截泥沙、降解污染物、保护水环境的重要作用。植物茎叶可以减缓径流流速和分散地表径流，促进沉积物沉淀，起到过滤农田径流泥沙的作用，特别是用于过滤较大尺寸的沉积物，如沙子、土壤团聚体和作物残茬。

河岸缓冲带可以从农田径流中过滤营养物质、杀虫剂和动物粪便（曾立雄 等，2010）。高污染水平会降低饮用水质量和破坏水生生物的栖息地。具体来说，硝酸盐和杀虫剂可能对人类和水生生物有毒；动物粪便中的细菌和其他微生物容易导致人和动物罹患疾病；磷酸促进藻类大量繁殖，使鱼类和其他水生生物窒息。颗粒废弃物和沉积物附着的污染物和沉淀物一起被缓冲带过滤。河岸缓冲带通过影响地表径流与土壤渗透性，促进植物和土壤微生物的生长繁殖，良好的植被和土壤微生物又通过吸附、渗透和微生物降解作用加速污染物的转化过程。富含污染物和营养物质的农田径流，通过河岸缓冲带拦截过滤分解后进入河流，起到改善河流水环境的作用。

3. 调节小气候，为河溪生态系统提供养分和能量

河岸缓冲带可以改善河流的小气候，起到缓和极端气象因素的作用。河岸缓冲带的植被为河流形成遮挡，在夏季可以一定程度上降低水温，冬季由于植被缓冲带对水体反向辐射的吸收，会产生一定程度的增温效果。河岸缓冲带植被还可以减少流域附近的蒸发和对流。

河岸植被及相邻森林每年都向河水中输入大量的枯枝落叶、果实和溶解的养分等漂移有机物质，成为河溪中异养生物（如真菌、细菌）食物和能量的主要来源。当水流经过滞留在河溪中的大型树木残骸时，由于撞击作用，增加了水中的溶解氧。同时，大型树木残骸还能截留水流中树叶碎片和其他有机物质，使其成为各种动物食物的主要来源。随时间的流逝，河溪中的粗大木质物将逐渐破碎、分解和腐烂，缓慢地向河水释放细小有机物质和各种养分元素，成为河流生态系统的主要物质和能量来源。

4. 营造野生动物栖息地，保护生物多样性

河岸缓冲带处于水、陆过渡区，这一特殊的地理位置是水陆生态系统相互联系的重要通道。河岸缓冲带所形成的特定空间是众多动植物的栖息地，该区域生存着丰富的鸟类、两栖类、无脊椎动物和微生物等野生生物（郭二辉 等，2011）。河岸的植被甚至倒木和枝干、树根均可形成适合不同生物生存的生境，为野生动物创造重要栖息地。光秃秃、没有遮阴、富含沉积物的河道是鱼类和其他生物的不良栖息地，而河岸缓冲带可以为鱼类和其他水生生物遮阴和提供食物。植物、昆虫和其他无脊椎动物是鱼类的食物，大的植物残骸及根系可以为水生生物提供稳定的庇护场所。

广阔的耕地可能无法为野生动物提供足够的覆盖和食物，尤其是在冬天；而多年生植被可以为野生动物提供多样性的覆盖和食物，河岸缓冲带中动植物种类数量要明显高于其他生态系统。连接起来的河岸缓冲区延伸成了野生动物走廊，大幅改善了环境，为大型动物提供了更加适宜的栖息地。河岸带植被的廊道效应主要表现在保护生物多样性、促使相邻地区之间物质和能量的交换、为该地区物种提供安全地带或其他资源、为生物提供分散和迁移的路径、连接由于人类干扰而造成的破碎生境等方面。雷平等（2014）在武夷山自然保护区调查了 3 条河流（桐木河、杨村河和岑源河）的河岸缓冲带植被，结果为 3 条河流河岸带上分布的维管植物种类在科级水平上占武夷山保护区总维管束植物的 41.5%，在属级水平上占其 18.0%，在种级水平上占其 11.9%。在英格兰，Degraaf 和 Rudis（1990）发现河岸缓冲带植被中拥有超过 2000 种的爬行动物和两栖动物，数量要比远离河岸的同种森林丰富得多。Wenger（1999）的研究表明，距离河岸 150～170m 的河岸缓冲带植被中大约包含了 90%的鸟类栖息地。Lorion 和 kennedy（1999）在一项关于鱼类种群恢复实践的经济分析中认为，营造林草混合河岸缓冲带是恢复农业流域中鱼类生物多样性最经济有效的方法。

5. 增加生态景观多样性，提升生态服务功能

广阔的耕地与农业景观比较单一，视觉多样性不高。由乔木、灌木和多年生草本植物组成的河岸缓冲带增加了景观的多样性，直接视觉效果比耕地景观更加丰富，特别是在冬季，常绿树、落叶树及灌木颜色多样，且随着四季变换而呈现出丰富多样的景观效果。

河岸缓冲带形成的景观具有多样性，水陆镶嵌的景观格局提高了流域景观的美学价值。河岸缓冲带植物资源丰富，湿地、草地和森林生态系统使流域的景观效应更加优化。河岸缓冲带上可以设置供人们休闲娱乐的设施，为居民和游客的

旅行、摄影等创造良好的条件，提高人们生活质量、使其保持身心健康。另外，由于河岸缓冲带不仅有丰富的动植物资源，还存在生态环境因子与动植物群落的复杂关系，常被人们选为教育和科研基地。

河岸缓冲带在树种选择时可以考虑生态效益与经济效益兼顾，按照适地适树的原则在适合的地段上多安排一些经济效益较高的树种和其他植物，如木材、纤维、坚果、水果、浆果、干草等，河岸缓冲带还可同时提供非传统经济价值，包括生物质能源、碳汇等。

7.3 河岸缓冲带结构与营造

河岸区是指与小溪、河流或其他水体相邻的土地。植被、土壤、地形地貌和水文特征构成了完整的河岸缓冲带生态系统，其中每种植被类型在这个生态系统中都有独特的作用，这些作用直接和间接地产生了河岸缓冲带的多种生态效益与经济效益。系统中任何一个要素的改变都会引起其他要素的改变，从而导致生物和物理过程的变化，最终使河岸缓冲带生态系统服务功能受到影响。因此，营造结构合理、适宜河岸区立地条件的植被缓冲带，需要从河岸生态系统整体去考虑，对河流水文生态、河岸立地条件、树种与其他植物物种选择与配置、栽植技术等进行全面分析，提出系统的规划设计方案与实施方案。

7.3.1 河岸缓冲带生态林结构

1. 缓冲带的类型

常见的河岸缓冲带类型有 6 种，包括草本植被缓冲带、三区植被缓冲带、两区植被缓冲带、野生动物缓冲带、天然植被缓冲带、城郊缓冲带。具体采用哪种缓冲带类型取决于河流岸边条件、水体类型与大小及缓冲带的主要作用，所选择的缓冲带类型要能在保护水质的同时满足其他相关目标需求。在实际中往往是这些类型的混合。

1）草本植被缓冲带

草本植被缓冲带是指只是由草本植物组成的植被带，常常应用在农田、牧场土地邻近的小溪岸边。这种植被带往往比较窄，一般只由几种草组成，主要是对地表径流起到分散、减缓流速及过滤作用。原生草类通常比非原生草类适应能力更强，侵入性更小，适合种植。草本植被缓冲带可能需要定期维护，以控制不需要的植物物种入侵并保持植被群落的稳定性，维持植被带的缓冲过滤功能。

2）三区植被缓冲带

三区植被缓冲带具有实现水质净化和其他目标的灵活性，可以依据土地利用类型和防护目标灵活配置，三区森林缓冲带根据离河流的距离共分为乔木带、乔灌木带和草本植物带（图 7-1）。第一区从河岸滨水位开始，占据一条宽度最小的狭长地带，主要作用是保护河岸稳定，为水生生物提供食物、阴凉和栖息地；主要是乔木相结合的森林植被类型，有时岸边也种植一些深根性灌木，一般不进行任何形式的人为干扰。第二区为紧邻一区向外延伸的较宽的缓冲带，主要目的是清除、转化或储存沉积物、营养物质和其他污染物，并长期储存乔木和灌木生物量及营养物质。它还为野生动物提供栖息地和走廊，并为土地所有者提供可持续收获森林资源的经济效益。主要植被必须是由多种原生河岸乔木和灌木组成混交林，该区域内的树木可用于木材生产等目的，只要保持 60%的冠层覆盖度，该区就允许按照森林管理计划开展可持续采伐等管理活动，应尽可能清除或控制有害杂草和入侵植物。第三区与农田相邻，位于第二区域和农田的边缘之间，通常是一片草地，起到减缓和拦截径流、降低流速的作用，也可以配置包含低矮灌木和小乔木的植被区域，以产生一种羽化的效果，有助于吸引野生动物，从视觉效果上来看也更美观。草本植被带有助于保护二区和三区森林缓冲带并促进其发挥最大净化潜力。草本植被带需要定期维护，清除沉积物及补植被淹没毁坏的植被。

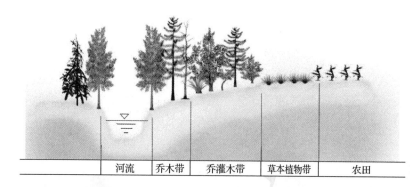

| 河流 | 乔木带 | 乔灌木带 | 草本植物带 | 农田 |

图 7-1　三区植被缓冲带

3）两区植被缓冲带

两区植被缓冲带是对三区森林缓冲带的一种修改，在三区植被缓冲带中不建立草本植被缓冲区。这种做法将缓冲带分为管理的和非管理的两个森林植被区域。由于不包括草本植物缓冲带，会影响河岸缓冲带的价值和环境功能的发挥。这种缓冲带占用土地较少，适于土地资源受到限制或农田径流量较小的地区。

4）野生动物缓冲带

野生动物缓冲带具有多种植被层和多种生境特征，比邻近的农田能维持更高的野生动物多样性。这一缓冲带类似于三区植被缓冲带，但更侧重于树木、灌木和草地植物多样性，以便为野生动物提供食物和庇护所。野生动物缓冲带的宽度通常比其他缓冲带更宽，以便更好地发挥生态廊道和连接不同区域生态系统的作用。

5）天然植被缓冲带

天然植被缓冲带是指河岸区形成的天然植被带，往往是乔灌草混交的综合植被类型。已经存在或自然形成的植被可根据需要通过人工补植乔木和灌木幼苗以达到理想的林分密度，补植主要是在林分边缘种植草本植物及灌木，类似三区植被缓冲带。

6）城郊缓冲带

城郊缓冲带对拦截来自城区的径流和污染物非常重要。这种缓冲带的配置是为了更好地承受人类生活对河流生态环境的影响，保护溪流和水质，同时乔木和灌木也提供了一个更直接的视觉景观效果，可以作为沿着溪流的绿色通道、休闲步道。

2. 河岸缓冲带的宽度

河岸缓冲带的宽度在很大程度上取决于要保护的资源。研究表明，有效的缓冲宽度范围从几米（河岸稳定和河流遮阴）到100m以上（野生动物栖息地）。此外，根据土壤类型、坡度、土地利用和其他因素，有些河岸缓冲带的必要宽度可能低于或高于平均建议宽度（Wenger，1999；Hawes and Smith，2005）。美国农业部林务局（USDA Forest Service，USDA-FS）在1991年制定的《河岸植被缓冲带区划标准》中，规定河岸植被缓冲区划分为3个部分：①河岸植被缓冲区为4.5m宽的本土乔木生长永久区，为小河流遮阴、降低水温、稳固河岸及提供生物生存所需营养物质；②河岸植被缓冲区为18m宽的本土乔木区，主要作用是去除浅层地下水的硝酸盐和酸性物质；③河岸植被缓冲区为6m宽的草本植被区，首要目的是截留悬浮颗粒物，吸收氮、磷等营养元素，净化地表水质。关于植被缓冲带的宽度，国内外许多研究者从生态功能的实现和污染物截留效率等方面对宽度要求进行了研究（Large and Petts，1996）。韩国在汉江流域管理中综合考虑了资源价值、土壤、缓冲区与流域条件、邻近土地的集约程度和植被覆盖等因素进行缓冲带的设计（Choi，2001）。朱强等（2005）总结了不同学者提出的适宜景观生态廊道宽度；在此基础上汤家喜等（2012）和刘海等（2018）总结了不同学者提出的保护河流生态系统的河岸缓冲带适宜宽度值（表7-7）；夏继红等（2013）总结了不同国家不同目标下的河岸缓冲带宽度推荐值（表7-8）。

表 7-7　不同学者提出的保护河流生态系统的河岸缓冲带适宜宽度值

功能	作者	宽度/m	说明
水土保持	Gilliam 等（1986）	18.28	截获 88%的农田土壤流失
	Cooper 等（1986）	30	防止水土流失
	Cooper 等（1987）	80~100	减少 50%~70%沉积物
	Lowrance 等（1988）	80	减少 50%~70%沉积物
	Rabeni 和 Sowa（1996）	23~183.5	控制沉积物
防止污染	Erman 等（1977）	30	控制养分流失
	Peterjohn 和 Correll（1984）	16	有效过滤硝酸盐
	Cooper 等（1986）	30	过滤污染物
	Correll 和 Weller（1989）	30	控制磷的流失
	Keskitalo（1990）	30	控制氮素
保护生物多样性	Brinson（1981）	30	保护哺乳动物、爬行动物和两栖动物
	Cooper 等（1986）	31	产生较多树木碎屑，为鱼类繁殖提供多样化的生境
	RohLing（1998）	46~152	保护生物多样性的合适宽度
稳固河岸带	Erman 等（1977）	30	增强河流河岸稳定性
调节微气候	Steinblums 等（1984）	23~38	有效降低环境温度 5~10℃
	Brazier 和 Brown（1973）	11~24.3	有效降低环境温度 5~10℃
其他	Budd 等（1987）	11~200	为鱼类提供有机碎屑物
	Budd 等（1987）	15	控制河流浊度

表 7-8　不同国家不同目标下的河岸缓冲带宽度推荐值　　　　（单位：m）

国别	河岸缓冲带推荐宽度						
	减少污染	稳定河岸	提供水生生物栖息地	提供陆生生物栖息地	防洪安全	提供食物来源	维持光照和水温
美国	5~30	10~20	30~500	30~500	20~150	3~10	
澳大利亚	5~10	5~10	5~30	10~30	—	5~10	5~10
加拿大	5~65	10~15	30~50	30~200	—	—	—

1）防护目的与宽度

（1）侵蚀控制。土壤类型的可蚀性是评价适当缓冲带宽度的关键因素。有效去除泥沙的缓冲带适宜宽度从排水相对良好的平坦地区的几米到不透水土壤较陡峭地区的几百米不等。

（2）水质。评价缓冲带适宜宽度要考虑过剩的氮和磷等营养元素、有害的除草剂、粪便大肠菌群等生物污染的不同污染物类型。一般缓冲带对脱氮比除磷更有效。虽然更宽的缓冲带将能够提供更好的去除效果，但仍须结合土地利用情况确定适宜的宽度。而且，缓冲带也不能完全过滤这些污染物，因此从源头上减少这些污染物也很重要。

（3）水生栖息地。评价缓冲带适宜宽度：一是要考虑保护水生野生动物（包括鱼和无脊椎动物），二是要考虑为河流栖息地提供足够数量的基质和生存环境，三是要考虑提供足够的遮阴和控制水流温度。一般认为，河流水面能保持 50%的直射阳光，其余水面暴露在树木冠层遮挡形成的光斑下，这样形成条纹状遮阴的缓冲带对夏季河流水温调节效果比较好。

（4）陆地生境。Davies 和 Nelson（1994）研究了澳大利亚塔斯马尼亚桉树森林采伐对溪流栖息地、大型无脊椎动物丰度和多样性，以及鱼类丰度的影响，讨论了伐木对河流栖息地和生物群产生影响的最小缓冲区宽度问题。鸟类、哺乳动物、爬行动物、两栖动物和鱼类对栖息地的要求差别很大，保护每个物种所需的缓冲宽度也大不相同，用一个统一的缓冲区来满足所有物种的栖息地需求显然是不可行的。因此，需要仔细地分析潜在的河岸栖息地，与周围的土地利用紧密结合，从构建生态系统廊道功能的角度采取具体的方法来选择适宜的缓冲带宽度，以保护这些物种的栖息地。

2）影响缓冲带宽度的因子

河岸缓冲带的有效缓冲功能与缓冲带宽度有密切关系。影响缓冲带宽度的因素有很多，包括坡度、土壤类型、植被类型等。

（1）坡度。植被缓冲带的坡度影响着地表径流的流速和对地表的侵蚀能力，随着坡度的增大，水流过缓冲带的速度也随之加快。因此，缓冲带内的土地坡度越大，需要的缓冲带越宽，以便有足够的时间减缓水流的流速，吸收其中的污染物和沉积物。许多研究人员认为，陡坡作为缓冲区的价值很小，建议在计算缓冲带宽度时排除陡坡区域。20 世纪 80 年代就有研究表明，河岸植被缓冲带的坡度与宽度呈线性相关关系，坡度每增加 1%，宽度需要增加 0.12~0.42m 才能抵消增大的地表径流流速和冲刷能力（Swift，1986）。董凤丽（2004）的研究表明，河岸植被缓冲带的坡度过大会造成地表径流流速不均，增大对地表的侵蚀，建议将植被缓冲坡度设置为 2%~8%。美国国家环境保护局（U.S. Environmental Protection Agency，EPA）也提出河岸植被缓冲带的坡度不应高于 15%，坡度较大会导致坡面水流形成集中水流。

（2）土壤类型。土壤类型会影响降雨和地表径流被吸收的速度。一方面黏土含量高的土壤渗透性较差，径流会更大；另一方面沙砾含量高的土壤可能会迅速地将水排入地下水，以至于根部无法有效地截留污染物。此外，更湿润和更酸的土壤有更好的从土壤中吸收氮的能力，并通过反硝化作用把氮释放到大气中。因此，河岸缓冲带营造过程中，应根据立地的土壤类型灵活选择适宜的缓冲带宽度。

（3）植被类型。结构上多样化（即包含树木、灌木和草本植物的综合植被类型）的河岸缓冲带比只包含树木或草本植物的河岸缓冲带能更有效地拦截多种污染物。一般情况下，草本植被过滤带对沉积物去除效果最好，而森林缓冲带对地下水中的硝酸盐去除效果更好。草本植物浅而密集的根垫可以更有效地减缓径流和捕获表面径流中的沉积物。树木的根系更深，可以从地下水中吸收养分、稳定河岸、调节水流。森林提供了草本植被所不能提供的某些功能。树木遮蔽了河流，为许多水生物种提供了所需的落叶和树枝。此外，森林缓冲带为陆地野生动物提供了重要的栖息地。老树特别有价值，可提供粗糙的木屑。因此，最有效的河岸缓冲带应选择适宜宽度，种植与环境相适应的乡土乔木、灌木和草本植物，组成复合冠层结构的植被。

3）最小宽度

不同河岸缓冲带宽度的有效性受到科学界和监管界的高度关注，特别是水质和土地利用方面。尽管地表径流经过的植被缓冲带越宽，过滤效果越明显，然而，由于土地资源和管护成本的限制，如何确定植被缓冲带的适宜宽度使其最大化地发挥植被缓冲带的功能成为众多研究者关注的问题。有研究建议把径流污染物去除率达 80%时的宽度定为植被缓冲带的最佳宽度（黄沈发 等，2009）。其中美国环境法研究所（Environmental Law Institute，ELI）2003 年总结了 150 多个关于各种生物、水文和物理功能的有效缓冲带宽度的科学研究，为了净化河流水质和野生动物保护，向土地规划者推荐的河岸缓冲带最小宽度一般不低于 100m。美国陆军工程研究与发展中心环境实验室（US Army Engineer Research and Development Center，Environmental Laboratory）发布了关于河岸缓冲带设计的国家建议（Fischer and Fischenich，2000）。表 7-9 中总结了这些建议的各种缓冲带宽度，对于大多数缓冲功能来说，普遍推荐使用 100 英尺（约 30m）的最小缓冲带宽度。目前，关于河岸缓冲带宽度的计算方法大致包括基于河岸带物理过程的复杂模型的计算方法、基于不同参数的简单模型计算方法和考虑应用目的和对象的其他计算方法（Frimpong et al.，2005；Hawes and Smith，2005；吴永波，2015）。

表 7-9　推荐的最小河岸缓冲带宽度

功能	河岸缓冲带宽度/m		说明
	美国环境法研究所（2003 年）	美国陆军工程研究与发展中心环境实验室（2000 年）	
水质保护	25	5～30	在缓坡上的密集草本植被缓冲带截留地表径流、沉积泥沙等颗粒物、清除污染物、促进地下水补给、调节温度变化。在中小坡度上，过滤作用主要发生在前 10m 内。在比较陡的斜坡上、土壤渗透性低的地方或在非点源污染负荷特别高的地方需要加大宽度，且缓冲带应主要由灌木和乔木组成
稳定河岸	50	10～20	河岸植被调节河岸土壤水分条件，根系提高土体抗拉强度，增强堤岸稳定性。以控制土壤侵蚀为目的的河岸缓冲带宽度随着立地条件不同而不同。较宽的缓冲带有助于降低曲流对河岸的冲刷，维持其稳定性
水生生物栖息	25	—	缓冲区为爬行动物和两栖动物提供食物、住所和迁徙通道，并有助于确保对大型无脊椎动物的充分保护
碎木屑输入	50	3～10	碎屑（如树叶和树枝）输入是水生食物网主要的能量、营养和栖息地来源
减缓洪水	20～150	2～150	由于回水效应，河岸缓冲区能够促进洪水的储存、拦截地面径流、增加地表径流历时，从而减小了洪峰，降低了洪水灾害的发生发展
野生动物栖息地	100 以上	30～500	河岸森林缓冲区，特别是各种灌木和乔木组成的缓冲区，可以为各种各样的哺乳动物提供食物和庇护所

7.3.2　河岸缓冲带生态林营造与管理

　　植被是河岸缓冲带生态系统的核心，邻近区域农田径流的过滤与净化、河岸带的水陆生物栖息、土壤微环境等生态功能的发挥都与河岸带植物种类、植被群落结构及其分布范围有密切的关系。适当的规划是成功建立缓冲区的关键，过去由于河岸缓冲带规划设计方案欠佳、对河岸环境的适应性差，导致其无法发挥最佳的保护功能（Polyakov et al.，2005），为此，国外政府或专业机构专门发布了有关河岸缓冲带的规划设计手册，供土地所有者或技术人员参考。例如，美国农业部林务局在 1998 年发布的《切萨皮克湾河岸手册——河岸森林缓冲带的建立和维护指南》（*Chesapeake Bay riparian handbook: A guide for establishing and maintaining riparian forest buffers*）（Palone and Todd, 1998）。在建立河岸缓冲带时必须考虑许多因素：第一步是确定哪种缓冲带类型最适合所设定的河岸区环境（立地条件），满足土地所有者的管理目标，符合可行的成本分担计划，并做出相应的规划设计方案；第二步就是按照规划方案建设河岸缓冲带，除了使缓冲区类型与立地和目标相匹配之外，在缓冲区建立之前和之后还必须考虑植被类型、整地措施、高质量的种植工作、缓冲区建立后维护等多项因素，做出经济上、技术上都可行的施工计划并落实（唐浩 等，2011）。

1. 选择河岸缓冲带类型

1）立地条件分析

立地条件分析是选择植物物种的基础。河岸区包括了从河岸滨水区到邻近农田区域的一个地形、土壤及水分条件急剧变化的区域。立地条件分析涉及土壤类型、土壤理化性质、土壤生产力、河道类型、坡度等因素，需要找出影响立地质量的关键因素，对不同区域的河岸区进行准确的立地质量评价，列出立地质量分类表，作为安排植物种类及其群落结构的依据。

2）污染物调查

对河岸区两侧的土地利用、作物栽培、耕作习惯、肥料与农药的使用情况等进行调查，确定土壤侵蚀、主要污染物种类及污染程度，为河岸缓冲带的规划设计提供基础数据。

3）确定目标

确立适当的目标应基于土地所有者的期望价值、期望的环境功能和立地条件3个方面。例如，有的农业用地的土地所有者可能希望保持河岸地区的一些经济生产，并增加野生动物的价值，因此选择三区植被缓冲带，能够同时满足提供所需的环境效益、生产可销售的树木、为野生动物提供栖息地 3 个条件。也有的土地所有者的目标是让缓冲带尽可能地少占用耕地，他可能倾向于选择草本植被缓冲带，因为草本植被缓冲带通常比其他缓冲带类型窄得多，只要能基本上满足缓冲带的主要功能即可。同时，不同的缓冲带类型就意味着不同的投资成本，因此，选择河岸缓冲带类型时应结合其经济与生态服务功能，确定合适的成本分担方案，以保障在经济上是可行的。

2. 规划设计

河岸缓冲带的配置不是一个简单的人工造林，或者对自然群落的简单模拟，需要综合考虑河流的水文生态与河岸缓冲区的地理与生物条件。最终目标是充分利用河岸区的资源，兼顾经济效益、景观美化与周边环境相协调，创造一个邻近河岸的连续的植被生态系统，提供以水质净化为核心的多种生态服务功能，形成水陆镶嵌的独特景观格局。因此，在缓冲带类型确定之后即可根据类型、目标进行河岸缓冲区的总体布局与设计。

进行现场调查，收集有关河流的水文、气象资料，调查河岸区的地形地貌、土壤、植被及土地利用情况，绘制一幅规划设计场地的地图，显示河流的宽度和长度、河岸状况、现有的河岸植被、河岸森林缓冲区的宽度及邻近的土地用途，作为设计的基础图。河岸缓冲带的规划设计一般包括以下几方面。

首先，要确定位置。分析河岸区的地形条件、季节性高水位、洪水的影响范围等，确定河岸缓冲带的配置位置。从地形的角度，缓冲带一般设置在下坡位置，与地表径流的方向垂直。如果只是一个一级或者二级的小溪流，缓冲带一般紧邻河岸；如果是一个比较大的流域的主河道，考虑到暴雨期洪水泛滥所产生的影响，植被缓冲带的位置应选择在泛洪区边缘。

其次，确定不同地段缓冲带的宽度。目前已经有各种方法和公式被用来确定和评估河岸缓冲带的宽度。每个区域的宽度可能因景观而异，一般来说，在设计缓冲区时，更宽的缓冲区有助于加强径流控制，也更有利于野生动物栖息和繁殖。缓冲区过窄仍然有可能将水质或水生资源置于危险之中。但是，缓冲带宽度的确定通常是土地经营目的与可接受的河岸区防护目的的综合考虑的结果，而不完全是基于科学理论价值。因此无论如何，也要符合河岸区防护的最低宽度的要求，而三区植被缓冲带的技术有助于把栖息地和污染控制功能限制在一个相对狭窄的地带。有 4 个标准可以判定河岸缓冲带的宽度是否适宜，包括河岸区资源的现有或潜在保护价值、河岸缓冲带特征、相邻土地利用形式与强度、河流特定水质及生境功能需求。例如，如果一个较宽的河岸缓冲带在满足目标的情况下，从土地利用角度想压缩宽度时，就要分析和评估受土地利用约束可能降低水质净化功能和潜力的风险，确定其可以接受的最小宽度。

最后，设计不同地段缓冲带的结构。植被缓冲带具有物种密度高、物种多样性高、生物生产力高等特点，结构和布局直接影响着缓冲带生态功能的发挥，设计者应该考虑缓冲带将来提供的经济价值和环境价值，针对不同河岸区的特点进行总体布局，并设计相对应的缓冲带结构，从而使整个河岸区形成一个完整的河岸缓冲生态系统。森林缓冲带中乔木发达的根系可以稳固河岸，防止水流的冲刷和侵蚀，并为那些沿河流迁移的鸟类和野生动植物提供食物，也可为河水提供更好的遮蔽；而草本植被缓冲带就像一个过滤器，可通过增加地表粗糙度来增强对地表径流的渗透能力，并减小径流流速，在缓冲带宽度相同的条件下提高缓冲带对沉淀物的沉积能力。保持一定比例的生长速度快的植被可以提高缓冲带的吸附能力。一定复杂程度的结构可以使系统更加稳定，为野生动物提供更多的食物。设计人员一般更倾向于选择三区植被缓冲带，它能够满足净化水质、为动物提供栖息地、土地所有者可以获取一定的经济收入等需求。这种高度灵活的系统可以在各种地理条件下最大化地实现环境效益与经济效益的双赢，满足土地所有者对经营目标的要求。例如，第三区草本植被区域既可以作为草牧场，也可以兼容城郊区的雨水管理；第二区可以缩小或扩大以减少污染径流和实现土地所有者的经营目标，如改善野生动物栖息地或提供一些娱乐活动，也可以兼营用材林以收获木材。

3. 选择植物材料

1）植物选择的原则

（1）立地条件与植物的生态学习性。河岸缓冲带植物选择要考虑立地、功能与防护目标。首先，要做到适地适树，全面掌握河岸地形、坡向、土壤类型、土壤理化性质、土壤可蚀性等基本条件，同时考虑在不同河岸区域的水位变动及其淹没时间与频率，针对缓冲带的 3 个区域分别选择适宜的树种和其他植物种。其次，要考虑植物的生态学习性，包括适宜的土壤、耐阴性、生长速度、冠幅大小、对高低温的忍耐能力等。最后，非本地物种不应使用，并且种植之前应被淘汰掉，强烈建议尽量增加植物的多样性。

（2）发芽更新能力。由于洪水和快速的径流，河岸水位经常变动，靠近溪流的乔灌木可能会受到破坏。在这些地区选择容易发芽的树木，如柳树、杨树、山茱萸等，它们能很快产生不定芽，可以很容易地替换已经被损坏的植株。

（3）侵蚀控制与拦截过滤吸收。选择根系发达、枝叶茂密、吸收能力强的树种，保持河岸的稳定，防止地表径流的冲刷侵蚀，减缓径流速度，增强土壤的渗透性。选择能有效拦截沉积颗粒物、吸收深层土壤养分与水分的树种与其他植物种。

（4）水生生物。大型木质残骸对水生生物的生存很重要。沿河岸走廊倒下的林木树干与树枝对水生生物栖息地的生态环境健康起着至关重要的作用。许多鱼类被吸引到含有这种木质碎片的区域。同时，沿河岸有适量木质材料可减缓水分运动，降低水流对河岸的侵蚀。生长在溪流附近的大树（如柳树、杨树、椴树、枫树等）对净化水质有很重要的作用，其浓密的树冠还能够为水生生物遮阴。

（5）野生动物保护。一个重要方面是选择能为野生动物提供食物的树种。能产生美味的坚果、种子和浆果的植物应包括在设计中，如栎类、山核桃、水青冈、樱桃及山茱萸等都是野生动物喜欢的食物来源。同时，一些木本植物（如毛白杨、白松和红枫）的多汁嫩枝可以作为年幼动物的理想食物。另一个重要的方面就是选择那些在恶劣天气和有捕食者时能为野生动物提供筑巢的良好环境的树种。例如，白松、云杉等针叶树提供的大量针叶，可以为鸟巢形成覆盖与保暖层。

（6）经济效益与景观美学。选择缓冲带植物时常常要利用河岸优越的立地条件兼顾一些林业及其林副产品生产，但是仅限制在第二区和第三区。同时由于河岸区的位置，河岸缓冲带设计整体上要考虑景观效果，在选择乔灌木及其他植物种的时候，要从景观效果考虑植物的搭配与层次结构，从树形、树干颜色、叶子的形状与颜色、花的颜色及其季相变化等因素考虑植物种类及其比例，如优先选择树形有吸引力或有芳香的花、有明亮树叶的乔灌木树种。

2）三区植被缓冲带植物的选择

（1）一区植物选择。这一区域主要任务是稳定河岸，提供树荫、木质残骸和枯枝落叶，对溪流生境有直接的影响；同时这一区域也是去除硝酸盐潜力最大的区域。这一区域最容易被淹没，要选择生长速度快、耐水淹且能经得住周期性、长时间的淹水影响等脆弱生境的树种。如果在不稳定河岸被水流冲刷暴露在河岸土层外时，能迅速地发芽生根恢复生长，可以在较短时间里形成林冠郁闭，且造林技术简单，能迅速形成缓冲林带。注意不要选择有固氮能力的树种。选择耐涝耐水淹的小乔木和灌木配置在沿河两岸缓冲林带的乔木林下，形成复层林，改善对水流的遮阴条件。随着河岸缓冲森林带的生长发育，林下光照条件变化，一些不耐阴的植物种会逐渐消失。在宽阔的溪流上，朝南朝西的河岸阳光照射充足，植物种类多；朝北河岸则太阳照射少，植物种类也少。

（2）二区植物选择。第二区主要是过滤拦截颗粒物，转化吸收分解污染物。这一区的树种选择要考虑生态效益与经济效益，在立地条件许可情况下尽可能选择经济价值较高的树种，一般多数是兼顾用材林。这一区域也容易受到洪水的短时间淹没，土壤湿度比较高，因此选择树种时要考虑较耐涝、耐土壤湿润的树种，如蜡树、悬铃木、桦木等。同时选择耐阴的灌木作为混交树种，并注意幼树时其对动物危害有一定的抵抗能力并能采取适当防护措施。同样不要选择有固氮能力的树种。在乔灌混交林下，可以种植一些耐阴的草本植物（如蕨类、蔷薇科植物），形成乔灌草相结合的缓冲林带，提高生态服务功能。

（3）三区植物选择。作为森林与邻近土地之间过渡地带的缓冲区，需要精心设计第三区以满足缓冲带目标需求。从森林到草地的过渡带中光照逐渐增加，暴露于林缘外附近土壤种子库的边缘效应带来了一些特殊的管理问题。为了维持结构多样性，在第二区与农田之间的第三区内尽可能地密植；在河岸森林缓冲带中的第二区和第三区的过渡段，靠近林缘的部位形成密集灌木层，以减少第二区林缘的光照，防止外来耐阴植物的入侵，维持第二区结构的稳定性。从灌木层向农田邻近的整个区域内，种植暖季草与冷季草相结合的最密集的草本植物层以过滤沉积颗粒物，这也是三区设计最主要的目的。为了控制地表形成的沟流，要采取截断、分散径流的措施，沿着缓冲带边缘分散、滞留、沉积颗粒物，然后径流再经过二区和一区的进一步净化排入河道中。

河岸缓冲带植物配置如图 7-2 所示。

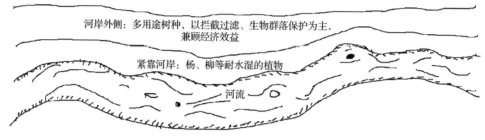

图 7-2　河岸缓冲带植物配置

4. 营造

1）苗木准备

依据施工设计，提前准备好苗木、种子等种植材料，种苗的质量应当符合国家有关标准。准备的苗木一般要比设计施工计划用苗量多 10%以上，一方面可以选择其中优质的苗木优先种植，另一方面可以抵消苗木运输、储藏过程中的损失量，也可以在成活率不够时进行补植。如果是施用小苗种植，建议尽量使用容器苗以保障成活率。

2）整地

河岸区缓冲带建立一般需要提前整地，整地前先要清除地面杂草，改善施工环境，但是要注意避免在雨季进行，以免引起水土流失导致泥沙直接进入河流。整地方式一般采用局部整地，依据栽植苗木种类和大小确定整地的技术规格，多数采用穴状整地。同时，还要注意邻近河流水面的区域，如果提前整地要采用生物工程护岸措施对整地区域进行保护。如果土壤黏重或紧实度比较高，需要进行提前整地，一般情况下整地和栽植同时进行。

农田耕种区的土壤地表下通常会有一层坚硬的土壤，这层土壤会阻止树根达到合适的深度吸收水分和矿物质，需要通过深整地的措施破坏土壤中的硬壳——犁底层，以保障上下土壤层的连通。

3）种植

一般选择在春天或秋天种植。落叶树种最好在发芽前的早春种植，以确保成活率和充足的根系恢复发育时间；在地下水位比较高、土壤水分条件好的河岸近水段，种植时间可以延迟到 5 月。常绿树种可以在春季或秋季种植，在秋季种植时可以恢复一部分根系，为来年的生长打下良好的基础，但是也要确保土壤水分条件能够满足要求。我国南方个别地区也可以进行冬季栽植。

种植密度与株行距依据林分类型和目标来确定。不但要考虑符合缓冲带生态功能需求的最低密度，还要考虑兼顾经济效益时的密度。

可以选用植苗造林、分殖造林和直播造林等方式。植苗造林可以用裸根苗、容器苗和带土坨苗。分殖造林可以选用插条、插杆及分根等材料。直播造林选用成熟种子直接播种在造林地，一般河岸地段采用穴播方法。

在种植前要注意做好苗木的存贮、运输工作。种植前和种植期间应将植物材料储存在潮湿、阴凉的地方，可以采用相应的保湿措施，如蘸泥浆、保水剂、覆盖、包裹、假植等。如果是容器苗要注意定期浇水。插条要在扦插前进行浸水处理以保持苗木的活力。用种子造林时要依据造林季节采取催芽、浸种等不同的处理方式。

正确种植。苗木栽植深度要与苗圃的深度差不多，栽植不能超过苗圃原深度2cm；栽植时保证根系舒展，主根近垂直、展开、不弯折，特别不能有急弯；保证根系与周围的土壤牢固接触，不留下气穴；树干要挺直，树穴与地面高度保持一致。栽植完成后及时浇水，以促进苗木根系的快速恢复。扦插造林时要注意扦插深度要合适。

5. 管理与维护

（1）缓冲带的初期管理。河岸缓冲带建立初期的管理维护主要是保障缓冲带的形成，主要内容包括以下几项。①浇水。在种植后的1～3年，要视天气具体情况定期浇水，以确保苗木成活。②覆盖。覆盖有助于保持植物根部的水分，调节土壤温度，减少蒸发并抑制杂草生长，一般使用有机材料覆盖。③除草。杂草的竞争限制了苗木生长和生存，因此一般在种植的2～3年内清除苗木周围的杂草，以减小苗木竞争的压力。④防止动物危害。在幼苗期，要采取适当的防护措施，以避免动物对苗木的伤害。⑤幼林抚育。进行定株、补植、修枝、病虫害防治等维护工作，保障幼林的正常生长发育。

（2）缓冲带的长期管理。对缓冲带的生长状态和生态效果进行定期监测，以维持其最大的水质改善功能。每年至少检查1次，在暴雨后要及时进行检查，特别是对泥沙沉积及其缓冲带的侵蚀情况进行检查，对暴雨毁坏的地段及时进行修复。对于草本植被带要每1～2年定期收获地上的生物量，以促进其生长及保持其对氮磷元素的吸收过滤能力。对速生树种需要8～10年进行采伐，以移除这些树干中积累的营养和其他化学物质，具体的采伐时间视种植密度而定；同时考虑用材等经济目标，可以采用隔行或隔株的间伐方式。采伐后要及时进行更新，以维持缓冲带的功能。

第8章

沿海生态林业工程

我国沿海地区从南到北包括海南、广西、广东、浙江、福建、上海、江苏、山东、天津、河北、辽宁等省（自治区、直辖市）。沿海地区是全球热带风暴、台风、风暴潮、巨浪等海岸灾害的多发地区，同时又由于城市与工农业迅速发展，人口日益密集与剧增，导致了资源的消耗与环境的恶化，人为因素加剧了自然灾害的频度与强度（王微，2014）。数个世纪以来，沿海地区一直通过营造防风林或防护林带以起到降低风速的作用，改善环境气候，稳定、增加农业作物产出。建设沿海防护林的目的一方面是减弱海陆间的风力，减少由其引起的飞沙、飞盐及风暴潮等对海岸地区造成二次破坏；另一方面保护土地资源与农牧业发展，改善海岸地区的生态环境，调节区域小气候，提升海岸地区的人居环境状况。

8.1 海岸防护林作用

8.1.1 沿海主要灾害

1. 风暴潮灾害

风暴潮是由热带气旋、温带气旋、海上飑线等风暴过境所伴随的强风和气压骤变而引起叠加在天文潮位之上的海面震荡或非周期性异常升高（降低）现象。风暴潮分为台风风暴潮和温带风暴潮两种。台风是一种破坏性极强、威胁极大的低压涡旋，主要发生在热带、亚热带海面上，包括太平洋西部与南海海域。除了直接危害以外，台风还会导致风暴潮，引起近海水位异常上升，产生暴雨、大浪甚至巨浪，对沿海地区造成灾害。我国是一个海洋大国，拥有长达 1.8 万多 km 的大陆海岸线、接近 300 万 km^2 的管辖海域、面积大于 $500m^2$ 的岛屿 6500 多个（叶涛 等，2005）。优越的海洋资源与条件在为我国经济发展做出贡献的同时，也使我国更易受到台风登陆的严重威胁。我国沿海地区是海洋台风登陆密集区，具有波及范围大、发生频率高、灾害强度大等特点，其中台风发生的中心区域主要分布在浙江、广东、福建的东南部，海南、广西的南部；高强度区域主要分布在江苏、浙江、上海、福建、广东、广西与安徽的东南部等（侯晓梅和郇长坤，2015）。由温带气旋引起的温带风暴潮灾害导致的水位变化一般比较平缓，强度多低于台风风暴潮。但在中国北部黄海、渤海地区的北方冷空气与温带气旋联合作用下，所产生的风暴潮强度也很大，从而也能造成十分严重的破坏及经济损失。

中国沿海地区经常发生风暴潮灾害。据《中国海洋灾害公报》显示，2008～2017 年我国由风暴潮灾害造成的各类海岸灾害统计数据如表 8-1 所示，10 年间我国沿海地区共发生风暴潮 210 次，造成直接经济损失共 982.17 亿元，造成死亡（含失踪）人数共 146 人，年均发生 21 次，年均直接经济损失 98.22 亿元。2018～2021 年，我国沿海地区总计发生了风暴潮 57 次，直接经济损失达到 193.71 亿元，造成 5 人死亡（含失踪）。风暴潮影响的范围包括广西、广东、海南、福建、浙江、江苏、河北、山东、辽宁、上海、天津等，其中广东、福建和浙江 3 省风暴潮频发受灾较重，尤其广东省是风暴潮灾害损失最严重的省。

表 8-1　2008～2017 年我国风暴潮灾害损失（国家海洋局，2008～2017）

年份	发生次数/次	死亡（含失踪）人数/人	受灾面积/km²		设施损毁			直接经济损失/亿元	受灾最严重省份
			农田	水产养殖	海岸工程/km	房屋/万间	船只/艘		
2008	25	56	3 035.9	708.3	1 178.24	5.4	4 969	192.24	广东
2009	32	57	4 363.2	998.5	267.81	0.89	3 047	84.97	广东
2010	28	5	384.1	478.4	122.49	1.31	743	65.79	福建
2011	22	0	1 062.7	417.8	58.03	0.08	2 074	48.81	广东
2012	24	9	174.3	442.9	332.38	3.6	2 338	126.29	浙江
2013	26	0	3 546.6	1 401.6	284.27	0.63	13 717	153.96	广东
2014	9	6	302.3	1 066.8	179.9	3.46	6 394	135.78	广东
2015	10	7	71.4	811.7	177.63	0.43	7 235	72.62	福建
2016	18	0	9.4	525.4	259.39	0.07	1 821	45.94	广东
2017	16	6	137.9	280.9	781.76	0.003	426	55.77	广东

风暴潮会对我国沿海地区的渔业、农业、水利工程设施及生态环境造成非常严重的危害，对进行渔业活动的船只造成致命打击，还会使靠岸渔船因发生碰撞造成损毁。海水养殖及滩涂养殖的渔业具有投入大、回报周期长和不易转移的特点，容易在风暴潮的波及下受到损失。2008～2017 年风暴潮导致的我国沿海各省年均水产养殖受灾面积为 713.2km²，年均船只损毁数量为 4276.4 艘，其中水

产养殖受灾面积最大的为 2013 年，达到了 1401.6km²，船只损毁最多的为 2013 年，达到了 13 717 艘。较为严重的台风如 2013 年超强台风"尤特"在广东登陆，导致广东的渔业损失惨重，经济损失达到了 29.3 亿元，其中汕头、阳江和茂名受灾尤其严重，水产养殖受灾面积分别为 80.19 千亩、57.92 千亩和 62.82 千亩，直接经济损失分别为 4.78 亿元、4.11 亿元和 2.74 亿元。风暴潮同时会对农业产生严重影响，风暴潮多发生在春秋和夏秋季节，此时正好是农作物生长的时节，植物的生长发育会受到其影响，造成农作物大面积损失，使粮食减产。2008～2017 年风暴潮导致的我国沿海各省年均农田受灾面积为 1465.7m²，其中农田受灾面积最大的为 2009 年，达到 4363.2km²，最小的 2016 年农田受灾面积为 9.4km²。除此之外，风暴潮还会造成房屋与海岸工程的损毁，如 2017 年沿海各省被风暴潮损毁房屋 34 间，损毁海岸工程 781.76km，2016 年沿海各省损毁房屋 696 间，损毁海岸工程 259.39km。

2. 海浪灾害

国际上将有效波高≥4m 的海浪定义为灾害性海浪。我国沿海地区每年都会因海浪灾害致使经济损失与人员伤亡程度严重，如直接造成各类渔船的损毁、海岸工程受损及水产养殖受灾等。海浪灾害的发生与我国的地理位置和所处的气候带有关，主要发生在我国南海北部、浙闽、台湾海峡等地区，在时间上与台风的发生具有同步性，在台风频繁出现的 6～9 月，八成以上的海浪灾害是台风造成的。

海浪灾害主要有 3 种类型，分别为温带寒潮、温带气旋与热带气旋（包括热带低气压与台风）。三者的区别主要为发生时间不同，温带寒潮造成的海浪灾害主要发生在气温较低的冬季，温带气旋造成的海浪灾害主要发生在秋季与冬季，而热带气旋造成的海浪灾害主要发生在 6～9 月台风多发季节。1966～1990 年我国沿海地区中海浪灾害发生频率在东海、南海、黄海和渤海分别为 58.3%、46.8%、26% 和 6.7%，其中 9m 以上巨浪平均每年发生超过 5 次，6m 以上巨浪平均每年发生 28 次。

海浪灾害会对我国沿海地区的水产养殖、海岸工程及渔船造成非常严重的危害（表 8-2）。2008～2017 年我国沿海地区水产养殖受灾面积年均 710.2km²，其中受灾面积最多的是 2013 年（4144.4km²），最少的是 2014 年与 2015 年，均为 0km²；海岸工程受损长度年均 4.30km，其中最长的 2009 年为 27.14km，最短的为 2014 年与 2015 年均为 0；船只损毁年均 246.40 艘，其中最多的 2012 年为 815 艘，最少的 2015 年为 12 艘；死亡人数年均 62.6 人，其中最多的 2010 年为 132 人，最少的 2017 年为 11 人；直接经济损失年均 28 810.89 万元，其中 2009 年最多，为 80 330.30 万元，2015 年最少，为 590.90 万元。

表 8-2　2008～2017 年沿海地区海浪灾害主要损失（国家海洋局，2008～2017）

年份	水产养殖受灾面积/km²	海岸工程受损长度/km	船只损毁/艘	死亡（含失踪）人数/人	直接经济损失/万元
2008	550.0	3.45	138	96	5 547.65
2009	164.8	27.14	337	38	80 330.30
2010	0.1	2.14	365	132	17 279.50
2011	18.4	0.07	47	68	44 166.00
2012	22.9	3.07	815	59	69 616.40
2013	4 144.4	2.11	625	121	63 005.50
2014	0.0	0	37	18	1 204.00
2015	0.0	0	12	23	590.90
2016	0.6	0.81	67	60	3 670.70
2017	2 201.1	4.16	21	11	2 697.94

注：2018 年及之后年份均未公布海水养殖受损面积和海岸工程受损长度的数据。

3. 赤潮灾害

赤潮主要是由于短时间内微生物在海洋中大量繁殖或者聚集造成了海水变色的现象。赤潮按其形成原因分为原发性赤潮与外来性赤潮，其中原发性赤潮在我国内湾地区较为常见，工农业比较发达的内湾地区由于半封闭的环境给赤潮发生提供了条件。赤潮灾害在渤海、黄海、东海与南海均有发生，其中重灾区主要集中在黄海海域与渤海海域，渤海与长江口赤潮灾害影响的面积较大，珠江口的赤潮灾害发生频率更高。不同海域由于地理位置差异处于不同的气候带中，赤潮灾害的发生时间也不同。位于温带气候区的黄海与渤海海域赤潮灾害主要发生在每年 7～9 月，位于温带与亚热带气候区的东海海域赤潮灾害主要发生在 5～7 月，南海海域由于位于热带和亚热带气候区，赤潮灾害主要发生在 3～5 月。从图 8-1 可知 2008～2021 年沿海地区的赤潮灾害发生情况，年均发生次数为 54.93 次，最多的 2012 年发生 73 次，最少的 2020 年发生 31 次；年均赤潮灾害面积为 7609.5km²，最多的 2021 年达到 23 277km²。

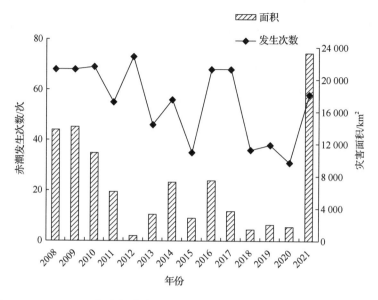

图 8-1　2008～2021 年赤潮发生次数与灾害面积（国家海洋局，2008～2021）

8.1.2　沿海生态林的防灾效果

防护林属于生态公益林，是具有防护作用的森林、林木与灌木丛，其中包括水土保持林、防风固沙林、水源保护林、农田防护林、草牧场防护林、护岸林、道路防护林等。防护林体系建设为生态林业工程的主体，是根据不同的防护目的、生态区域而营造的人工林与天然林复合系统。防护林通过森林影响环境，保护建筑设施与人居环境免遭自然灾害的威胁与破坏，同时还能提升生态状况较差地区的土地资源，促进农牧业生产，改善生态环境（许景伟 等，2008）。

防护林建设主要以大型防护林工程为基础，依托国家运作的方式进行。国外有名的防护林工程有苏联的斯大林改造大自然计划、日本的治山治水工程与美国的罗斯福工程等；国内的防护林工程主要有三北防护林工程和沿海防护林工程等（朱教君，2013）。早在 18 世纪，英国就在苏格兰与英格兰滨海沿岸建设了防护林，我国则是在 20 世纪 80 年代末开始实施沿海防护林建设，经过多年建设产生了显著的效果（高岚 等，2012）。

《全国沿海防护林体系建设总体规划》于 1988 年经由国家计划委员会批复并在 1989 年开始试点工程。1991～2000 年，国家林业部在沿海 11 个省（直辖市）共 195 个县开展沿海防护林建设工程，并将其纳入了林业重点工程。为适应新时期建设的需要，2001 年，国家林业局又编制完成了《全国沿海防护林体系建设二期工程规划（2001—2010 年）》，二期工程建设正式启动；2004 年国家林业局又组织开展沿海防护林体系建设二期工程规划修编工作；2007 年，国务院批复了《全

国沿海防护林体系建设工程规划（2006—2015 年）》（陈火春 等，2012）。2017 年
国家林业局会同国家发展和改革委员会联合编制了《全国沿海防护林体系建设工
程规划（2016—2025 年）》。近年来，国家林业和草原局在总结过去林业建设经验
的基础上，针对沿海防护林建设过程中的问题，相继发布了多项防护林工程规划，
对工程建设的范围进行扩大，丰富了沿海防护林的建设内容。

1. 沿海防护林的防风效果

沿海防护林防风原理是海陆风在经过防护林时受到了树木的阻挡，与林木冠
层摩擦后降低了气流的动能，使风速下降。目前，对于不同结构防护林的防风效
果已有很多研究，包括实测研究、模型模拟及理论推导等。如在对江苏沿海农田
林网的防风研究中，张纪林等（1997）发现 10m 高的防护林防风效果随着主林带
高度的增加而增强，并与副林带的长度和疏透度相反；谭芳林等（2003）在福建
沿海地区的调查发现，木麻黄防护林的防风效果主要与树高、胸径、冠幅及林分密
度有关，同时还会受到地貌类型的影响，这两项研究均是通过将实测参数代入评价
模型对防护林的防风效果进行评估。防护林的结构在初期被归纳为通透、半通透、
紧密和复合型 4 种，之后不同研究者又提出了采用疏透度、透风系数等指标来评
价林带的结构特征。由于防护林的结构参数不容易实测，朱廷曜等（2004）采用生
物量体积参数，也就是树木地上部分的体积（如枝干、树叶的体积）或表面积占
空间范围的比例来对风速削减进行预测。Tuzet 和 Wilson（2007）测定了防护林的
平均风速与动能，得出柏树树篱 1/4 高度的剖面风速在背风面下降到最低，透过
风与迎风面风向一致。唐朝胜等（2017）根据流体动力学特性模拟海南防护林防
风效果发现，树木高度对防护林的防护距离影响不明显，并且树木越高，受到的
风压越大。Ferreira 和 Lambert（2011）实地测定风速的风洞，通过计算模型测试，
使用一行或两行树配置不同的截面与孔隙度，发现防护林两行配置能够更好地降
低风速。

各种研究与模型对于防护林的研究结果比较一致，即防护林削减风速效果明
显，树高、疏透度与林带宽度等防护林结构特征是防风效果的主要影响因素，不
同防护林的树种与结构、地形地貌、风向及坡度等因素同样能够影响防护林的
防风效果。

2. 沿海防护林的消浪效果

沿海基干林带与纵深防护林两者组成了我国的沿海防护林体系，而基干林带
是沿海地区阻止灾害的重要屏障，也是沿海防护林的核心林带。沿海基干林带
沿浅海到内陆分为海岸消浪林带（一级）、海岸基干林带（二级）、海岸缓冲林带

（三级）3 个等级。从沿海基干林带后延伸出的工程区域全部防护林均属于纵深防护林。沿海防护林中起到消浪作用的林带主要是一级基干林，也就是消浪林带，其分布在海岸线以下的浅海、潮间地带，近海滩涂及河口地区，主要以红树林、柽柳等为主（国家林业局，2015）。风暴潮灾害是我国海岸灾害中发生频率最高、造成经济损失最高、对于人居环境威胁最大的灾害（乐肯堂，1998），分布在沿海地区淤泥质海岸的红树林能够阻止海岸被海浪冲蚀，起到了消浪护岸的重要作用（何斌源 等，2007）。红树林也是非常重要的浅海生态系统，是各种水生生物与鸟类的重要栖息地，具有很高的生物多样性与复杂性（Cui et al., 2018）。近年来，台风及风暴潮灾害越发频繁，对沿海地区的环境与社会经济造成了越来越大的威胁，沿海防护林因其防灾护岸的功能越来越受到重视。研究表明，红树林的消浪作用受植被与水文状况的影响，多种植被自身特征包括树干、树冠及根系等均能影响消浪作用，同时水文参数（如海浪的幅度与速度及水深）也是重要的影响因素（Massel et al., 1999；陈玉军 等，2011）。2004 年的印度尼西亚海啸对亚洲地区造成了非常严重的灾难，印度、斯里兰卡、印度尼西亚及马来西亚的报道均表明了沿海地区有防护林（红树林）的地区受到的海啸灾害较小，而没有红树林防护的海岸则受到了非常严重的破坏。

3. 沿海防护林的调节小气候效果

沿海防护林在海岸生态系统中调节环境小气候的功能也是其重要功能之一。较小尺度上的森林覆盖发生变化，能够改变地表的粗糙度，影响太阳辐射的反射率，进而使地表水热通量发生变化，影响物质和能量的输送与移动，从而改变与调节小气候。周学东等（1995）在江苏北部的沿海防护林中发现森林环境的时空变化特征会对区域性气候产生影响，当地的防护林具有在落叶期提高温度、降低湿度，在生长期降低温度、提高湿度的效果，并且防护林范围内的蒸发量与风速在全年内都有明显降低的趋势。彭方仁等（2001）研究了海岸地区 3 种农林复合系统的气候特征，发现影响小气候的主要因素是植被的结构层次与地面表层的温度，太阳辐射吸收的比例、空气相对湿度和防风效果都与防护林内植被的立体空间结构层次有正相关性，而大气温度和地表温度的日较差与蒸发量有负相关性。在山东东部沿海丘陵地区，杨菲等（2014）设计了控制实验研究 4 种防护林的小气候，发现防护林网能够有效降低茶园风速，调节土壤温湿度与空气温湿度，形成对茶树有利的生长发育环境。

8.2　海岸防护林营造

8.2.1　海岸类型与特点

海岸指的是海水与陆地接触的地带，包括了能够被海水波浪作用到的广阔范围，一般可以分为上部地带、中部地带、下部地带 3 个部分，宽度范围从数十米到数十千米均有。海岸上部地带主要指海浪和潮汐作用不到的陆上岸带；中部地带是海浪作用最强烈最频繁的潮间带，主要由海滩和潮坪组成；下部地带指的是已经沉没到海面以下曾经是海岸的地带，从海水低潮时与陆地的接触面到波浪与潮汐作用不到的范围。中国的海岸线从鸭绿江口到北仑河口长度超过了 1.8 万 km，同时有1.4 万多 km 的岛屿岸线，总长达到了 3.2 万 km 之多。海岸带有着众多海湾与连接内陆的长短河流，同时蕴含着丰富的土地、生物、矿产等资源。海岸根据其形态与成因，可以分为基岩海岸、砂质海岸、淤泥质海岸与生物海岸 4 种。

1. 基岩海岸

基岩海岸主要是由坚硬岩石组成的海岸，其特征是岸滩较为狭窄，海岸线曲折，地形陡峭，水位较深，水流湍急。基岩海岸又称为港湾海岸，主要是由地质活动与波浪侵蚀形成，因此包括断层海岸与侵蚀海岸两种。

断层海岸是由地质构造运动形成的海岸形式，其断层线的方向与海岸线的走向基本一致，它的特征主要是海岸线平直，崖壁狭窄陡峭，山地距离海岸很近。如台湾东部有世界最高的断层海岸，北起三貂角，南到鹅銮鼻，长达 360km，有的地方高度达到了 1800m。

侵蚀海岸是在第四纪冰川后期由于海平面上升，海水淹没了内陆山谷，形成曲折的海岸线，典型的如我国浙江与福建曲折的海岸线。侵蚀海岸主要在岬角岸段波浪动能聚集时发生侵蚀，在港湾岸段波浪动能较弱时发生堆积，侵蚀与堆积相间形成多种多样的地貌。侵蚀海岸的地形包括海蚀洞、海蚀陡崖、海蚀平台等。其中海蚀洞是海域前的山地在与海面接触的区域受到海浪的侵蚀，沿着断层与节理向内凹成壁龛，又因为水文变化造成的干湿交替，使岩石风化速度变快，扩大成为海蚀洞。海蚀陡崖是在海蚀洞的基础上继续侵蚀，上部的岩石风化崩落形成的，崩落的岩屑可能在海浪作用下继续磨损崖壁。海蚀平台是在海蚀陡崖发育过程中岩质的岸坡发展成为平台地形。

2. 砂质海岸

砂质海岸是堆积物质包括砂砾、岩屑等从平原搬运到海岸区域，由海浪改造形成，因此又被称为堆积海岸。其主要是由松散的砂、砾组成，岸滩比较狭窄且陡峭。砂质海岸包括了几种堆积地形：海滩、海岸沙堤、沙嘴、海岸沙丘和水下沙坝等。

海滩的形成与海岸地带海浪、泥沙特征有着密切的关系，当水体向海岸方向的流速大于离开海岸的流速时，堆积物质的供应大于搬移，海滩发育并呈现凸型，在砾石海滩比较常见；当水体离开海岸的流速比向岸流速大时，海滩被侵蚀形成凹形，在细沙海滩比较常见。

海岸沙堤通常露出海平面以上，并且与海岸线平行，在北美的大西洋海岸与欧洲的北海海岸比较常见。

沙嘴是由砂、砾等堆积物组成的狭长地貌，与陆地连接延伸入海，通常在岬角、海湾毗连的岩石岸段发育。

海岸沙丘是由于风力作用在海岸区域形成的沙丘，迎风面较为平缓，背风面陡峭，沙丘排列通常垂直于风向。海岸沙丘在中国北戴河、法国濒临大西洋海岸、澳大利亚东南部与西部等海岸区域都有分布。

水下沙坝是指未露出海平面、与海岸略成平行的狭长堆积地貌。一般认为河水和海水搬运的泥沙在河水和海水的相互顶托处，由于流速降低而沉积下来，在河流入海口处形成水下沙坝。

3. 淤泥质海岸

淤泥质海岸主要是由河流中的泥沙细粒在进入海洋时在潮汐与海浪作用下搬运沉积形成，又称为平原海岸。淤泥质海岸的海岸线比较平直，地形比较平缓，组成海岸的物质多为粉砂与黏土等。淤泥质海岸主要分布在各大河流入海口附近，如中国的长江、黄河等携带大量泥沙进入海洋，为淤泥质海岸的形成提供了物质基础。中国淤泥质海岸归纳起来大体可分为淤泥质河口三角洲海岸、淤泥质平原海岸、淤泥质港湾海岸3类。

淤泥质海岸地形比较单一，可以根据潮汐海浪作用上的差别分为潮上带、潮间带、潮下带3种。

潮上带在风暴潮与潮汐高潮能够达到的位置之上，地势比较起伏，低洼处有风暴海浪与水体流动的痕迹。

潮间带在潮汐高潮与低潮之间的位置，即高潮被淹没而低潮能够露出的海滩区域。潮间带泥沙等沉积物质活动剧烈，侵蚀与淤积交错复杂，海滩上有落潮水流与海浪冲刷侵蚀形成的坑洼与沟道。潮间带宽度分布一般在数千米左右，有时甚至能够超过10km。

潮下带是海岸滩涂向海洋延伸的部分，位于潮汐低潮位面向大海的那面。通常岸线平缓，延伸线与海岸接近平行。

4. 生物海岸

生物海岸包括由珊瑚虫尸体堆积而成的珊瑚礁海岸，以及红树林内植被与淤泥滩涂形成的红树林海岸，通常出现在我国南方的热带与亚热带地区，生物在其塑造形成过程中起到了重要的作用。

红树林海岸主要出现在比较低平的海滩上，位于淤泥海滩向海洋延伸的背风向。红树林海滩起到了降低海岸流沙、保护滩涂、促进淤泥堆积等作用。

8.2.2　海岸林基本结构

沿海防护林是一个综合的防护林体系，包括防风固沙林、水源保护林、水土保持林、农田防护林等。沿海防护林体系建设包括海岸基干林带、农田林网、红树林及滨海湿地的"绿色系统工程"。沿海防护林不但在沿海地区预防灾害、维护生态系统上有着非常重要的作用，还具有削弱风速、抵抗风暴潮、保持水土、涵养水源的功能。

1. 沿海防护林建设原则

（1）因地制宜、合理布局、因害设防、突出重点。对于林种的布置与安排，需要从实际出发，各林种、各树种科学配置，多层次多功能合理布设，做到点线面相结合，乔灌草搭配协调，配合经济林种，找准重点，尽力做到布局合理并且切实可行。

（2）建设与保护并重、质量与数量兼顾。将沿海防护林质量放在第一位，同时加快建设步伐，增加保护力度，提高技术科技含量，严格按照规范执行管理。

（3）多方位筹集资金、充分调动积极性。在造林资金方面应该以国家投入为主，地方投入为辅，根据各地实际经济能力与社会状况，充分调动各方对于建造沿海防护林的积极性。

（4）生态效益、经济效益与社会效益兼顾。建设沿海防护林要发挥其防灾减灾功能，起到保护生态的作用，同时也要兼顾长远利益，实行综合利用的办法，尽量挖掘沿海防护林的潜力，争取做到长远和近期均可受益。

2. 沿海防护林树种选择

1）潮积沙土的树种选择

潮积沙土的范围一般在一百米到几百米之间，并不宽阔，主要在海岸的高潮线外面及潮间沟谷两侧分布。其组成物质主要是潮汐涨落带来的矿物质颗粒及海中生物残体形成的母质。潮积沙土的含盐量一般大于 0.2%，最高可达到 1.2%，土壤 pH 为 7.5～9.0，呈碱性。另外，依据形态与成因，潮积沙土可以分为沙质土与泥质土，沙质土含沙量比较多，质地疏松，透气性与透水性均比较好，含盐量较低；泥质土透水性差，含盐量较沙质土高，呈碱性，同时黏性较高，比较容易板结。在潮积沙土上可选择适应盐碱沙地、同时耐寒抗风、能够抵抗潮汐的树种，如黑松、刺槐、苦楝、桑树、梨树、紫穗槐、垂柳、旱柳、毛白杨、白榆、木麻黄、柽柳、红树等。

2）风积沙土的树种选择

风积沙土是在潮积沙土形成以后，其在潮汐涨落的持续作用下，又受到海风吹拂堆积在海滩内缘区域而形成的，主要为沙丘、沙堆、沙滩、沙堤及平沙地等。各种类型的风积沙土质地不同，有粗有细，土壤肥力也有区别，因此应该因地制宜地选择不同树种。沙丘与沙滩选择能够抵抗风沙侵蚀、忍耐海水浸蚀的树种，如大叶合欢、夹竹桃、湿地松、木麻黄与柽柳均比较合适。山东、河北的沿海风积沙土区选择刺槐、紫穗槐比较合适；福建沿海选择相思树、火麻树、刺桐、苦楝等。

3）残积沙土的树种选择

残积沙土的面积不大，主要是由未被搬运而残留在原地的堆积物（如岩屑）形成的，沙土的下层为母质。部分残积沙土（如玄武岩）经过改良可以成为农业用地，沙土质地比较细且肥力较高。此类沙土可以选择桉树、火麻树、荔枝、苹果、湿地松等，在抗风固沙的同时又能取得一定的经济效益。我国沿海防护林主要造林树种见表 8-3。

表 8-3　我国沿海防护林主要造林树种

类型区	自然区	主要造林树种
以砂质海岸为主的类型区	辽东半岛砂质、基岩海岸丘陵区	杨树、刺槐、刚松、栎类、白榆、黑松、绒毛白蜡、国槐、油松、樟子松、柳树、臭椿、侧柏、沙枣、紫穗槐、山核桃、黄栌等
	辽西、冀东砂质海岸低山丘陵区	黑松、油松、麻栎、刺槐、蒙古栎、杨树、白榆、柳树、侧柏、国槐、臭椿、紫穗槐等
	山东半岛砂质、基岩海岸丘陵区	黑松、赤松、火炬松、刚松、麻栎、刺槐、杨树、白榆、柳树、侧柏、水杉、池杉、黄连木、日本落叶松、朴树、柿树、山楂、酸枣、紫穗槐、胡枝子、单叶蔓荆、山皂角、乌柳、刚竹、淡竹等
以淤泥质海岸为主的类型区	辽中淤泥质海岸平原区	杨树、柳树、沙枣、白榆、绒毛白蜡、刺槐、柽柳、枣树、沙棘、臭椿、国槐、枸杞、紫穗槐等
	渤海湾淤泥质海岸平原区	杨树、绒毛白蜡、刺槐、柳树、臭椿、桑树、构树、皂角、香椿、白榆、侧柏、柽柳、枸杞、沙枣等
	长江三角洲淤泥质海岸平原区	刺槐、黑松、麻栎、杨树、泡桐、杉木、柳杉、池杉、落羽杉、银杏、柏木、侧柏、绒毛白蜡、水杉、桑树、沙枣、重阳木、竹类、板栗、樟树等
	珠江三角洲淤泥质海岸平原区	木麻黄、桉树、落羽杉、池杉、水松、木瓜、马尾松、火炬松、湿地松、相思树、樟树、秋茄树、木榄、桐花树、白骨壤、黄檀等

续表

类型区	自然区	主要造林树种
以基岩海岸为主的类型区	舟山群岛基岩海岸岛屿区	水杉、早禾树、杨树、黑松、麻栎、樟树、柏木、木麻黄、蚊母树、黄檀、夹竹桃等
	浙东南、闽东基岩海岸山地丘陵区	木麻黄、桉树、杉木、马尾松、刺槐、水杉、池杉、落羽杉、青冈栎、毛竹、柳杉、樟树、早禾树、木荷、相思树、秋茄树等

3. 林带配置与结构

1）沿海基干林带

沿海基干林带的走向应与海岸线保持一致，其宽度应该根据防护林建设当地的地形地貌与土壤类型确定。根据因地制宜的原则，在泥质岸，林带的宽度不应该少于 200m，在达不到的情况下，可以建设 2～3 条林带。在沙质岸，林带宽度应该超过 300m，在条件允许的情况下可以增加到 500m。在岩质岸，在临海坡面的山脊下面能够营造林带的区域全部造林。同时，应该根据当地的造林条件和选择的树种特性建造混交林带，按照因害设防、因地制宜、适地适树原则，合理布设林带结构。

沿海基干林带的造林密度根据立地条件、树种特性、灾害预防等确定。我国沿海防护林主要树种造林密度见表 8-4。

表 8-4　我国沿海防护林主要树种造林密度　　　［单位：株(丛)/hm²］

树种	造林密度		树种	造林密度	
	北方	南方		北方	南方
赤松、华山松	1200～1800	1200～3000	木麻黄	—	1500～2500
侧柏、柏木	3000～3500	1800～3600	刺槐	2000～2500	1000～1500
槲栎、蒙古栎、辽东栎	1500～2000	—	绒毛白蜡	1000～1500	
楠木、红楠、闽楠	—	1800～3600	杨树类	600～1600	
火炬松、湿地松、马尾松	—	900～2250	相思树		1200～3300
油松、黑松	2500～4000	2250～3500	杉木		1050～2500
枫香、黄连木、枫树类	630～1200	630～1500	桉树类		1200～2500
麻栎、栓皮栎、板栗	630～1200	—	落叶松	2000～2500	1500～2000
乌柳、黄荆、柽柳	1240～5000	1500～3300	苦楝	750～1000	630～900
香椿、臭椿	750～1000	2000～3000	柳杉		1500～3500

续表

树种	造林密度		树种	造林密度	
	北方	南方		北方	南方
落羽杉、水杉、池杉	1500～2500	1500～2500	榆树类	800～1600	—
青冈栎、枹木	—	1650～3000	柳树	600～1100	500～850
木荷、观光木	—	1200～2500	沙枣	1000～2000	—
沙棘、紫穗槐、枸杞、单叶蔓荆、胡枝子	1650～3300	—	红锥、苦槠、台湾锥、黄檀	—	810～1800
桑树、构树	2200～3300	—	枣树	350～500	—
露兜树、杜英	—	2500～6600	杨梅	—	1200～2400

2）海岸消浪林带

红树林生长在热带、亚热带地区，分布在海岸潮间带或者海潮能达到的入海口，是适合营造防护林的林种。红树林的建造应该根据其在潮间带的分布选择合适的潮间带滩涂，并充分考虑营造地的地形地貌、土壤类型、海水流速与盐度等因素。为了提高红树林的防护功能与景观效果，并增加生物多样性，营造混交林。根据树种在潮间带的位置进行混交，在低潮区域种植海桑、桐花树等树种，提高林带的消浪效果，对其他在高潮位置的树种起到保护的作用。混交方式主要有带状混交、块状混交及不规律混交等。我国红树林混交造林树种搭配见表8-5。

表8-5　我国红树林混交造林树种搭配

主要树种	伴生树种
木榄、海莲	尖瓣海莲、红海榄、角果木、榄李、秋茄树、桐花树
红树、角果木	海莲、榄李、秋茄树、桐花树、红茄苳、木榄
秋茄树	桐花树
海桑	秋茄树、桐花树、白骨壤
桐花树	秋茄树、老鼠簕、白骨壤
白骨壤、桐花树	秋茄树
水椰	海漆、榄李、黄槿

3）纵深防护林

纵深防护林的配置结构与其他防护林（水土保持林、防风固沙林、水源保护林、农田防护林、草牧场防护林等）基本一致。

4）农田防沙林

沿海受风沙危害的农田、果园、牧场等均须营造防护林。一般根据风沙危害的程度确定林带的建设结构，在风沙严重的地区，建设乔灌木结合的宽度较小的疏透式林带，在风沙较轻的地区建设乔木组成的通风式林带。营造林带时其走向应该与主风向垂直，或者偏角 30° 以内。林带的间距应该根据风沙程度、土壤特性及地形地貌确定。主林带间距一般为 200～300m，副林带间距为 350～400m。林带面积一般为 7～12hm²，风沙严重的地区可以在 7hm² 以下或者实行林农间作。

8.2.3 海岸林营造技术

海岸林营造技术主要参考国家级林业行业标准《沿海防护林体系工程建设技术规程》（LY/T 1763—2008）、辽宁省地方标准《沿海防护林体系工程建设技术规程》（DB21/T 2733—2017）、浙江省地方标准《红树林造林技术规程》（DB33/T 920—2014）和广东省地方标准《红树林造林技术规程》（DB44/T 284—2005）。

1. 造林技术

1）整地

（1）淤泥质海岸整地。淤泥质海岸整地应在雨季来临之前进行，整地方法通常有全面整地、开沟整地、小畦整地、大穴整地，对于有盐碱问题的地块采用台、条田整地的方法。

在低洼盐碱地修筑台（条）田，田面宽 50～100m，沟深 1.5～2.0m，台（条）田长度便于排涝洗盐；然后设计进行穴状或带状整地。在重度盐碱地设置防潮堤，建立排水系统，构建台（条）田用于排涝洗盐。条田的宽度在 50m 左右，长度在 100m 左右，条田沟深超过 1.5m，支沟的深度超过 3m。

对面积小的地块采用台田起垄或者窄幅台田整地的方法，台田宽度为 30m 左右，起垄高度为 30～50cm，窄幅台田宽度为 15～20m，排水沟深度为 1.5m。

（2）砂质海岸整地。砂质海岸整地有穴状整地、带状整地和条田整地等。

穴状整地的规格应根据造林苗木的大小确定，一般为（0.5～1.0）m×（0.5～1.0）m×（0.5～1.0）m。

带状整地的带长应根据实际情况确定，一般带宽与带深分别为 1.0m 和 0.6～1.0m。

条田整地应在地势较低同时地下水位较高的沿海风沙地块进行，条田沟深超过 1.5m，支沟的深度超过 3m，条田的宽度为 50m 左右，长度为 100m。

（3）岩质海岸整地。岩质海岸整地应根据山地坡度选择方法。坡度小于 15°的山坡采用宽度为 1.5～3m 的窄幅梯田整地。坡度在 15°～25°的山坡采用宽度为 1～1.5m 的水平阶带状整地。坡度大于 25°的山坡采用块状整地。

2）造林方法

（1）裸根苗造林。裸根苗造林根据不同的海岸类型，分为如下 3 类。

淤泥质海岸造林。淤泥质海岸造林需要浅栽平埋，栽植后对苗根部进行覆土与地面持平，栽植坑的周围修埂。栽植后立刻浇水，并在随后水分稍干时进行松土。在盐碱比较严重的地块应采用一些措施,如在栽植坑内压沙(表土 10～15cm 以下埋沙 5cm)、压秸秆或者杂草(埋于表土 5～10cm 以下)、覆盖地膜或杂草等。

砂质海岸造林。砂质海岸地下水位较低,应采用客土(黏土)或者有机肥(15～20kg)替换掉不少于栽植坑 1/5 容积的原土,也就是客土施肥造林。在风沙与干旱地区可以采用高分子吸水剂、根基覆盖(覆膜或者覆草)、容器苗雨季造林、在原基础上深栽等措施。对流动沙丘或者沙地应该采用植物、秸秆或者树枝等在迎风坡的中下部每隔 10m 设置一排高 0.5m 的沙障。在立地条件比较差的地区可以选择萌芽能力强的树种并对其进行截干、打头或者修枝处理。

岩质海岸造林。岩质海岸造林应该采用深栽的方法,并在栽植后将坑内的土壤压实。另外,落叶阔叶树种造林时可以采用截干苗,并使用 ABT 生根粉蘸根,常绿针叶树种采用磷肥蘸根或者对根部裹泥浆。

(2)容器苗造林。在沿海地区荒山与风沙地应采用容器苗造林,栽植的深度应该比土坨深 1～2cm,风沙地比较干旱,栽植后应该及时浇水。

(3)直播造林。在土层较浅、坡度较大、岩石裸露的地区可以采用直播造林,播种的种量需要根据造林树种种子的大小、活力、发芽率等因素确定。

3)抚育管理

(1)幼林抚育。幼林抚育包括以下几个方面。①松土除草。在沿海地区造林应注意及时松土除草,盐碱地块下雨后应该中耕松土。②补植、补播。对造林成活率没有达到标准的地块进行补植;对植苗造林的幼林需要使用同样年龄的幼苗进行补植,直播造林应该根据成活率进行补植。③浇水、施肥。在造林结束后应根据实际情况与林分状况进行浇水施肥,盐碱地区多施有机肥。④幼树管理。根据林种与树种的特性,及时除蘖、修枝,在风沙严重的地区应控制修枝;直播造林形成的幼龄林应通过定株抚育来伐除过密的幼树,使单位面积上的幼树达到标准要求;由于干旱、冻害及病虫害等造成幼树损伤或生长不良的应及时对树种进行平茬复壮;有条件的地区可以进行林农间作,以耕代抚;对柽柳幼树应以封育保护为主。

(2)成林抚育。成林抚育主要针对以下两个方面。①抚育对象。成林抚育的对象主要有以下几种:林带密度过大、林木相互之间竞争加剧的林分;林带结构不合理、不符合要求的林分;林带破损、防护效益比较差的林分;在火灾、雪灾、病虫害等灾害过后,受害严重林木超过 10%以上的林分。②抚育方法。抚育方法包括定株抚育、生态疏伐、卫生伐和景观伐 4 种。A. 定株抚育。在出现营养竞争之前对幼龄林进行定株抚育,按照要求分 2～3 次对树种结构进行调整,伐除林分中过于密集的幼树,补植林分中稀疏的地方。B. 生态疏伐。在林分内根据主林层和次林层形成阶梯形郁闭度受光要求,将林木分为优良、有益和有害 3 种,伐除有害林分，保留优良与有益林分，每次疏伐不应该超过总株数的 15%～20%。C．卫生伐。大于 25°坡度地上只进行卫生伐，伐除受害林木。D．景观伐。对造林进行景观伐，创造或改造自然景观，在保持生物多样性的基础上提升森林美学，增加森林的观赏价值。

4）防护林更新

（1）更新对象。防护林更新的对象主要包括两个方面。①林分更新条件。造林树种的平均年龄达到了表 8-5 中的最低更新年龄，或者濒死木超过 30%、病虫害严重的林分可以对其进行更新。②林带更新条件。生长停滞、主要树种平均年龄达到最低更新年龄（表 8-6）的林木，或者濒死木超过 30%、病虫害严重的林带可以对其进行更新。

表 8-6　我国沿海防护林主要树种最低更新年龄　　　　　（单位：年）

树种	最低更新年龄	树种	最低更新年龄	树种	最低更新年龄
黑松、赤松	60～80	木麻黄	25～30	刺槐	20～30
速生杨类	20～25	栎树类	50～70	桉树类	20～30
樟子松、落叶松	60～80	马尾松、火炬松、湿地松	50～70	水杉、池杉、落羽杉	35～45
油松	60～80	枫杨	25～30	柳树	25～30
毛白杨类	25～35	臭椿	20～30	苦楝	20～25
绒毛白蜡	30～40	白榆	25～35	相思树	30～40

（2）更新方式。防护林更新的对象不同，其方式也不同。①林分更新。以天然更新和人工促进天然更新为主，人工更新为辅。对于不满足人工促进天然更新的林地进行人工更新造林。在渐伐更新的林地，以及采伐后目的树种幼苗少于 5000 株/hm² 的地方进行人工促进天然更新造林，通过补植、补播可以成林的林地。②林带更新。以人工更新为主，天然更新和人工促进天然更新为辅。

对立地条件较差、林相也较差的林带中的病死木、生长不良的林木进行林冠下更新，通过砍伐来调整郁闭度，再在林冠下造林；对立地条件较差、林相较好的林带进行隔行更新，通过隔 1 行伐 1 行或者隔两行伐两行的方式砍伐林木，降低郁闭度后再进行造林，新林成长达到标准后伐除原本林木更新造林；对立地条件较差、防护要求较低的林带进行带状（块状）更新，将原本林带按照一定顺序伐除，在砍伐地上更新；对原有树种生长较好、风沙灾害较轻的林带，采用萌芽更新；对水土流失或者风沙危害严重的地区进行伐前更新，在原林带的一侧造林，成林后再伐除老林。

5）防护林管护

沿海防护林的管护要划定区域，确定类型，成立管护机构，明确管护人员，制定制度，签订管护合同。根据防护林的立地条件、生长状况及人为活动等确定管护方式，分为封禁管护、重点管护和一般管护 3 种。重点防护区要根据林分的生长状况进行封禁，封禁区及封禁期限由林业行政主管部门依据相关规定确定，报当地政府批准执行。

6）有害生物防治

增强对有害生物的监测，按照林业有害生物防治规范进行防治。

7）档案建立

档案建立应该以经营小班为基本单元，全国建立统一的档案管理制度，由省林业行政主管部门统一制定档案的格式与标准，县级以上单位配备专人进行管理与审计。

档案材料分为技术档案与管理档案两种，包括总体设计、工程规划、实施方案、批复文件、调查与设计卡片、财务概算、结算报表等相关文件和材料。

实施沿海防护林体系建设的乡镇、林场、自然保护区等均应建立专项的技术档案，专人管理，档案类型包括纸质档案与电子档案两种。

2. 海岸木麻黄造林技术

木麻黄作为沿岸防护林的造林树种，它能够抵抗干旱、强风等环境，同时具有耐贫瘠土壤、抗沙埋等特性。木麻黄具有多种用途，树干能制作木炭，树皮能制作染料，树枝与树叶可以作为牲畜饲料，种子能饲养禽类。同时木麻黄还因为其材质坚硬能够用作建筑与家具等材料，其树形优美，还能够作为庭园绿化树种（陈胜，2010）。

1）分布与生境

木麻黄原产澳大利亚和太平洋岛屿，现在美洲热带地区和亚洲东南部沿海地区广泛栽植。从滨海海滩到海拔 700m 的山地均能生长，我国的木麻黄引种历史已经有 100 多年，目前主要分布在广西、广东、福建和南方诸岛等。木麻黄生长迅速，萌芽力强，对立地条件要求不高，由于它的根系深广，具有耐干旱、抗风沙和耐盐碱的特性，在高温高湿及严寒地区均能生长。因此，木麻黄成为热带海岸防风固沙的优良先锋树种（陈胜，2010）。

2）形态特征

我国引种的木麻黄科树木主要有木麻黄、细枝木麻黄和粗枝木麻黄 3 种。木麻黄是常绿树种，高度达 30m，胸径为 20～30cm。树皮呈深褐色，具有不规则条裂。小枝为绿色叶状枝，具有叶的功能。叶片呈鳞片状，每节有 6～8 枚。花雌雄同株或异株；雄花序几无总花梗，棒状圆柱形，长 1～4cm，有覆瓦状排列、被白色柔毛的苞片；雌花序通常顶生于近枝顶的侧生短枝上。球果状果序椭圆形，长

1.5～2.5cm，直径 1.2～1.5cm，两端近截平或钝，幼嫩时外被灰绿色或黄褐色茸毛，成长时毛常脱落；小苞片变木质，阔卵形，顶端略钝或急尖，背无隆起的棱脊；小坚果连翅长 4～7mm，宽 2～3mm。花期 4～5 月，果期 7～10 月。

3）生物学特性

木麻黄适应性很强并且喜光；树冠均匀且透风性好，抗风能力强，不会受到10 级以下大风的破坏，10 级以上会导致折枝或者局部倒伏。木麻黄树干与树枝都能形成不定根，主根很长，侧根生长发达。

木麻黄生长迅速，栽培后几天就开始长根，根系每个月生长 20cm 左右。每年的 6～9 月为生长盛期，生长量占全年的六成左右。在每年的 6 月与 9 月前后会有两次生长高峰。胸径生长主要在 3 月下旬至 12 月上旬。木麻黄栽培 2～3 年就能够开少量花，5～6 年就能正常开花结果进入成熟期。35 年左右的木麻黄枝条稀疏，较少萌发新枝，进入衰老期。

4）生长发育过程

木麻黄为速生树种，在水肥环境较好的立地条件下年生长树高达到 3m，胸径达到 3cm 左右，一般立地环境条件下年生长树高 1m，胸径 1.5cm 左右。滨海沙土上木麻黄的生长发育可以分为 4 个阶段，分别是幼林、速生、干材生长和成熟阶段。其中，幼林阶段为第 1～3 年，主要是恢复与扎根；速生阶段为第 4～12 年，主要是进入径的生长旺季；干材生长阶段为第 13～20 年，主要是材积生长；成熟阶段为第 21～25 年，木麻黄进入成熟期。这 4 个阶段会因为立地条件及树木本身品种的不同而出现差异（陈胜，2010）。

5）造林技术

（1）良种选择。木麻黄主要通过无性系造林，无性系的选择需要根据造林的立地条件及无性系的生长特点进行。目前主要选择的木麻黄优良无性系品种有粤501、粤 701、粤 601、平潭 2 号、惠安 1 号、A13 等。这些木麻黄无性系的优缺点见表 8-7。

表 8-7 木麻黄无性系的优缺点

品种	优点	缺点
粤 501	速生、抗青枯病、耐干旱瘠薄	苗木水培生根较难，基部干材不够圆满
粤 701	速生、抗青枯病，苗木水培生根易	耐干旱瘠薄能力一般
粤 601	材质好、木材售价高，抗风性强、抗青枯病，苗木水培生根易，苗期不倒伏	不耐干旱瘠薄，对立地条件要求高，在水肥条件好的立地上才能发挥出速生特性
平潭 2 号	速生、木材圆满	不抗青枯病。在漳州地区引种面积较小，速生性有待观察
惠安 1 号	抗风力强	长势一般、不抗青枯病
A13	速生、苗木水培生根易	易染青枯病

（2）培育苗木。采穗圃通常采用母树树根或树干基部萌生出来的枝条，再经过繁殖扩大。采穗圃需要做好水肥管理并定期修剪，同时应该建立档案。通常通过水培催根来培育幼枝。采集生长 6 个月之内、长度为 8～10cm 并带有两三个分杈的嫩枝，放入 60～100mg/L 的萘乙酸溶液中浸泡基部 24h，之后清洗干净后再放入盛有 3～4cm 深清水的杯中暴露于阳光下。温度以 25～35℃为最佳，每天早上换水 1 次保持水质清洁，清水浸泡基部 15～30d、根长到 1～2cm 时移植到营养袋中。

营养袋的高度一般为 12～18cm，直径为 8～12cm。营养土的配置可以采用全部的红心土，也可以按传统的 40%火烧土、55%红心土、5%过磷酸钙配制，在苗木培育的过程中可施用化肥。育苗的最佳时间为 6 月上旬至 8 月上旬。如果容器育苗的规格比较大，使苗木的根系穿过袋底，可以在苗木出圃前对苗木断根 1 次。

（3）造林。海岸林营造中要综合考虑以下几方面的因素。①造林地选择。木麻黄抗沙埋、抗大风与耐盐碱，是营造沿海防护林的重要树种。沿海的地质有基岩质、砂质、淤泥质、滩涂等，立地条件与宜林程度有很大的区别，但是木麻黄除了盐渍地带外，能够在大多数恶劣环境下作为造林的先锋树种，如沿海风沙土、沙荒风口、脱盐淤泥海岸或荒山岛屿均可采用木麻黄造林。②造林时间。木麻黄的造林时间应根据沿海气候条件灵活选择，一般在气候变暖、雨水增多的清明前后开始。选择阴雨天气造林能够在春季保证存活，夏季保证扎根，秋季保证生长，增加幼树的成活率。容器苗造林在时间上可以提前。在 3～5 月，选择阴雨天气造林能够提高造林的成活率。③造林密度。木麻黄的造林密度分为以下几种情况：沿海沙荒风口的造林密度为 1m×2m，以"品"字形排列；无性系优良种由于生长速度较快，最好采用 2.5m×2.5m 或 2m×3m 造林，幼林不间伐直接成林；其他类型一般采用 2m×2m 造林。无性系不间伐直接成林一方面可以提高林分抗风能力、防止风力破坏林木造成倒伏，另一方面能够节约防护林营造的投资。④整地要求。对沿海沙地应该在挖穴的同时进行种植以保持沙土的湿度，提高造林成活率。一般穴深 30cm，穴宽为锄头宽，施基肥后不回土。每穴施基肥一般为 0.25～0.5kg 过磷酸钙或 0.15～0.25kg 复合肥。⑤树苗种植。沿海沙地的苗木种植先用沙土盖住基肥，防止其与苗木直接接触，然后将苗木脱离容器袋直立放入穴中，将沙土放入穴中固定苗木并踏实。苗木种植以后将比较大的苗木下半部分枝叶清除，减少水分蒸腾损失以提高成活率。造林完成后应该先浇 1 次定根水，促进苗木根系与沙土紧密结合，每株浇水 4～5L。晴天造林每隔 3～5d 浇水 1 次，每次浇水 3～4L，雨天造林同样 3～5d 浇水 1 次。

（4）幼林抚育。在沿海沙地进行造林一般不需要除草，因为沙地植被稀少。抚育的主要工作是在强风后将吹倒、吹歪的林木及时扶正。同时造林当年最好不要进行追肥，降低幼树的生长速度，提高幼树的抗风能力。

6）病虫害防治

（1）病害。木麻黄最主要的病害为青枯假单胞菌引起的青枯病，该病会破坏树木的维管束，引起木麻黄幼林连片枯死，需要重视。防治方法主要是采用抗青枯病的无性系造林。

（2）虫害。木麻黄的虫害主要有大蟋蟀、木毒蛾、星天牛和多纹豹蠹蛾等。大蟋蟀主要分布在海岸内侧的干燥沙区，一般夜间活动，咬断树干，影响苗木生长使造林失败。防治方法主要在造林后进行毒杀。木毒蛾危害主要是其幼虫取食嫩枝的表皮，造成树势衰退，导致林木枯死。防治方法有多树种块状混交、人工摘除卵块和喷洒白僵菌孢子粉或者核型多角体病毒（nuclear polyhedrosis virus，NPV）制剂等。星天牛与多纹豹蠹蛾主要是蛀干害虫，幼虫蛀食木麻黄的木质部导致整株枯死。防治办法主要是在树干中下部幼虫的排粪孔插入磷化锌毒签，或者向排粪孔注入熏蒸性杀虫剂（陈胜，2010）。

3. *海岸红树林造林技术*

红树林主要是指生长在热带、亚热带海岸潮间带受到海水淹没的时间超过了暴露于空气中时间的木本植物群落。其中能在潮间带生长、同时又能够在岸边陆地生长的两栖类植物群落叫半红树植物，只能在潮间带生长的植物叫真红树植物。红树林的造林初期禁止任何人为活动，以免影响到红树林的营造。我国沿海红树与半红树种类明细见表 8-8。

表 8-8　我国沿海红树与半红树种类明细

中文名称	拉丁名
白骨壤	*Avicennia marina*（Forsk.）Vierh.
海莲	*Bruguiera sexangula*（Lour.）Poir.
海杧果	*Cerbera manghas* L.
海漆	*Excoecaria agallocha* L.
海桑	*Sonneratia caseolaris*（L.）Engl.
红海兰	*Rhizophora stylosa* Griff.
黄槿	*Hibiscus tiliaceus*（L.）Fryxell.
尖瓣海莲	*Bruguiera sexangula* var. *rhynchopetala*
拉关木	*Laguncularia racemosa* C.F. Gaertn.

中文名称	拉丁名
榄李	*Lumnitzera racemosa* Willd.
露兜树	*Pandanus tectorius* Sol.
木果楝	*Xylocarpus granatum* Koenig
木榄	*Bruguiera gymnorhiza*（L.）Savigny.
秋茄树	*Kandelia candel* Sheue et al.
水黄皮	*Pongamia pinnata*（L.）Pierre
桐花树	*Aegiceras corniculatum*（L.）Blanco
无瓣海桑	*Sonneratia apetala* Buchanan-Hamilton
杨叶肖槿	*Thespesia populnea*（L.）Soland. ex Corr.
银叶树	*Heritiera littoralis* Dryand.

1）种子采集、处理与贮藏

红树林主要造林树种果熟与采种期见表 8-9。

表 8-9　红树林主要造林树种果熟与采种期

树种	采种期	
	海南	广东
秋茄树	2～3 月	3～5 月
桐花树	7～8 月	7～9 月
木榄	1～2 月	6～7 月
海莲	8～9 月	9～10 月
尖瓣海莲	9～10 月	10～11 月
红海兰	6～7 月	7～8 月
白骨壤	8 月	7～8 月
海桑	7～8 月	8～9 月
无瓣海桑	9～10 月	10～11 月
榄李	8 月	8～9 月
海杧果	10 月	10～11 月
银叶树	9～10 月	9～10 月
杨叶肖槿	9～10 月	9～10 月

用胎生种子繁殖，种子通常在 6～8℃的环境下储存，同时保持低温与潮湿的条件；或者采用沙埋的方式贮藏。

　　用浆果繁殖的树种（如海桑和无瓣海桑等），一般待果实成熟后在水中浸泡几天，之后在腐烂的果肉中洗出种子后用清水贮藏，保持水分清洁。

　　2）苗圃地建立

　　苗圃地比较适合选在河口湾地区，这些地区盐度较低、风浪小、潮水能够淹没。对于苗圃地的处理需要清除苗圃地中的杂物并平整苗圃地，采用高度 1m 左右的纱网围住，并用低毒、低残留的杀虫剂清除其中的害虫。

　　在苗圃内选取一定区域，铺上 15cm 厚的营养土作为苗床。先使用高锰酸钾或者福尔马林对苗床进行消毒再进行播种。播种应该在造林的前 1 年秋冬季进行。播种时应该均匀撒种保证密度合适，防止种子堆积在一起。完成播种以后在种子上覆盖 0.5m 厚的营养土，轻压并用纱网固定。移开纱网的时间应该在种子发芽 10d 以后。

　　当种苗长到 5～6cm 高以后，将其移入营养袋中。营养袋规格为直径 8cm、高 10cm，装入完全腐熟的营养土。营养土配方为壤土∶有机质∶沙土=4∶2∶1，同时每立方米的土中加入 50kg 的磷肥。苗床间的距离为 0.5m，营养袋苗床宽度为 1～1.2m。

　　退潮后要根据幼苗的大小与潮水和气温情况对苗圃地进行浇灌，苗木越小越需要淡水补充。播种初期每天浇淡水 3～5 次，炎热或者小潮的时候需要加大淡水的浇灌量。另外，苗圃地需要预防冬季的突然降温，在冬季采取搭建薄膜温棚等措施。

　　出苗后可以结合苗木的生长情况施肥 2～3 次，但是在苗木出圃前 1 个月不施肥，防止生长过快导致木质化程度低。

　　应该定期清理苗圃地中的枯枝落叶等垃圾，同时对幼苗喷洒药剂来防止病虫害及螃蟹等动物的破坏。

　　苗木高度为 40～100cm 时适时移出造林苗圃，50～80cm 为最佳高度，整个苗木培育期从播种到出圃需要 10 个月左右。苗木质量要求茎干粗壮、木质化程度高、健康无病虫害。苗木有 3 个等级（Ⅰ～Ⅲ），分别是高度为 60～80cm、地径＞1.5cm、长势健壮并采用黏实含沙量小于 10%的土壤（Ⅰ），高度为 50～60cm 和80～90cm、地径为 1.0～1.5cm、长势一般并采用黏实含沙量 10%～20%的土壤（Ⅱ），高度为 40～50cm 和 90～100cm、地径＜1.0cm、长势较差并采用松散含沙量大于 20%的土壤（Ⅲ）。3 个等级中Ⅰ级土壤最好。

　　运输苗木时在交通工具上苗木叠放不能超过 0.5m 高，同时应该保持遮光、通风、保湿的环境，运输时间不能超过 1d。

3）红树林营造

（1）宜林地确定。红树林适合种植在海面线以上的潮滩，分为高、中和低潮滩3种。以河口和内湾的淤泥质滩涂较好，波浪较强的开阔海岸造林难度较大。

（2）树种选择。红树林建设中的树种选择需要因地制宜，根据不同的土壤、气候、盐度、潮滩高度及风浪等因素确定树种和配置形式，以选择优良品质的乡土树种为主，需要时也可以选择引进树种，同时还应该在保证树木存活的情况下提高林分的生物多样性。在保护红树林的省级与国家级自然保护区的核心区中造林，应该严格选择乡土树种，禁止外来树种。

可以选择的树种主要有慢生树种（海莲、尖瓣海莲、木榄、红海榄、榄李、秋茄树、桐花树和白骨壤等）和速生树种（海桑、无瓣海桑、拉关木、海杧果、银叶树、黄槿、杨叶肖槿、水黄皮、露兜树、木果楝、海漆等）。

不同红树植物对潮滩的高度要求不一样，少数红树植物能种植在低潮滩，如秋茄树、白骨壤、桐花树、无瓣海桑等；多数红树植物都能在中潮滩种植，如海桑、秋茄树、尖瓣海莲、木榄、桐花树和白骨壤等；半红树植物能在高潮滩种植，如海杧果、银叶树、海漆、榄李、海莲和水黄皮等。高盐度海滩等特殊地段，适宜种植的树种为秋茄树、白骨壤和无瓣海桑等。

（3）营造模式。红树林营造应在封滩的条件下进行，同时采用块状与带状混交的方式，形成功能稳定、具有复杂结构的多层林分。同时在造林区域保留部分裸露泥滩，形成红树林、泥滩与水道交错分布的格局。

（4）整地。在潮滩面低于海面线又需要营造红树林的潮滩，可以采用条带状挖填的方式提高潮滩面来达到要求，造林地内如果有杂草垃圾等，要进行清除。

（5）营造技术。红树林营造时间以春夏季为宜，最合适的时间为5～7月。

造林时树种繁殖体是种子的树种需要用实生苗，如银叶树、海桑等；繁殖体为胎生胚轴的树种可以直接在海滩上进行插植，如木榄、秋茄树等；少部分繁殖体为隐胎生胚轴的树种，也需要使用实生苗造林，如白骨壤和桐花树等。在风浪大、淤泥厚的潮滩，插植的深度为胚轴的2/3，插竹竿或者木杆固定胚轴；在风浪小、土质硬的潮滩，插植的深度为胚轴的1/2。淤泥较厚的低潮滩适宜深植，但是淤泥覆盖高度不能超过营养袋5cm，在土质较硬的高潮滩，泥土刚覆盖营养袋较好。

根据潮滩的立地状况与树种的生物学特性确定种植密度，淤泥厚、风浪小的潮滩应降低种植密度，土壤贫瘠、风浪较大的潮滩提高造林密度。慢生树种种植规格在0.3m×0.5m到0.5m×1.0m之间，用胚轴直插时密植，营养袋苗种植时加大行距；速生树种种植规格在 1.5m×1.5m 到 2m×3m 之间。土壤贫瘠、硬实的潮滩种植规格为 1m×1m，淤泥厚、避风的裸滩种植规格为 3m×3m。

4）红树林经营管理

（1）封滩保育。造林后应该进行封滩保育，禁止任何人员船只的进入，禁止挖掘、围网等活动。速生树种封滩保育期为 1～2 年，慢生树种封滩保育期为 3～5 年或更长。

（2）造林地清理。应该定期清理造林地内的垃圾、海藻等，并及时清理造林地内出现的油污。

（3）幼林修复。定期对受到损伤（如倒伏、根部暴露等）的幼苗进行修复，对缺损或者造林成活率低于 70%的造林地进行补植。

（4）危害防治。造林初期可以适当在树干上涂抹药剂，或者采用人工清除的方法防止螃蟹或者藤壶破坏幼树。在红树林区应该限制过度的下海捕捞，给鸟类提供充足的食物来源与空间，防止鸟类啄食幼树叶片。

第 9 章

生态林业展望

9.1　生态林业工程建设

9.1.1　山水林田湖草沙生态系统

农业生产是人类走出森林之后发展现代文明的基础，经过几千年的发展，由原来的刀耕火种形成今天的现代化农业生产模式，奠定了今日人类文明的农业基础。但是随着人口不断增长，对农产品的需求特别是对粮食的需求压力增加，农业开垦的土地面积不断扩大，极大地压缩了森林、草原、湿地等生态类型的空间，种植单一的农业品种规模越来越大，同时随着农药、化肥等现代化工农业生产资料的使用，以及不合理的水资源使用，农业用地质量下降并且引起了相关的次生生态问题，如土壤理化性质变差、生物多样性降低、病虫害严重、水资源紧张等。显然，长期以来没有把农业生产纳入大生态系统中去统筹考虑，只简单地考虑在一块农田上怎样做文章，其结果是有的地方不停开垦，不停弃耕、撂荒，有的地方是不断加大化肥、农药、水资源的投入量，农业生产变得越来越艰难。从 20 世纪 70 年代开始，寻找农业生产可持续发展之路就成为共识。

历史上有巴比伦文明毁灭的典型案例，农业遭受到重大生态灾难打击的美国西部沙尘暴，我国历史上多次黄河泛滥重创黄淮海平原农业生产，1998 年长江洪水灾害等。对此，恩格斯早就指出：我们不要过分陶醉于对自然界的胜利，因为对于每一次这样的胜利，自然界都报复了我们。曾经的美索不达米亚、希腊、小亚细亚及其他各地的居民，为了想得到耕地，把森林都砍完了，但是却想不到，这些地方如今竟因此成为不毛之地，因为他们使这些地方失去了森林，也失去了积聚和贮存水分的中心。为了治理水土流失、控制风沙、减轻不良环境对农牧业生产的危害，我国相继开展了以区域环境改善为中心的防护林建设工程、以流域水土流失控制为目的的小流域综合治理工程。无论是防护林体系理论还是小流域治理理论，从开始都渗透着山水林田湖草是一个生命共同体的朴素思想（关君蔚，1979）。

我国科学家从 20 世纪 50 年代开始开展了防护林及防护林体系的研究，利用森林的防护功能定向营造以防风固沙、水土保持、水源涵养等生态服务功能为主的防护林，服务于农林牧业生产（关君蔚，1962）。从 70 年代开始开展了对防护林体系的研究，利用多种防护林的防护功能相互协调，针对干旱、风沙、水土流失、强风、盐碱、低温寒害等不良环境因子，分别营造专用的防护林林种，形成以改善区域生态环境条件为目的的防护林体系（李广毅 等，1995；关君蔚，1998；张光灿 等，1999b）。在 70 年代末开展了三北防护林体系工程建设，随后陆续展开了长江、黄河、珠江等流域防护林体系及平原绿化、太行山绿化、京津风沙源治理等防护林工程建设，这些工程建设的实践需求也推动了防护林及防护林体系理论与技术研究的发展（高志义，1997）。在有关三北防护林体系建设的《国务院批转国家林业总局关于在三北风沙危害和水土流失重点地区建设大型防护林的规划》（国发〔1978〕244 号）中明确指出：有计划地营造带、片、网相结合的防护林体系，是改变这一地区农牧业生产条件的一项重大战略措施。进入 90 年代以后，随着全球环境变化及可持续发展的要求，林业的经营思想也得到根本性转变，林业的生态服务功能更加突出，森林作为陆地生态系统的主体，承担着国土生态安全的关键与纽带作用，针对我国地形地貌与气候的复杂性、多样性，构建多种多样的林业生态工程建设与其他生态工程相结合的国土生态安全网络体系。例如，在河西走廊，如果没有祁连山的森林涵养水源，就没有"金张掖、银武威"；如果祁连山区森林植被建设、保护不好，河西走廊的粮食和农业现代化建设就很困难。当地老百姓把河西防护林建设比喻为"三条龙"，即将祁连山森林比作青龙，北部沙荒比作黄龙，走廊绿洲农田林网比作绿龙。因此，要建设祁连山水源保护林保住青龙，沙区治理与植被建设要锁住黄龙，农田林网建设要发展绿龙（傅辉恩和李润林，1997）。这样通过防护林这个关键与纽带对山区、沙区、平原农区进行系统治理，形成一个区域防护林体系，才能保障该地区的农业生产，山、水、林、田、湖、草是相互联系的有机生命共同体，忽略任何一方，该区的农业生产都会变得非常艰难。

同时，一个流域是一个相对独立的自然地理单元，流域内在自然环境上是一个整体，山、水、林、草、田相互依存，自然、经济、社会联系密切，是一个自然-经济-社会复合系统，因此可以作为一个生态环境综合管理的基本单位（齐实和李月，2017）。我国在 80 年代初就确定了小流域是水土流失综合治理的基本单元，提出了以小流域为单元，山、水、田、林、路全面规划，生物措施、农业措施、工程措施合理配置，农、林、水共同参与，农、林、果、牧协调发展的水土流失综合治理思路（高博文和郭索彦，1989）。针对不同地理区域小流域的特点，创造了不同治理区的典型模式。例如：黄土区陕北延安的韭园沟、纸坊沟治理模式，山西吉县蔡家川模式，山西右玉县沙棘治理模式，红壤区的江西千烟洲治理模式，福建长汀小流域治理模式，喀斯特地区的贵州毕节小流域治理模式等，直到最近发展到清洁小流域治理模式，将人与环境协调发展、人与自然和谐相处作为其进一步发展的指导思想，在传统小流域治理的基础上，将小流域内的水生态环境、村落环境及景观建设纳入小流域综合治理之中，把水土资源综合治理与利用和环境保护融为一体，在"生态修复、生态治理、生态保护"三道防线框架下进行小流域综合治理；按照"养山保水、进村治水、入川护水"的思路，上、下游统筹协调，沟、支、干统一规划，点、线、面综合治理，对水资源进行系统保护（王振华 等，2011）。进入 21 世纪后，小流域水土流失治理更加突出绿色、生态、循环的发展理念，治理与开发相结合，依托治理后的优良环境，重点发展特色种植和养殖产业，推动流域农业产业升级，提升流域生态景观价值，带动地区生态文化发展，把"绿水青山就是金山银山"的理念落实到小流域水土流失综合治理的目标中。

习近平总书记提出了"山水林田湖草是生命共同体"的概念，并且指出，人的命脉在田，田的命脉在水，水的命脉在山，山的命脉在土，土的命脉在树。简而言之，山水林田湖草生命共同体的概念就是要从整体性、系统性和综合性去看待自然，解决人类面对的生态环境问题，保障社会经济的可持续发展。首先，农田是百姓生存温饱的基础，建设好高产稳产的基本农田是根本；其次，水是农业的命脉，是水利还是水害，与山地的水源涵养与保护功能有关；最后，山地的水源涵养能力与土壤植被有密切关系，而植被是土壤保持的关键所在。

粮食安全是国家安全的首要问题，而农田则是粮食安全的核心所在。因此，林-山-土-水-田是一个有机的生态系统，生态林业建设是生态农业建设与国土生态安全的重要保障。例如，黄土高原地区通过淤地坝工程解决粮食和水资源这个关键环节，以促进生态保护和退耕还林还草，达到流域系统综合治理目标（师晨迪 等，2019）；"天府之国"四川成都平原与阿坝、甘孜及盆周山地的森林生态系统息息相关，周围山地森林的水土保持与水源涵养滋润了成都平原，高大的山脉屏障了冷气团的侵袭，而茂密的森林植被保护了山岭的安全，因此，没有阿坝、甘孜及盆周山地的森林，也就没有都江堰和"天府之国"；做好岷江山地等的水土保持与森林生态系统保护与建设，川中盆地建设才有生态安全保障。对于整个黄河流域这样一个复杂的山水林田湖草生命共同体来说，流域内众多的支流和独特的黄土高原既补充了黄河大量的水资源，也输入了大量的泥沙，除了分散在河流的干支流两岸及山坡上的农田外，最主要的是黄河中游河套地区的农田和黄河下游的豫鲁大平原，那里是我国的粮食主产区。过去历史上由于严重的水土流失和洪水泛滥，常常淹没两岸及下游的农田，造成粮食绝收的严重后果，而通过小流域治理和防护林体系建设，输入黄河的泥沙减到历史最低水平，两岸及下游的农田生产安全得到了根本保障，林业及林副产品支持了地方经济结构调整，增加了农民收入。

在生态环境治理中，我们必须统筹山水林田湖草沙生命共同体的综合治理，在开发利用山、水、林、田、湖、草中的任何一种自然生态要素时，都要考虑要素之间的相互关系，小心求证是否会对整个生态系统造成影响。如何统筹基本农田建设、农林渔牧业、社会经济发展与水资源管理、水土保持、环境保护、森林营造各层面的关系，综合土壤、植被、水文、气候等环境因子的变化，因地制宜地实施山水林田湖草生态系统的整体保护、系统修复和综合治理已成为众多学者广泛关注的科学问题（马蓉蓉 等，2019；王晓玉 等，2019；于恩逸 等，2019）。生态林业作为国土生态安全的重要基础，必须要符合山水林田湖草生命共同体的基本原则，与农业、水利、国土、环境保护等关系密切行业相协调，从国家生态安全格局大战略出发，根据生态系统的特质与生态修复的需求，以生态环境问题和生态功能为导向，在适宜的空间位置上扮演好自己的角色。在现有防护林体系工程及生态修复工程规划建设的基础上，结合新的国土空间规划与生态功能分区，与基本农田建设及生态农业相结合，与水土流失综合治理相结合，与国土的生态修复相结合，在山水林田湖草沙生命共同体理念指导下，进行统一规划、统一保护、统一修复，使生态林业建设成为系统治理方案的纽带和关键，达到实现山水林田湖草沙的整体保护修复的目的。为此，生态林业工程作为山水林田湖草沙生命共同体中的"林"，应该重点关注以下几个方面：首先，生态林业工程需要与流域治理有机结合，系统研究不同流域尺度上山、水、林、田、湖、草、沙的共生机制及其相互影响的生态过程、水文过程，并充分考虑资源环境承载力，以经济社会的高质量发展与保障粮食安全为目标，在生态与系统理论支撑下优化流域生态景观格局，在流域尺度上因地制宜、因害设防建设生态林，使防护林体系与流域治理有机融为一体，实现山水林田湖草沙的整体修复；其次，我国国土面积辽阔，南北、东西自然环境差异很大，不同地理区域所面临的生态环境问题不同，需要分区分类，依据区域突出生态环境问题与主要生态功能定位，确定生态保护与修复整体解决方案，确定符合自然地理环境条件的"林"的比例及适宜的空间位置，建设生态林业工程；再次，流域地形地貌、土壤、植被、水资源、土地利用等变化影响山、水、林、田、湖、草、沙各要素之间的相互关系，在生态林业工程建设中，应注重大数据、遥感数据、生态水文数据的应用，遥感数据、生态水文数据、大数据的分析能较好地反映流域生态的时空变化及流域水文要素之间的相互作用，对于系统分析与规划有重要的支撑作用；最后，当流域内的生态林稳定并发挥效益后，要在人工生态修复的基础上积极引导生态自然修复，尽量减轻人为干扰，积极引导生态系统朝着健康有序的方向演替，山水林田湖草共同体由治理为主向保护与健康管理为主转变。

9.1.2 生态林营造技术

我国在生态林业工程建设技术及其相关领域已经开展了几十年的研究工作，特别是自 1978 年三北防护林工程实施以来，随着天然林保护工程、退耕还林还草工程、防护林体系工程、治沙工程及自然保护区工程等生态林业工程建设的展开，有针对性地配合不同类型生态林业工程的建设开展了一系列科学研究，在生态林的空间配置、营造技术及管理技术等方面取得了重要进展（关君蔚，2002；朱金兆 等，2004；朱丽 等，2012；覃庆锋 等，2018；朱教君和郑晓，2019）。在生态林业工程建设方面，从单一防护型向生态效益、经济效益、社会效益并重型转变，从单一造林型向多功能农林牧复合经营型转变，从粗放型向集约经营型转变。在生态林结构与体系方面，从单一乔木型向乔灌草相结合转变，从纯林型向多树种相结合的混交型转变，从简单的植被地表覆盖需求向立体多层次结构及丰富的物种多样性需求转变。在生态林营造技术方面，从以造为主向造、封、育、管相结合的方向发展，从粗放的简单造林活动向以工程造林、径流林业等标准化方法造林的方向发展。在生态林的配置与布局方面，从简单的形式设计、经验型的配置，向以生态学、系统工程理论为指导的因地制宜、因害设防的功能设计、分类指导、分区实施、系统配置的方向发展（朱金兆 等，2002；饶良懿和朱金兆，2005；朱志芳 等，2008；陈俊华 等，2014）。生态林业工程建设总的发展趋势是以水土保持、防风固沙等生态环境功能为主，兼顾区域农村经济发展，适应不同的自然区域，形成以多年生木本植物为主体的复合型生态经济产业体系和生态环境保护体系，为国民经济向可持续方向发展提供良好的生态环境保障。展望生态林业工程的发展，今后主要集中在生态林高效空间配置技术、林分结构设计与调控技术、林草植被恢复技术等方面。

1. 生态林高效空间配置技术

生态林空间配置是指生态林布局的土地利用结构、林种结构和林分的空间布局。生态林空间配置从研究尺度上来说目前主要是在景观尺度、小流域尺度、坡面尺度和群落尺度 4 个尺度上进行，从空间上来说在水平配置、垂直配置和对位配置 3 个维度上进行。

景观尺度的生态林空间配置的研究内容集中在区域最佳的森林覆盖率是多少、森林类型与其他土地类型的空间关系、区域生态系统的完整性与连续性；小流域尺度的生态林空间配置是通过不同树种、不同植被群落的水文、泥沙、小气候效应及小流域的自然环境与生态系统特点分析，结合流域土地利用规划，提出不同功能的生态林空间对位配置模式及合理的森林覆盖率，并基于土地资源承载力，合理调整农林牧结构比例，对位配置林种、树种，使防护效益最佳，同时兼顾经济效益；坡面尺度的生态林空间配置主要研究生态林对水土流失、降雨径流的调控效果及其与农田、经济林等其他土地利用类型的结合与协调，也是小流域尺度生态林空间配置的基础；群落尺度的生态林空间配置主要针对生态林的林分结构，研究其能达到适地适树、发育成稳定的群落层次结构，满足生态林的功能要求。

生态林空间配置中的水平配置主要解决生态林的空间平面布局及其与其他土地利用类型结合、林种组成、林种比例问题；垂直配置主要解决生态林的林分内部结构及其对空间的高效利用问题，并形成稳定的林分结构；对位配置主要解决的问题是依据生态防护区域的立地条件和防护目的，以关键防护地段为重点，在不同生态环境类型地域单元上配置不同结构的植被类型，以满足生态防护的基本需求。生态林的水平配置主要分析生态防护区域的主要生态环境问题，分析规划设计区域地形、地貌、土壤、气候及植被条件，从区域或流域生态系统完整性角度研究农林牧用地的平面镶嵌规律以确定生态林的空间位置，形成与其地理生态环境相适应的森林植被覆盖，构成平面布局；研究与立地条件类型相适应的林种组成和林种比例，建设具有合理水平结构的生态林体系，从而达到改善规划区域生态环境的目的。生态林的垂直配置主要研究生态林的乔、灌、草种选择，树种的空间搭配模式；依据生态防护目的和自然环境条件，通过分析立地因子、树种类型、经营目标及自然环境因素，研究设计出适应不同立地条件的、多层次的生态林的林分结构。生态林的对位配置主要研究环境资源位与生态防护需求位之间的协调一致性，通过对主要防护目标及林分生长所需立地条件，特别是小地形、小气候、植被类型等因素的分析，研究生态防护区域所出现的生态环境问题及其成因、自然与社会条件、不同树种及生态林类型的生态防护功能，按照既能满足林分生长的基本生态条件，又能满足生态防护目标的基本原则，优化生态林的空间位置与植被类型，以达到防治措施需求位与资源位相互适宜、相互吻合的目标。

2. 林分结构设计与调控技术

生态林的林分结构决定功能，有什么样的林分结构就会发挥相应的生态功能。生态林因其独特的生态防护功能而划分为不同的防护林种，如水土保持林、水源保护林、防风固沙林、农田防护林等，除了用一般的树种、株数、胸径、树高、相对空间位置等因子来表征林分结构外，还需要其他因子来表征其独特的林分结构（王力刚 等，2013；赵阳 等，2011），如防护的透风系数、林带走向、农田林网的网格大小、农林复合经营的水平与垂直结构等。评价林分合理性的指标往往是生态功能评价指标，而不只是林分自身的生长指标，如评价水土保持林林分合理性指标是径流泥沙产量，水源保护林林分合理性指标是降雨转化为地下水的比例及暴雨洪峰大小，防风固沙林林分合理性指标是输沙量，农田防护林林分合理性指标是风速，等等。

在前期生态林业工程建设中，对于扩大防护林的面积很重视，除了一些特殊的防护林外，对于不同生态防护目的的生态林的林分结构重视不够，其中大面积的以水土保持和水源涵养为目的的防护林林分只是按照普通的森林培育去营造，忽视了其林分结构的独特需求。例如，我国南方大面积的马尾松林和杉木纯林、北方的杨树纯林和刺槐纯林，存在树种单一、造林密度高、林下植被稀少、林地的水土流失严重等问题（袁再健 等，2020）。这就是因为林分结构不合理，地表缺乏林下植被和地被物的保护，降雨过程中不能消除降雨的雨滴动能，增加土壤入渗，无法有效拦蓄地表径流，基本上没有发挥水土保持与水源涵养功能，形成"远看绿油油，近看林下流"的奇特人工林景观。南方地区为了增加毛竹林的产量，常常把竹木混交林改成竹子纯林经营，几年后竹林下土壤板结，土壤入渗能力急剧下降，板结层下土壤水分锐减，幼竹因缺水生长到 7~8m 就会死亡，雨季时竹林下暴雨径流量急剧升高，增加了洪水危害；北方地区很多农田防护林只是沿着地埂栽植一排或几排树木，有的树木残缺不全，林带或林网结构设计指标不合理，无法起到应有的防护效果，林带缺口处的庄稼反而受害更为严重；北方地区的防护林普遍存在造林质量不高、林分结构不合理、林分生长早衰等问题（张晓明，2020）。今后，生态林的建设要从先前以扩大造林面积为主，逐渐向空间结构优化和林分合理搭配的稳定高效经营方向发展，即从数量型发展转变为质量提升新阶段，林分结构的调整成为提高生态林效益的主要措施。

对于生态林的林分结构调控技术研究，重点考虑林分结构稳定性和林分的生态功能两个方面。在林分结构稳定性方面，主要解决适地适树、资源环境承载力、定向培育目标的问题。适地适树是根本，要从过去定性研究转到定量研究树木的生理生态学特性，为树种选择提供可测量的标准参数；资源环境承载力是基础，尤其是水资源承载力是关键，林水平衡的林分经营理念要受到重视；定向培育的目标是结果，需要达到生态林营造的基本目标。在林分的生态功能方面，需要研究林分结构与其相对应的生态防护功能，重点研究林分结构对环境生物、水文、土壤侵蚀等过程的作用，找到满足生态防护目标的不同林分结构类型及其参数，作为林分经营的指标。

3. 林草植被恢复技术

林草植被恢复技术是以恢复生态学和森林培育学为基础的生态林营造及生态修复的技术，包括自然恢复、人工促进恢复、人工恢复，依据生态系统退化的阈值采取相应的恢复对策。退化植被系统的恢复常见有两种途径：一是通过改变立地条件，模拟当地原生植被系统的结构、功能，彻底恢复到具有地带性特征的原生植被系统，称为完全恢复；二是采用部分恢复或阶段性恢复退化植被系统的策略，恢复到顶级植被系统之前的某种中间状态，称为不完全恢复。此外，植被重建是在植被系统经历了各种退化阶段或者超越了一个或多个不可逆阈值，已全部或大部分转变为裸地时所采取的一种人工恢复途径。植被重建适于极度退化的荒山、荒沙及条件很差的退耕地等类型，也是生态林业工程建设的主要场地。选用何种植被恢复策略，必须认真研究森林生态系统在干扰情况下的演替规律，并结合现有的技术经济条件，确定规划、设计和管理各种参量，采用技术经济的植被恢复手段，使受损的生态系统在自然和人类的共同作用下，得到真正的恢复、改建或重建。在对现有技术进行筛选集成应用的同时，需要研究促进植被恢复的技术，特别是退化严重土地的植被恢复技术，同时也需要对现有人工植被恢复效果不理想或者出现植被不稳定的地段，研究进行改造提升质量的措施。

　　植被恢复是指根据生态学原理，通过一定的生物、生态及工程技术与方法，人为地改变和切断退化生态系统的主导因子或过程，调整、配置和优化植被系统内部及其与外界的物质、能量和信息的流动过程及其时空秩序，使生态系统的结构、功能和生态学潜力尽快地、成功地恢复到一定的或原有的，乃至更高的水平。在植被退化机理方面，需要针对不同自然地理区域、不同退化地的植被类型、不同退化程度的工程区，研究退化的影响因素和驱动力，判定植被退化的阶段或程度，分析植被恢复的主要限制因素及其人工调控的难易程度，确定植被恢复的目标是恢复成森林、灌木林还是草地，如果可以恢复成森林，则恢复成什么样的森林群落。在此基础上提出植被恢复的策略、步骤、应用技术、管理方法等实施方案。其核心是要通过分析恢复阈值，结合工程区域土地退化现状与自然环境条件，确定可以恢复什么植被，能恢复到什么程度，植被恢复的限制因素是否可以克服或缓解，以防止盲目的不符合自然规律的所谓植被恢复，造成恢复工程的失败。对于退化严重地段（如水土流失严重退化地、工矿开发严重污染区域土地、人工边坡地等）的植被恢复，一定要遵从自然演替规律，配合有限的立地改良措施，循序渐进地逐步引入植物，尽量增加植物的多样性，防止一刀切的单一乔木栽植模式。

　　对于生态林来说，应当使用近自然森林经营的方法。近自然森林经营是以森林生态系统的稳定性、生物多样性和系统功能的丰富性，以及缓冲能力分析为基础，以整个森林的生命周期为时间单元，以目标树的标记和择伐及天然更新为主要技术特征，以永久性林分覆盖、多功能经营和多品质产品生产为目标的森林经营体系。近自然森林是指以原生森林植被为参照对象而培育和经营的、主要由乡土树种组成且具有多树种混交、逐步向多层次空间结构和异龄林时间结构发展的森林。近自然森林可以是人为设计和培育的结构和功能丰富的人工林，也可以是经营调整后简化了的天然林，还可以是同龄人工纯林和以恒续林为目标改造的过渡森林。人工纯林改造的过程是一个漫长的过程，需要几代人的共同努力才能达到理想的近自然森林状态，整个改造过程一般是由纯林阶段经过改造阶段、过渡阶段，直到恒续林阶段，需要经历 4 个主要阶段。我国以前营造的大面积生态林是人工纯林，林分结构通常比较简单，不能满足生态林的功能需求，表现为生态服务功能、生物多样性、林分质量等较低。要通过人工经营达到理想化的近自然林，也就是恢复森林的天然活力，需要很长的时间，今后对于新建设的生态林，要尽量使用乡土树种，对于低效林的改造，要尽量恢复乡土树种，淘汰生长不良的树种，采用近天然林经营技术，促进人工生态林逐渐转变为近自然林，提高生态林的生态效益。

生态林的成熟与衰退问题与其生态环境效益、林分经营有密切关系，也是困扰防护林建设与更新的一个重要问题。有许多学者研究了不同树种防护林的防护成熟，包括防护效益与防护林年龄的关系、防护成熟对防护林永续利用的作用等，据此提出了一些主要防护林树种防护成熟的林龄，其共同定义的原则都是追求防护效益的最大化（杜晓军和姜凤岐，2002；王红春 等，2000；朱玉伟 等，2015）。但是很多防护林在未达到防护成熟时就出现了生长停滞甚至枯死等衰退问题。目前如何确定防护林防护成熟的标准国内外尚缺乏精确、有效的方法，防护林防护成熟的研究亟待加强。防护林的衰退与森林衰退相似，林分的生长指标、结构指标均变差，不过最直接的表现还是防护效能的大幅下降。因此，我们不仅要研究防护林衰退的效能指标，更应该研究衰退的机理及其演变规律，以期在防护林营造中避免这种现象。

我国现有宜林地的 68%分布在中西部地区，多为山高、石多、土层薄、风沙严重、干旱少雨、交通不便的地方。随着生态林业工程建设范围的扩大，面对的是越来越多的立地条件较差的严重侵蚀劣地，研究开发相应的植被恢复技术是支撑工程建设的关键所在。在我国，严重侵蚀劣地类型主要分布在黄土高原、喀斯特岩溶地区、干瘠土石山区、风沙区、干热干旱河谷、盐渍化区、高寒高原等区域，由于立地条件的特殊性和极端限制因素，生态历史上这些地区的植被长期处于严重退化状态，长期退化后植被恢复的难度极高。针对这些特殊立地的植被恢复技术的研究促进了植被恢复的速度、提高了植被恢复的质量。例如，对于立地条件分类与立地质量的研究促进了适地适树原则的普及和应用；以提高水资源利用效率为核心的径流林业、土内蓄水保墒、高吸水树脂的研究促进了人工促进植被恢复技术的应用；工程化造林技术的推广普及了标准化、规范化造林工程管理，极大提高了造林的成效；以 ABT 生根粉为代表的生物材料的应用促进了造林成活率和保存率的提高。但是，由于一些特殊立地条件极其严酷，特别是随着全球气候变化影响，现有的技术已经不能很好地满足生态林建设的需求，亟须引进推广先进的科学技术、加大对新型环保材料的研发力度，以解决林业生产中遇到的实际问题，提升我国生态林业建设的质量和效率。例如，干热、干旱河谷等生态脆弱地区的造林树种选择、适用造林技术等科研工作需要有突破性进展；抗蒸腾蒸发、保水促根等一些新材料与技术由于成本及技术成熟度等因素难以大规模推广，需要研究开发针对特殊环境因素的有效植被恢复技术及其应用材料。第一，种植技术。针对干旱、高温、强风、盐碱等不利环境因素，研究降低其影响的种植技术，调节极端环境因素的振幅，降低其对幼小植物成活与生长的危害程度。第二，土壤与水分保持技术。大多数的严重侵蚀劣地由于长期的水土流失，土壤理化性质很差，甚至土壤流失殆尽，干旱严重，生态系统退化已经超过了非生物阈值，快速控制水土流失是植被恢复的关键因素。因此，解决土壤与水分保持及提高利用效率的技术需要突破。第三，土壤微生境改良技术。围绕植物生长的有限区域环境改良技术，解决植物生长的基本环境需求，为生态恢复提供适当的人工辅助作用。第四，新材料研制。围绕土壤蓄水保墒与节水、降雨高效利用、土壤有益微生物利用、土壤理化性质改良、保湿促根、植物生长促进等方面进行研制与技术集成，形成综合技术体系。第五，抗逆性植物材料选育及良种繁育技术。良种是生态林业工程建设的基础，目前生态林营造可选择的植物材料并不是很丰富，特别是严重侵蚀劣地的生态恢复。因此，需要针对不同生态林业工程类型进行高抗逆性植物材料选育，包括高抗逆性良种培育和相应的有性或无性繁殖丰产技术，良种的组织培养、容器育苗、常规育苗、规模化工程化扩繁与育苗等良种壮苗的培育技术。

9.2　生态林业工程研究

9.2.1　区域环境影响

自从三北防护林建设以来，我国先后在主要水土流失区、风沙危害区和生态环境最为脆弱的地区，实施了以控制水土流失、改善生态环境、增加绿色植被覆盖为主要目标的多项生态林业工程。随着工程建设的进展，经过很多科学研究与工程建设部门的调查分析，对工程建设的阶段性生态效益、经济效益、社会效益，从不同的角度进行了分析，取得了一些结果，为工程建设的进一步发展提供了有益的参考。总体来说，生态林业工程建设的效益主要表现在以下几个方面。

一是增加了森林总量，提高了森林覆盖率。根据第九次全国森林资源清查

（2014～2018 年）的结果，全国森林面积 2.20 亿 hm²，森林覆盖率 22.96%，而工程开始的 1978 年森林面积 1.15 亿 hm²，森林覆盖率仅为 12%。清查结果还显示，我国防护林总面积 10 081.95 万 hm²，占林地面积的 46.20%，森林蓄积量 88.18 亿 m³，占全国森林蓄积量的 51.69%，其中水土保持林和水源保护林是防护林的主体（崔海鸥和刘珉，2020）。

二是形成了防护林体系，保护了水土资源。随着生态林面积的扩大，严重的水土流失、风沙灾害得到了控制，毛乌素、科尔沁、呼伦贝尔三大沙地全部实现了沙漠化土地净减少的根本性逆转。据《三北工程 40 年综合评价报告》评估，三北防护林经过 40 年的建设，累计完成造林面积 4614 万 hm²，明显改善了区域生态环境质量，水土流失治理成效显著，水土流失面积相对减少 67%，其中防护林贡献率达 61%。三北工程区森林水源涵养功能持续增强，单位面积水源涵养量从 1990 年的 73.92mm 增加到 2015 年的 75.14mm，空间格局呈东高西低、南高北低态势（王耀 等，2019）。通过长江防护林工程建设，一期工程项目区减少土壤侵蚀量 3.9 亿 t/a，二期工程项目区减少土壤侵蚀量 2.3 亿 t/a，上游金沙江流域和三峡库区水土流失面积分别减少了 10 万 hm² 和 8 万 hm²（覃庆锋 等，2018）。珠江流域到二期工程建设结束森林覆盖率达到 56.80%，比 2000 年增加了 12%；据水利部监测，治理前珠江流域水土流失面积 6.27 万 km²，占全流域国土面积 14.2%，经过治理，虽然水土流失面积降幅不大，但土壤侵蚀总量明显下降，轻度、强度侵蚀面积逐步减少；珠江防护林体系工程区西江流域（包括南盘江、北盘江）、北江流域土壤侵蚀量下降尤为明显，广东省东江、西江、北江中上游水质保持在 II 类以上，新丰江等大型水库水质保持 I 类水质标准，可直接饮用（刘德晶，2015）。四川省河流沿岸营建的竹林对氮、磷的去除率达到 60%～90%，有效降低了面源污染，净化了水质，保护了土壤（刘道平，2015）。通过海岸防护林建设，江苏省盐城海堤林林地地表径流降低了 33%～53%，土壤年侵蚀模数降低了 53%～65%，抗冲指数提高了 58%～133%（张纪林 等，1998）。

三是改善了农业生产环境，促进了粮食稳产丰收。据《三北工程 40 年综合评价报告》显示，三北防护林所建的农田防护林有效改善了农业生产环境，提高低产区粮食产量约 10%，在风沙荒漠区，防护林建设对减少沙化土地的贡献率约为 15%。平原绿化工程使 3400 万 hm² 农田实现了林网化，减轻了风沙、干热风、寒露风等对农作物的危害，干热风出现的频率也由建网前的每年 3～4 次减少到建网后的不足 1 次，单产平均增加了 10%～25%。对浙江全省 31 条典型林带进行抽样调查的结果显示，在沿海防护林防护下的农田经济作物的台风年产量比正常年减少 11.04%，无林带防护下农田经济作物的台风年产量比正常年减少 34.53%（张骏 等，2014）。在非重灾年份，江苏省盐城的农田林网（带）使小麦增产 5.1%～

13.5%、水稻增产 6.2%～12.8%、皮棉增产 10.3%～17.5%；在重灾年份，1 次强热带风暴时，有农田林网的农田水稻倒伏减产率减轻 2/3，皮棉保产 28.1%（张纪林 等，1998）。

四是推动了地方经济发展，加快了人们致富步伐。各地生态林业工程建设中，调整林种树种结构，因地制宜地发展了一批经济林、用材林、特用林等，增加了人们经济收入，涌现出了一批依靠林业致富过上小康生活的典型。浙江省通过长江防护林工程建设，生态环境得到很大的改善，当地农民实现了以山养林、以林蓄水、以水养鱼、以鱼富民的愿望，同时还丰富了旅游景观，促进了当地旅游业及相关产业的发展。

五是为应对全球气候变化做出了贡献。第九次全国森林资源清查结果显示，2018 年全国森林年涵养水源量 6289.5 亿 m^2、年固土量 87.48 亿 t、年保肥量 4.62 亿 t、年吸收大气污染物量 4000 万 t、年滞尘量 61.58 亿 t、年释氧量 10.29 亿 t、年固碳量 4.34 亿 t（约折合 15.91 亿 t 二氧化碳）。

我国分区域或流域大规模建设生态林，最主要的目的是以生态林为主体和纽带，改善区域或流域的不良自然环境条件，为农牧业生产和百姓生活提供良好的生态环境。多年来，有关生态林与生态环境关系的研究重点是生态林自身的环境效益（雷孝章 等，1999；刘勇 等；2007；党普兴，2004），而生态林作为生态环境改良的主体和纽带，对区域或流域生态环境影响的研究比较少，虽然有一些研究，但其计算或计量方法的科学性严谨性不足，导致其研究的理论结果与实际有一定差距，很难准确反映生态林对区域或流域生态环境影响的效果。因此，今后要加强对生态环境变化的监测、计量方法与指标的研究，形成一套科学严谨的区域或流域生态环境的指标、数据采集方法、计算分析方法，形成生态环境效益分析的指标与数据标准。在此基础上，重点是要研究如三北防护林区域、长江流域防护林等区域或流域，随着防护林的建设及防护林体系的逐步完善，通过重要的与典型的生态环境指标变化率说明生态环境的实质性变化有哪些，其中生态林贡献度是多少，气候自然变化贡献度是多少，真正能从科学数据上说明生态林对地理大尺度生态环境的影响有哪些方面，程度如何，趋势是什么。同时，通过这样的分析，可以找到生态林空间布局和林分结构与区域生态环境效益的关系，在生态林的规划设计与经营管理中做出相应的调整，增强生态林营造的科学性，加快以区域或大流域为尺度的新的生态空间格局形成，达到形成良好区域生态环境的最终目标，同时也使公众了解生态林在形成良好生态环境中的具体作用，促进社会的生态文明发展。

9.2.2 复合生态系统

生态林业工程不仅是一项生态修复的措施，也不仅是防护林体系建设或流域的水土流失治理与水资源保护工程，它还是区域或流域的社会-经济-自然复合生态系统的重要组成部分。生态林业工程要着眼于山水林田湖草沙生态系统的整体功能与效率，强调生态林在这个复合生态系统中的关键与纽带作用，强调生态林与其他因素的协调机制，而不是简单地依靠单一林草因子和单一功能的林种或树种，单纯地解决某一方面的生态环境问题，而不考虑经济、社会问题。这个复合生态系统理论的核心是生态整合，通过结构整合和功能整合，协调子系统及其内部组分的关系，使子系统的耦合关系和谐有序，实现人类社会、经济与自然间复合生态关系的可持续发展（蒋高明，2018）。因此，生态林的建设要与防护林体系、流域综合治理、美丽乡村建设、地方经济发展、生态文明进步等相结合，修复受损的自然生态系统，建立安全的生态屏障，依据市场对林业及林副产品的需求调整优化经济结构，提高经济产品的多样性和抗风险能力，促进社会生态文明建设，构建可持续发展的复合生态经济系统。

在我国，生态林业工程项目的实施区域主要落实在国家划定的 25 个重点生态功能区，生态林建设的主要任务是水源涵养、水土保持、防风固沙及物种多样性保育 4 个方面，这些都是保障国家生态安全的重要区域，以保护和修复生态环境、提供生态产品为首要任务，同时除了禁止开发的重点生态功能区外，也可以因地制宜地发展不影响主体功能定位的适宜产业。我国的防护林建设经历了由纯粹的单一防护目的向多功能防护林的转变过程，很多学者和建设者注意到了生态林的生态效益与经济效益相协调对防护林工程建设可持续的重要性（赵宗哲，1985；李建树，1989；傅健全，1993），并且一些地方在防护林工程建设中开始有意识地安排一些经济价值较高的多功能树种以兼顾经济效益（赵英铭 等，2012）。最早在 20 世纪 90 年代初开始了生态经济型防护林建设模式，并提出了生态经济型防护林的基本内涵及其区域生态经济型防护林体系建设模式（高志义，1991；高志义和任勇，1993）。以防护林为主体，用材林、经济林、薪炭林和特用林等科学布局，实行组成防护林体系各林种、树种的合理配置与组合，充分发挥多林种、多树种、生物群体的多种功能与效益，形成功能完善、生物学稳定、生态经济高效的防护林体系建设模式。生态经济型防护林的概念，仍然限于防护林本身结构的调整，只是考虑到了防护林自身的生态效益与经济效益相结合，而没有延伸到生态林与经济、社会更紧密的联系。

生态林业工程作为区域或流域复合生态系统的重要组分，在一个完整的中、小流域中，生态林的建设不仅要考虑满足生态服务功能需求的体系配置，还要考虑通过不同生态林的林种合理空间配置与土地利用相结合，与流域内的农、果、牧、渔相结合，高效地发挥水土资源的潜力，兼顾多种用途的林种，不同林种的生态效益互补，形成完整的流域生态防护体系和产业体系；同时注重生态林林分的结构优化，多功能树种、乔灌草相结合，通过林分立体空间的充分利用，形成生物学稳定、具有良好生态防护效益和林业生产效益的生态林防护体系。在新的发展时期，我国广大乡村正处在由传统生态农业向现代高效生态农业优化转型与提质升级的重要阶段，需要通过现代高效生态农业来解决乡村资源与环境问题（刘朋虎 等，2018），充分发挥生态林的生态与经济功能。因此，在生态林业工程建设过程中，要围绕保障粮食安全、调整经济结构、增加农民收入，发展山区、林区、沙区林草特色经济和产业，保障农民的劳务收入和木质、非木质产品收入，提高农村的经济和生态文明水平。这就需要在研究制定一个区域或流域的生态环境修复规划方案时，从社会-经济-自然复合生态系统的角度统筹考虑。一方面，要考虑生态系统退化的现状与修复需求、区域或流域生态系统的完整性，制定生态修复的综合措施方案；另一方面，要考虑当地社会经济发展的需求，统筹土地利用和农林牧业经济发展，测算对林业产品及其林业经济的需求，优化调整土地利用和各种种植比例，最后统筹生态修复与社会经济需求，确定生态林的建设方案。这就需要农、林、水、牧、渔、土地、生态环境等各相关部门一起参与制定生态修复与保护的总体方案，突出生态林在总体方案中的角色与定位。保障生态林建设方案是复合生态系统规划方案的重要组成部分，为社会经济可持续发展提供重要的生态基础设施。对此，需要从社会-经济-自然复合生态系统出发研究生态林系统规划方法，而不是仅仅把生态林简单地理解为一个生态修复的林草措施，或只从林学或水土保持学的角度研究生态林的区域或流域规划方法。

9.2.3　生态林业

不合理地开发和利用自然资源是对自然环境的破坏，如滥伐森林、陡坡开垦等造成的水土流失、洪水灾害加剧、土地退化、物种消失等生态破坏问题，一度成为制约我国社会经济发展、三农问题解决的重要因素，经过几十年的防护林业工程建设、水土流失治理、防沙治沙、退耕还林还草等生态修复措施实施，生态环境正在逐步好转。但是，由于我国地域辽阔，自然条件复杂，地理地貌基底独特，降水量地区差异和季度变化大，一旦植被破坏，水热优势立即会转化为强烈的破坏力量，造成洪涝、水土流失，乃至泥石流、山崩、塌方、滑坡等重大灾害，严重影响工农业生产和人民生命财产安全（孙鸿烈和张荣祖，2004）；恶劣多变的自然条件，分布广泛、类型多样、演变迅速的生态环境脆弱带，导致我国大部分地区生态承载力相对低下，生态环境修复极其困难，今后生态林业工程的建设任务还非常艰巨。

生态林业工程承担国家既定的生态环境建设任务，是实现国家生态环境建设总目标的重要组成部分，需要分阶段完成既定的建设目标。国家生态环境建设的目标是：到 2030 年完成第二阶段建设任务，力争使全国生态环境明显改观。全国 60%以上适宜治理的水土流失地区得到不同程度整治，黄河长江上中游等重点水土流失区治理大见成效；治理荒漠化土地面积 4000 万 hm²，新增森林面积 4600 万 hm²，全国森林覆盖率达到 24%以上，各类自然保护区占国土面积达到 12%，旱作节水农业和生态农业技术得到普遍运用，新增人工草地、改良草地 8000 万 hm²，以及一半左右的"三化"草地得以恢复。重点治理区的生态环境开始走上良性循环的轨道。到 2050 年，全国建立起基本适应可持续发展的良性生态系统。全国适宜治理的水土流失地区基本得到整治，适宜绿化的土地植树种草，林种、树种结构合理，森林覆盖率达到并稳定在 26%以上；坡耕地基本实现梯田化，"三化"草地得到全面恢复。全国生态环境有很大改观，大部分地区基本实现山川秀美。

为实现国家生态环境建设的总目标，落实国家"两屏三带"生态屏障建设任务、实施重大生态修复工程、构建国土生态安全格局的生态环境建设任务，生态林业工程要按照因地制宜、分区施策、突出重点、综合治理的原则，坚持生态优先，生态、经济和社会三大效益兼顾，在工程规划、发展内涵、科技支撑、经营管理等方面加强研究，推进工程建设的科学化、规范化，促进实用技术的推广应用，提高工程建设的效益。

在工程规划研究方面，增强规划的系统性。在国家可持续发展战略的实施、国民生态意识的增强、生态优先理念得到普遍认可的情况下，进行生态林业工程规划时，要加强研究生态林建设与基本农田建设、土地整治、水土流失治理、废弃地生态修复、水资源保护、流域管理等其他生态修复工程相结合，正确处理生态林建设与农业、牧业、水利、气象、环境保护等国民经济相关部门协调发展的关系，研究如何在景观、生态系统尺度上进行宏观规划的基础上，针对某一个具体生态林业工程的目的与建设条件，进行详细的规划以使生态林业工程成为当地自然景观与生态系统的自然组成部分，从整体上提高区域或流域生态修复的系统性和可持续性，做到资源利用与保护的平衡，实现生态林建设对大农业生产可持续发展与国土生态安全提供最大保障作用的主要目标。

在发展内涵研究方面，丰富生态林建设的内容。从山水田林湖草沙系统的角度分析生态林的地位和作用，研究土壤保持、水源涵养与水环境综合治理、农田整治、退化污染土地修复、矿山生态系统修复、森林草原生态系统修复、生物多样性保护等不同生态修复类型中生态林的作用，深刻理解生态林的结构与功能的关系，弄清楚生态林对解决不良生态环境因子的潜力与限制，在不同的生态修复工程中充分发挥生态林的生态服务功能。研究土地利用与经济结构调整、农民收入稳定增加、提供市场资源、发展绿色有机产品等方面生态林的潜力与可提供的资源量，开发生态林业工程服务于农、经、牧、渔等经济活动的新模式。

在科技支撑研究方面，研发、集成与推广相结合，提高生态林业工程建设的科技含量、保障工程建设质量。生态林业工程建设面对的是自然环境更差的区域，工程建设的难度倍增，重点需要突破的技术有抗逆性树种培育应用技术、干旱瘠薄地土壤环境改良技术、抗旱节水保苗技术等营造林的基础技术，以确保在严重退化立地上为森林植被的逐渐恢复创造基本的环境条件，提高工程建设的效率。同时需要研究林分结构设计与营造技术、生态林的系统空间配置技术、农林复合经营技术、林下经济、生态环境效益监测与效益分析技术，以完善林分空间配置、优化林分结构及提高生态经济效益。

在经营管理研究方面，增强近自然经营技术研究，重视生态林经营管理的标准化。目前对生态林的经营管理是弱项，重造轻管的现象依然严重，局部地区林分退化效益降低的问题需要认真研究（赵子夜，2018）。在现有森林植被分类经营的基础上，需要研究生态林的标准化管理方法，依据生态林业工程的特点和不同地域的自然经济条件，以生态林的主要服务功能为目标，对不同类型的生态林采用适宜的管理方法，避免不切实际的考核指标，同时研究建立统一的工程综合效益监测方法和评价体系，力求及时、客观、准确地反映工程建设成效。在生态林的经营上，研究适应不同地理环境、不同生态林类型的近自然经营方法，避免生态林经营的商品林化，通过较长时间的经营管理，诱导人工生态林逐渐自然林化，以增强生态林的林分稳定性和生态服务功能。

参 考 文 献

安丽华, 2013. 浅谈"生态林"建设与营造技术[J]. 黑龙江科技信息(21): 290-290.

柏方敏, 戴成栋, 陈朝祖, 等, 2010. 国内外防护林研究综述[J]. 湖南林业科技, 37(5): 8-14.

鲍玉海, 丛佩娟, 冯伟, 等, 2018. 西南紫色土区水土流失综合治理技术体系[J]. 水土保持通报, 38(3): 143-150.

曹宏杰, 焉志远, 杨帆, 等, 2018. 河岸缓冲带对氮磷污染消减机理及其影响因素研究进展[J]. 国土与自然资源研究(3): 46-50.

曹新孙, 陶玉英, 1981a. 农田防护林国外研究概况(一)[A]//中国科学院林业土壤研究所集刊(第五集). 北京: 科学出版社.

曹新孙, 陶玉英, 1981b. 农田防护林国外研究概况(二)[A]//中国科学院林业土壤研究所集刊(第五集). 北京: 科学出版社.

柴锡周, 傅庆林, 罗永进, 1995. 低丘红壤区生态模式的研究[J]. 浙江农业学报, 7(5): 400-404.

车克钧, 傅辉恩, 王金叶, 1998. 祁连山水源林生态系统结构与功能的研究[J]. 林业科学, 34(5): 31-39.

陈凤桐, 1952. 伟大的斯大林改造大自然计划[J]. 中国农业科学(9): 5-6.

陈火春, 楼毅, 郑云峰, 等, 2021. 我国沿海防护林体系工程建设可持续发展对策研究[J]. 林业资源管理(4): 13-16.

陈健波, 周卫玲, 黄开勇, 等, 2010. 澳大利亚的森林经营, 林业研究及启示[J]. 广西林业科学, 39(2): 112-114.

陈建卓, 田素萍, 葛茂杭, 等, 1999. 河北省太行山区小流域综合治理模式研究[J]. 水土保持通报, 19(4): 41-44.

陈俊华, 牛牧, 龚固堂, 等, 2014. 基于物元模型的中尺度流域防护林体系空间配置[J]. 广东农业科学(17): 51-57.

陈楷根, 曾从盛, 2000. 福建中高海拔丘陵山地农业气候资源评价及其利用——以漳平市永福镇为例[J]. 福建地理, 15(4): 14-18.

陈敏, 刘建虎, 叶成林, 等, 2017. 河岸带对氮磷的截留转化作用[J]. 云南农业(9): 77-80.

陈山虎, 黄永溅, 赵鎏夫, 等, 1997. 福建省赤红壤区农牧果沼生态系统模式研究——以莆田县忠门镇山后自然村为例[J]. 福建省农科院学报, 12(3): 53-56.

陈胜, 2010. 木麻黄栽培技术[EB/OL]. (2010-06-20)[2022-10-05]. https://ishare.iask.sina.com.cn/f/30REmMn2MpJ.html.

陈文彪, 1987. 我国南方的崩岗及其治理[J]. 人民珠江(6): 40-44.

陈永毕, 2008. 贵州喀斯特石漠化综合治理技术集成与模式研究[D]. 贵阳: 贵州师范大学.

陈玉军, 廖宝文, 黄勃, 等, 2011. 红树林消波效应研究进展[J]. 热带生物学报, 2(4): 378-382.

崔海鸥, 刘珉, 2020. 我国第九次森林资源清查中的资源动态研究[J]. 西部林业科学, 49(5): 90-95.

戴国富, 2012. 山桐子在石漠化地区生态恢复与重建中的开发利用研究[D]. 重庆: 西南大学.

戴俊宏, 2003. 林业苗圃工程绿篱建设探讨[J]. 林业调查规划, 28(2): 95-98.

但新球, 喻甦, 吴协保, 2004. 关于石漠化地区退耕还林工程若干问题的探讨[J]. 中南林业调查规划, 23(3): 7-8.

《当代中国》丛书编辑部, 1985. 当代中国的林业[M]. 北京: 中国社会科学出版社.

党普兴, 2014. 林业生态工程综合后评价指标体系与定量评价方法研究——以三北防护林体系建设四期工程第一阶段为例[J]. 西北林学院学报, 29(1): 244-252.

丁晓雯, 沈珍瑶, 2012. 涪江流域农业非点源污染空间分布及污染源识别[J]. 环境科学, 33(11): 4025-4032.

董凤丽, 2004. 上海市农业面源污染控制的滨岸缓冲带体系初步研究[D]. 上海: 上海师范大学.

杜晓军, 姜凤岐, 2002. 防护林防护成熟与干扰[J]. 植物生态学报, 26(增刊): 115-118.

杜旭, 李顺彩, 彭业轩, 2012. 植物篱与石坎梯田改良坡耕地效益研究[J]. 亚热带水土保持(9): 26-28.

段文标, 陈立新, 2002. 草牧场防护林营造技术的研究[J]. 中国沙漠, 22(3): 214-219.

段文标, 赵雨森, 陈立新, 2002. 草牧场防护林综合效益研究综述[J]. 山地学报(1): 90-96.

范志平, 关文杰, 曾德慧, 等, 2000. 农田防护林人工生态工程的构建历史与现状[J]. 水土保持学报, 14(5): 49-54.

冯舒悦, 文慧, 倪世民, 等, 2019. 南方典型崩岗综合治理模式研究[J]. 中国水土保持(2): 18-22.

傅辉恩, 李润林, 1997. 心血浇灌祁连青松——关君蔚先生为创建祁连山的森林水保功不可没[J]. 北京林业大学学报, 19(S1): 40-42.

傅健全, 1993. 谈珠江流域防护林体系工程建设[J]. 林业资源管理(6): 71-75.

高博文, 郭索彦, 1989. 水土保持小流域综合治理的作用[J]. 中国水土保持(1): 53-56, 66.

高贵龙, 邓自民, 熊康宁, 等, 2003. 喀斯特的呼唤与希望[M]. 贵阳: 贵州科技出版社.

高渐飞, 熊康宁, 苏孝良, 等, 2011. 喀斯特小流域石漠化综合治理技术研究——以贵州省毕节市石桥小流域为例 [J]. 水土保持通报, 31(2): 117-127.

高璟, 陈建卓, 高青, 2004. 河北省太行山区重点小流域综合治理技术体系与效益[J]. 河北林果研究, 19(2): 134-138, 148.

高岚, 李怡, 靳丽莹, 2012. 广东省自然保护区有效管理评估指标体系的构建与应用[J]. 林业经济问题, 32(3): 200-205.

高兴天, 刘虎俊, 袁宏波, 等, 2017. 灌木枝系结构与积沙效能野外观测[J]. 防护林科技(11): 1-4.

高志义, 1991. 试论"三北"生态经济型防护林体系[J]. 应用生态学报, 2(4): 373-378.

高志义, 1997. 中国防护林工程和防护林学发展[J]. 防护林科技(2): 12-15.

高志义, 任勇, 1993. 试论区域生态经济型防护林体系建设模式系统[J]. 西北林学院学报, 8(4): 84-89.

关百钧, 1995. 韩国治山绿化[J]. 林业科技通讯(6): 34-35.

关君蔚, 1962. 甘肃黄土丘陵地区水土保持林树种的调查研究[J]. 林业科学(4): 268-282.

关君蔚, 1979. 四千年前"巴比伦文明毁灭的悲剧"不允许在二十世纪的新中国重演[J]. 北京林学院学报(1): 1-8.

关君蔚, 1998. 防护林体系建设工程和中国的绿色革命[J]. 防护林科技(4): 6-9.

关君蔚, 2002. 中国水土保持学科体系及其展望[J]. 北京林业大学学报, 24(5/6): 277-280.

郭二辉, 孙然好, 陈利顶, 2011. 河岸植被缓冲带主要生态服务功能研究的现状与展望[J]. 生态学杂志, 30(8): 1830-1837.

郭浩, 范志平, 2004. 水土保持林体系研究的回顾研究[J]. 中国水土保持科学, 2(1): 97-101.

郭红艳, 万龙, 唐夫凯, 等, 2016. 岩溶石漠化区植被恢复重建技术探讨[J]. 中国水土保持(3): 34-37.

郭瑞军, 刘泉, 2012. 平原区农田防护林营造技术[J]. 现代农村科技(17): 44.

郭志芬, 1990. 适于我国草地建设的部分绿篱植物[J]. 中国草地学报(1): 14-18.

国家海洋局, 2008~2021. 中国海洋灾害公报[EB/OL]. (2022-04-08)[2023-03-05]. https://www.mnr.gov.cn/sj/sjfw/hy/gbgg/zghyzhgb/.

国家林业局, 2015. 中国荒漠化和沙化状况公报[EB/OL]. (2015-12-29)[2022-03-15]. http://www.forestry.gov.cn/main/65/content-835177.html.

何斌源, 范航清, 王瑁, 等, 2007. 中国红树林湿地物种多样性及其形成[J]. 生态学报, 27(11): 4859-4870.

何俊, 李妍红, 2019. 宁夏平原农田防护林小气候效应及对玉米产量的影响[J]. 广东农业科学, 46(7): 1-7.

侯晓梅, 郇长坤, 2015. 我国沿海地区台风灾害防范分析[J]. 新乡学院学报, 32(4): 62-68.

侯学煜, 1983. 皖西和皖南山地丘陵区发展大农业的途径[J]. 山地研究, 1(3): 10-16.

黄斌, 李定强, 袁再健, 等, 2018. 崩岗治理技术措施研究进展与展望[J]. 水土保持通报, 38(6): 254-259, 268.

黄沈发, 唐浩, 鄢忠纯, 等, 2009. 3种草皮缓冲带对农田径流污染物的净化效果及其最佳宽度研究[J]. 环境污染与防治, 31(6): 53-57.

黄石德, 王姿燕, 李建民, 等, 2015. 紫色土侵蚀区不同治理模式综合效益评价[J]. 亚热带水土保持, 27(4): 1-5.

黄艳霞, 2007. 广西崩岗侵蚀的现状、成因及治理模式[J]. 中国水土保持(2): 3-4.

黄在康, 1986. 谈谈"空中牧场"中的松针树枝嫩叶利用[J]. 江苏林业科技(2): 38-40.

黄志尘, 颜沧波, 2000. 安溪县龙门镇崩岗调查及防治对策[J]. 福建水土保持, 12(1): 39-41.

霍玉梅, 王红梅, 陈可新, 2012. 宾县沟河两岸水土保持林建设及小流域治理[J] 现代农村科技(20): 40.

纪永军, 贾林鸿, 王志诚, 2009. 半干旱风沙区草原防护林的营造技术研究[J]. 防护林科技(3): 24-26.

贾文龙, 2008. 对三北防护林体系工程建设中"体系"思想的思考[J]. 防护林科技(4): 56, 76.

蒋高明, 2018. 社会—经济—自然复合生态系统[J]. 绿色中国(12): 52-55.

金深逊, 周凯, 2005. 喀斯特地区发展生态畜牧业模式探讨——毕节石漠化地区人工种草养畜试验研究[J]. 农村经济与科技, 21(7): 99-101.

康波, 王勇, 2010. 农田防护林生态工程建设综述[J]. 内蒙古林业调查设计, 33(5): 12-15, 88.

乐肯堂, 1998. 我国风暴潮灾害风险评估方法的基本问题[J]. 海洋预报, 15(3): 38-44.

雷平, 邹思成, 兰文军, 2014. 不同干扰强度下江西武夷山河岸带阔叶林群落的结构与数量特征[J]. 植物科学学报, 32(5): 460-466.

雷孝章, 王金锡, 彭沛好, 等, 1999. 中国生态林业工程效益评价指标体系[J]. 自然资源学报, 14(2): 175-182.

李德成, 梁音, 赵玉国, 等, 2008. 南方红壤区水土保持主要治理模式和经验[J]. 中国水土保持(12): 54-56.

李广毅, 高国雄, 尹忠东, 1995. 国内外关于防护林体系结构研究动态综述[J]. 水土保持研究, 2(2): 70-78.

李国强, 蔡强国, 刘振举, 2007. 黑龙江省拜泉县水土流失综合治理的系统建设与实践[C]//内蒙古农业大学, 北京中国科学院地理科学与资源研究所, 台湾中国文化大学地理学系, 中国水土保持学会风蚀防治专业委员会, 香港中文大学. 海峡两岸环境与资源学术研讨会学术论文集. 呼和浩特: 内蒙古人民出版社: 251-259.

李海明, 2009. 云南省玉龙县喀斯特石漠化机理与防治对策研究[D]. 北京: 中国地质大学.

李吉玖, 王丽, 2020. 新疆天然林保护工程生态效益动态评价[J]. 新疆林业(5): 29-31.

李建树, 1989. 建设生态经济型"三北"防护林体系[J]. 内蒙古林业(9): 31-32.

李明江, 2008. 新型饲料——营养丰富的树叶[J]. 中国林业(15): 55.

李宁宁, 赵雨森, 朱丽娟, 2015. 黑龙江省黑土地水土流失治理现状、困境及对策[J]. 农机化研究(11): 259-263.

李萍萍, 崔波, 付为国, 等, 2013. 河岸带不同植被类型及宽度对污染物去除效果的影响[J]. 南京林业大学学报(自然科学版), 37(6): 47-52.

李庆东, 2019. 浅谈生态环境中农田防护林发展与作用[J]. 农民致富之友(14): 184.

李森, 董玉祥, 王金华, 2007a. 土地石漠化概念与分级问题再探讨[J]. 中国岩溶, 26(4): 279-284.

李森, 魏兴琥, 黄金国, 等, 2007b. 中国南方岩溶区土地石漠化的成因与过程[J]. 中国沙漠, 27(6): 918-926.

李森, 魏兴琥, 张素红, 等, 2010. 典型岩溶山区土地石漠化过程——以粤北岩溶山区为例[J]. 生态学报, 30(3): 674-684.

李世东, 2001. 世界重点林业生态工程建设进展及其启示[J]. 林业经济(12): 46-50.

李世东, 2021. 北非五国"绿色坝工程"[J]. 决策探索(上)(7): 74-77.

李思平, 1992. 广东省崩岗侵蚀规律和防治的研究[J]. 自然灾害学报, 1(3): 68-74.

李旭义, 查轩, 陈世发, 2009. 崩岗侵蚀治理范式结构与功能研究[J]. 水土保持研究, 16(1): 93-97.

李文华, 赖世登, 1994. 中国农林复合经营[M]. 北京: 科学出版社.

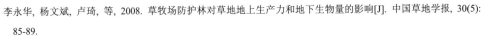

李永华, 杨文斌, 卢琦, 等, 2008. 草牧场防护林对草地地上生产力和地下生物量的影响[J]. 中国草地学报, 30(5): 85-89.

李智广, 刘务农, 2000. 秦巴山区中山地小流域土地持续利用模式探讨——以柞水县薛家沟流域为例[J]. 山地学报, 18(2): 145-150.

李子君, 李秀彬, 朱会义, 2009. 北方土石山区不同模式下的小流域综合治理效益[J]. 中国水土保持(1): 35-37.

李自珍, 程国栋, 惠苍, 2002. 绿洲防护林系统的最优控制模式及其应用研究[J]. 地球科学进展, 17(1): 27-32.

梁玉斯, 蒋菊生, 曹建华, 2007. 农林复合生态系统研究综述[J]. 安徽农业科学, 35(2): 567-569.

林长松, 潘莎, 2007. 贵州喀斯特生态脆弱区农林复合模式初探[J]. 安徽农业科学, 35(17): 5269-5270.

凌裕泉, 屈建军, 金炯, 2003. 稀疏天然植被对输沙量的影响[J]. 中国沙漠, 23(1): 12-17.

刘斌, 赵光耀, 杜守君, 等, 2001. 黄土高原风沙区综合治理关键措施组合模式[J]. 水土保持通报, 21(6): 64-68, 82.

刘道平, 2015. 关于我国防护林体系建设的思考[J]. 国家林业局管理干部学院学报(3): 11-15.

刘德晶, 2015. 关于珠江防护林工程建设的思考[J]. 林业建设(2): 15-21.

刘芳, 2008. 乌兰布和沙漠绿洲植物防护体系防风阻沙效益研究[D]. 杨陵: 西北农林科技大学.

刘广菊, 胡光, 曲海红, 2000. 半干旱风沙区疏林式草牧场防护林气象效应[J]. 东北林业大学学报, 28(5): 83-86.

刘海, 王旭, 王永刚, 等, 2018. 河岸带功能及其宽度定量化的研究进展[J]. 北京水务(1): 33-37.

刘霁, 2010. 喀斯特石漠化地区采矿环境影响及综合治理研究[D]. 长沙: 中南大学.

刘兰芳, 2008. 红壤丘陵区生态退化的原因及生态恢复对策——以湖南省衡阳市为例[J]. 安徽农业科学, 36(12): 5161-5162.

刘朋虎, 赵雅静, 王义祥, 等, 2018. 福建省丘陵区乡村高效生态农业发展思路与技术对策研究[J]. 环境与可持续发展(1): 118-125.

刘钦普, 2014. 中国化肥投入区域差异及环境风险分析[J]. 中国农业科学, 47(18): 3596-3605.

刘钦普, 2016. 农田氮磷面源污染环境风险研究评述[J]. 土壤通报, 47(6): 1506-1513.

刘彦随, 1999. 山地农业资源的时空性与持续利用研究——以陕西秦巴山地为例[J]. 长江流域资源与环境, 22(5): 411-417.

刘彦随, 方创琳, 2001. 陕西秦巴山地生态格局与农业资源持续利用模式研究[J]. 山地农业生物学报, 20(1): 39-46.

刘燕, 夏品华, 郑钧宁, 等, 2014. 河岸缓冲带植物配置模式对面源污染物的净化效果[J]. 贵州农业科学, 42(10): 248-251.

刘燕华, 李秀彬, 2007. 脆弱生态环境与可持续发展[M]. 北京: 商务印书馆.

刘洋, 2014. 喀斯特石漠化治理的水土保持效益监测评价研究[D]. 贵阳: 贵州师范大学.

刘勇, 支玲, 邢红, 2007. 林业生态工程综合效益后评价工作研究进展[J]. 世界林业研究, 20(6): 1-5.

刘玉国, 2013. 退化喀斯特植被恢复与土壤的关联机制[D]. 北京: 中国科学院大学.

刘钰华, 1995. 新疆绿洲防护林体系[J]. 干旱区资源与环境, 9(4): 187-192.

刘肇军, 2009. 贵州石漠化防治区经济转型研究[D]. 成都: 四川大学.

陆传豪, 代富强, 周启刚, 2016. 紫色土区小流域土壤保持服务功能的空间分布特征[J]. 水土保持通报, 36(1): 308-314.

陆春乾, 1996. 法国的林业生态[J]. 广西林业(3): 25-44.

吕大明, 周定生, 周哲麟, 2008. 我国西南地区石漠化生态综合治理典型模式研究[C]//贵州省生态文明建设学术研讨会论文集. 贵阳: 贵州省科学技术协会: 135-140.

吕仕洪, 向悟生, 李先琨, 等, 2003. 红壤侵蚀区植被恢复研究综述[J]. 广西植物, 23(1): 83-89.

罗海波, 2006. 喀斯特石漠化过程中土壤质量变化研究[D]. 重庆: 西南大学.

罗永猛, 石梅, 2013. 黔西北喀斯特山区石漠化生态修复技术模式探讨[J]. 林业实用技术(9): 22-23.

马蓉蓉, 黄雨晗, 周伟, 等, 2019. 祁连山山水林田湖草生态保护与修复的探索与实践[J]. 生态学报, 39(23): 8990-8997.

马世骏, 1983. 生态工程——生态系统原理的应用[J]. 生态学杂志(4): 20-22.

马世骏, 李松华, 1987. 中国的农业生态工程[M]. 北京: 科学出版社.

马世骏, 王如松, 1984. 社会-经济-自然复合生态系统[J]. 生态学报, 4(1): 1-9.

马媛, 丁树文, 何溢钧, 2016. 崩岗"五位一体"系统性治理措施探讨[J]. 中国水土保持(4): 65-68.

梅再美, 2003. 贵州喀斯特脆弱生态区退耕还林还草与节水型混农林业发展的途径探讨[J]. 中国岩溶, 22(4): 293-298.

梅再美, 熊康宁, 2003. 喀斯特地区水土流失动态特征及生态效益评价——以贵州清镇退耕还林(草)示范区为例[J]. 中国岩溶, 22(2): 136-143.

孟好军, 潘爱华, 常宗强, 2003. 祁连山区几种饲料灌木林树种的饲用价值分析[J]. 甘肃林业科技, 28(3): 11-13, 19.

莫斌, 陈晓燕, 刘涛, 等, 2016. 紫色土丘陵区土壤入渗及其测定方法研究[J]. 水土保持学报, 30(2): 117-121.

牛庆花, 彭博, 陆贵巧, 等, 2018. 河北省坝上地区牧场防护林的防风效能研究[J]. 水土保持通报, 38(4): 114-117, 124.

彭方仁, 李杰, 黄宝龙, 等, 2001. 海岸带不同复合农林业系统的小气候特征[J]. 植物资源与环境学报, 10(1): 16-20.

彭绍云, 2016. 福建省长汀县小流域生态经济的探索与实践[J]. 亚热带水土保持, 28(3): 36-39.

齐实, 李月, 2017. 小流域综合治理的国内外进展综述与思考[J]. 北京林业大学学报, 39(8): 1-8.

强志鹏, 时吉萍, 谢光, 1994. 桃叶药用临床研究及其开发前景[J]. 甘肃中医学院学报, 11(3): 47-47.

钦佩, 安树青, 颜京松, 2008. 生态工程学[M]. 南京: 南京大学出版社.

秦东旭, 吴耕华, 刘煜, 等, 2017. 不同类型河岸缓冲带水质净化效果研究[J]. 水土保持应用技术(4): 1-3.

覃庆锋, 陈晨, 曾宪芷, 等, 2018. 长江流域防护林体系工程建设 30 年回顾与展望[J]. 中国水土保持科学, 16(5): 145-152.

饶良懿, 朱金兆, 2005. 防护林空间配置研究进展[J]. 中国水土保持科学, 3(2): 102-106.

阮伏水, 2003. 福建省崩岗侵蚀与治理模式探讨[J]. 山地学报, 21(6): 675-680.

单宝霞, 王玉生, 刘玉琴, 等, 2009. 农田防护林的作用及营造技术研究[J]. 中国西部科技, 8(10): 53, 48.

师晨迪, 李娟, 徐艳, 等, 2019. 黄土丘陵沟壑区山水林田湖草生态系统修复与治理综述——以延安市治沟造地工程为例[J]. 湖北农业科学, 58(S1): 23-24, 29.

时永杰, 常根柱, 2003. 我国北方沙漠化概况、沙区地貌与气候特征[C]//我国西部荒漠化生态环境及其治理论文集: 90-93.

史德明, 1984. 我国热带、亚热带地区崩岗侵蚀的剖析[J]. 水土保持通报, 4(3): 32-37.

苏维词, 朱文孝, 熊康宁, 2002. 贵州喀斯特山区的石漠化及其生态经济治理模式[J]. 中国岩溶, 21(1): 19-24.

苏欣, 2014. 基于 GIS、RS 重庆涪陵岩溶地区石漠化变化趋势研究[D]. 重庆: 重庆师范大学.

孙策, 2007. 西北地区退耕还林还草模式研究[D]. 杨陵: 西北农林科技大学.

孙鸿烈, 张荣祖, 2004. 中国生态环境建设地带性原理与实践[M]. 北京: 科学出版社.

孙金伟, 许文盛, 2017. 河岸植被缓冲带生态功能及其过滤机理的研究进展[J]. 长江科学院院报, 34(3): 40-44.

孙莉英, 蔡强国, 陈生永, 2012. 东北典型黑土区小流域水土流失综合防治体系[J]. 水土保持研究, 19(3): 36-41.

孙习稳, 李晓妹, 2002. 水土流失是我国最严重的公害[J]. 国土与自然资源研究(4): 36-38.

孙圆, 梁子瑜, 汪贵斌, 等, 2020. 农林复合经营工程领域研究热点与前沿分析[J]. 南京林业大学学报(自然科学版), 44(6): 228-235.

谭芳林, 朱炜, 林捷, 等, 2003. 沿海木麻黄防护林基干林带防风效能定量评价研究[J]. 林业科学, 39(S1): 27-31.

汤家喜, 何苗苗, 王道涵, 等, 2016. 河岸缓冲带对地表径流及悬浮颗粒物的阻控效应[J]. 环境工程学报, 10(5): 2747-2755.

汤家喜, 何苗苗, 周博文, 等, 2018. 辽河上游河岸植被过滤带对地下渗流中氮磷截留效果的影响[J]. 水土保持学报, 32(1): 39-45.

汤家喜, 孙丽娜, 孙铁珩, 等, 2012. 河岸缓冲带对氮磷的截留转化及其生态恢复研究进展[J]. 生态环境学报, 21(8): 1514-1520.

唐朝胜, 刘世洪, 程杰仁, 等, 2017. 基于数值模拟的橡胶防护林防风效应探讨[J]. 西北林学院学报, 32(2): 79-83.

唐浩, 黄沈发, 熊丽君, 2011. 农业面源污染滨岸缓冲带控制技术 BMPs 体系研究[J]. 环境科学与技术, 34(9): 195-200.

唐洪潜, 郭正模, 1996. 山地立体农业开发中的生产布局调整[J]. 国土经济(1): 47-51.

唐亮, 2008. 饲粮中构树叶粉对生长肥育猪生产性能、胴体品质、血清生化指标及养分消化率的影响[D]. 南宁: 广西大学.

田秀玲, 倪健, 2010. 西南喀斯特山区石漠化治理的原则、途径与问题[J]. 干旱区地理, 33(4): 532-539.

万福军, 2011. 日本林业管理带来的启示[J]. 合作经济与科技(6): 12-13.

王百田, 2010. 林业生态工程学[M]. 3 版. 北京: 中国林业出版社.

王超, 金海, 李长青, 等, 2021. 内蒙古沙生灌木资源饲料化利用的生态和经济效应[J]. 畜牧与饲料科学, 42(1): 78-82.

王红春, 崔武社, 寇文正, 2000. 关于防护林的防护成熟概念[J]. 北京林业大学学报, 22(3): 81-85.

王佳庭, 于明含, 杨海龙, 等, 2020. 乌兰布和沙漠典型植物群落土壤风蚀可蚀性研究[J]. 干旱区地理, 43(6): 1543-1550.

王嘉铭, 魏超, 2012. 浅谈园林绿化树木干部病害及其防治[J]. 城市建设理论研究(5): 1-4.

王杰, 刘明付, 郭从彦, 2012. 浅谈防风固沙林的配置及在造林中应注意的问题[J]. 河南水利与南水北调(12): 120-121.

王克林, 岳跃民, 陈洪松, 等, 2019. 喀斯特石漠化综合治理及其区域恢复效应[J]. 生态学报, 39(20): 7432-7440.

王礼先, 朱金兆, 2005. 水土保持学[M]. 北京: 中国林业出版社.

王力刚, 赵岭, 张剑斌, 2013. 半干旱区防护林体系结构及空间布局评价指标体系[J]. 东北林业大学学报, 41(2): 112-118.

王凌云, 宋月君, 胡皓, 等, 2018. 南方红壤区水土流失综合治理模式解析——顶林-腰果-底谷(养殖)立体模式[J]. 水土保持应用技术(5): 38-40.

王瑞江, 姚长宏, 蒋忠诚, 等, 2001. 贵州六盘水石漠化的特点、成因与防治[J]. 中国岩溶, 20(3): 211-216.

王世杰, 李阳兵, 2007. 喀斯特石漠化研究存在的问题与发展趋势[J]. 地球科学进展, 23(6): 573-582.

王微, 2014. 我国海洋灾害风险防范体系构建研究[D]. 湛江: 广东海洋大学.

王晓玉, 冯喆, 吴克宁, 等, 2019. 基于生态安全格局的山水林田湖草生态保护与修复[J]. 生态学报, 39(23): 8725-8732.

王学强, 蔡强国, 和继军, 2007. 红壤丘陵区水保措施在不同坡度坡耕地上优化配置的探讨[J]. 资源科学, 29(6): 68-74.

王耀, 张昌顺, 刘春兰, 等, 2019. 三北防护林体系建设工程区森林水源涵养格局变化研究[J]. 生态学报, 19(16): 5847-5856.

王玉斌, 孟庆翔, 周振明, 等, 2021. "五位一体"模式做大肉羊产业推动农户增收[J]. 中国畜牧业(23): 18-19.

王振华, 李青云, 黄茁, 等, 2011. 生态清洁小流域建设研究现状及展望[J]. 人民长江, 42(S2): 115-118.

王志刚, 包耀贤, 2000. 减负放权, 促进绿洲防护林健康发展[J]. 防护林科技(3): 85-88.

韦启璠, 1996. 我国南方喀斯特区土壤侵蚀特点及防治途径[J]. 水土保持研究, 3(4): 72-76.

魏源, 王世杰, 刘秀明, 等, 2012. 丛枝菌根真菌及在石漠化治理中的应用探讨[J]. 地球与环境, 40(1): 84-92.

吴发启, 张洪江, 2012. 土壤侵蚀学[M]. 北京: 科学出版社.

吴芳, 李岚斌, 李盟, 等, 2019. 南方崩岗崩壁快速稳定和绿化研究综述[J]. 亚热带水土保持, 31(1): 49-51.

吴万рол, 何飞飞, 邹冬生, 2011. 衡阳紫色土区自然环境特点与植被生态恢复[J]. 作物研究, 25(6): 591-593.

吴协保, 吴健, 但新球, 等, 2015. 竹类资源在我国石漠化防治中的应用研究[J]. 世界林业研究, 28(3): 37-41.

吴永波, 2015. 河岸植被缓冲带减缓农业面源污染研究进展[J]. 南京林业大学学报(自然科学版), 39(3): 143-148.

吴照柏, 但新球, 吴协保, 等, 2013. 岩溶地区石漠化危害与防治效果分析[J]. 中南林业调查规划, 32(3): 63-66.

吴正, 1987. 风沙地貌学[M]. 北京: 科学出版社.

夏合新, 杨红, 方海波, 1996. 丘陵紫色土防护林混农林业结构类型研究[J]. 湖南林业科技, 23(4): 10-13.

夏槐赟, 2004. 浅谈广西天等县石漠化治理[J]. 广西林业科学, 33(4): 222-223.

夏继红, 鞠蕾, 林俊强, 等, 2013. 河岸带适宜宽度要求与确定方法[J]. 河海大学学报(自然科学版), 41(3): 229-234.

肖斌, 纪永福, 安富博, 等, 2011. 玛曲高寒草原风沙危害及其综合治理模式[J]. 甘肃林业科技, 36(4): 14-18.

肖胜生, 杨洁, 方少文, 等, 2014. 南方红壤丘陵崩岗不同防治模式探讨[J]. 长江科学院院报, 31(1): 18-22.

谢攀, 2015. 湖南省吉首市石漠化综合治理模式研究[D]. 长沙: 中南林业科技大学.

许景伟, 王卫东, 王月海, 2008. 沿海防护林体系工程建设技术综述[J]. 防护林科技(12): 69-72.

严斧, 2016. 中国山区农村生态工程建设[M]. 北京: 中国农业科学技术出版社.

严洪, 2010. 农田防护林防护效益研究现状综述[J]. 林业勘察设计(2): 39-41.

杨晨, 郭腾, 马涛, 等, 2016. 阿拉尔市绿洲-塔克拉玛干沙漠过渡带大气降尘变化特征研究[J]. 现代农业科技(9): 217-218, 222.

杨菲, 杨吉华, 艾钊, 等, 2014. 鲁东沿海丘陵茶园防护林的小气候特征[J]. 植物生态学报, 38(11): 1205-1213.

杨海洋, 2010. 岩溶堆积型铝土矿采矿用地与生态重建技术研究[D]. 长沙: 中南大学.

杨师帅, 逯隶, 张路, 2022. 天然林资源保护工程综合效益评估[J]. 环境保护科学, 48(5): 18-26.

杨维鸽, 代茹, 张雁, 等, 2019. 2000—2015年长江干流水沙变化及成因分析[J]. 中国水土保持科学, 17(1): 16-23.

杨晓林, 2009. 农田防护林林带的作用与类型配置[J]. 经济技术协作信息(5): 70-71.

姚立海, 2013. 河岸缓冲带植被不同配置对污染负荷削减的研究[J]. 吉林林业科技, 42(3): 16-20.

姚庆元, 钟五常, 1966. 江西赣南花岗岩地区的崩岗及其治理[J]. 江西师范大学学报 (自然科学版)(1): 61-70.

叶涛, 郭卫平, 史培军, 2005. 1990年以来中国海洋灾害系统风险特征分析及其综合风险管理[J]. 自然灾害学报, 14(6): 65-70.

尹忠东, 苟江涛, 李永慈, 2009. 川中紫色土区农作型小流域水土保持措施设计策略及减蚀效益[J]. 农业系统科学与综合研究, 25(3): 369-374.

于恩逸, 齐麟, 代力民, 等, 2019. "山水林田湖草生命共同体"要素关联性分析——以长白山地区为例[J]. 生态学报, 39(23): 8837-8845.

于兴国, 宋响军, 王恭先, 2013. 磨刀溪岩石滑坡分析与治理[J]. 山地学报, 31(1): 92-100.

余沛东, 陈银萍, 李玉强, 等, 2019. 植被盖度对沙丘风沙流结构及风蚀量的影响[J]. 中国沙漠, 39(5): 29-36.

袁再健, 马东方, 聂小东, 等, 2020. 南方红壤丘陵区林下水土流失防治研究进展[J]. 土壤学报, 57(1): 12-21.

曾立雄, 黄志霖, 肖文发, 等, 2010. 河岸植被缓冲带的功能及其设计与管理[J]. 林业科学, 46(2): 128-133.

翟明普, 沈国舫, 2016. 森林培育学 [M]. 3版. 北京: 中国林业出版社.

詹奉丽, 2016. 典型小流域石漠化治理工程的"3S"优化决策与工程治理推广适宜性评价[D]. 贵阳: 贵州师范大学.

张朝忙, 丁树文, 伍世良, 等, 2011. 等高绿篱-坡地农业复合系统土壤性质空间变异[J]. 亚热带水土保持, 23(4): 9-13.

张富, 1986. 梯田护埂灌木林初步研究[J]. 中国水土保持(10): 41-44.

张光灿, 刘霞, 赵玫, 1999a. 水土保持林体系结构及其保持水土功能综论[J]. 福建水土保持, 11(3): 18-20.

张光灿, 刘霞, 赵玫, 1999b. 中国防护林实践和理论的发展[J]. 山东林业科技(6): 41-43.

张河辉, 赵宗哲, 1990. 美国防护林发展概况[J]. 国外林业(1): 1-4.

张纪林, 康立新, 季永华, 1998. 沿海防护林体系的结构与功能及发展趋向[J]. 世界林业研究(1): 51-57.

张靖宇, 杨洁, 王昭艳, 等, 2010. 红壤丘陵区不同类型梯田产流产沙特征研究[J]. 人民长江, 41(14): 99-103.

张静, 任志远, 2016. 秦巴山区土地利用时空格局及地形梯度效应[J]. 农业工程学报, 32(14): 250-257.

张骏, 沈国存, 陈崇, 等, 2014. 浙江省沿海防护林泥质基干林带服务功能及价值评估[J]. 浙江林业科技, 34(3): 51-56.

张科利, 彭文英, 张竹梅, 2005. 日本近50年来土壤侵蚀及水土保持研究评述[J]. 水土保持学报, 19(2): 61-64, 68.

张利梅, 张廓玉, 孙艳斌, 等, 2007. 新型饲料——营养丰富的树叶[J]. 国土绿化(5): 35.

张淼, 查轩, 2009. 红壤侵蚀退化地综合治理范式研究进展[J]. 亚热带水土保持, 21(4): 36-41.

张日升, 2017. 辽宁风沙区农田防护林对农作物产量的影响[J]. 防护林科技(5): 10-12.

张若男, 郑永平, 2013. 长汀县水土流失治理与区域综合开发研究[J]. 安徽农学通报, 19(4): 99-102.

张晓明, 2020. 三北防护林工程建设成效及发展对策[J]. 防护林科技(2): 52-54.

张颖超, 尹守亮, 王一炜, 等, 2021. 木本饲料青贮研究进展[J]. 生物技术通报, 37(9): 48-57.

张永利, 2013. 如何推进长江流域等防护林生态建设[J]. 经济(8): 14-16.

张治国, 赵红茹, 1999. 黄丘区不同地类的降雨入渗试验[J]. 山西水土保持科技(2): 7-9.

赵清贺, 冀晓玉, 徐珊珊, 等, 2018. 河岸植被对坡面径流侵蚀产沙的阻控效果[J]. 农业工程学报, 34(13): 170-178.

赵新风, 徐海量, 叶茂, 等, 2009. 新疆绿洲防护林体系建设发展历程[J]. 干旱区资源与环境, 23(6): 104-109.

赵阳, 余新晓, 黄枝英, 等, 2011. 北京西山侧柏水源涵养林空间结构特征研究[J]. 水土保持研究, 18(4): 183-188.

赵英铭, 孙贵波, 章尧想, 等, 2012. 绿洲防护林生态、经济与胁地负效益评价[J]. 林业实用技术(10): 12-15.

赵子夜, 2018. 中国"三北"防护林工程建设现状及思考[J]. 南京林业大学学报(人文社会科学版)(3): 67-76, 89.

赵宗哲, 1985. 我国农田防护林营造概况及其经济效益的评述[J]. 林业科学, 21(2): 174-184.

《中国森林生态服务功能评估》项目组, 2010. 中国森林生态服务功能评估[M]. 北京: 中国林业出版社.

周芳萍, 陈宝昌, 周旭英, 2001. 略谈我国林业饲料资源的开发[J]. 中国林业(2): 27-27.

周红, 高可兴, 郑世清, 2001. 黄土高原典型小流域景观格局配置模式[J]. 陕西林业科技(4): 30-31, 45.

周金星, 曹建华, 崔明, 等, 2021. 喀斯特石漠化治理效益评估研究[M]. 北京: 中国林业出版社.

周学东, 董晓敏, 赵瑞福, 1995. 江苏北部沿海防护林体系的区域性气候效应[J]. 中国农业气象, 16(1): 40-43.

周义彪, 温德华, 李江, 等, 2014. 竹林河岸缓冲带对地表径流的水质净化研究[J]. 江西林业科技, 42(4): 15-19.

周子康, 1985. 地形气候对浙江丘陵山地"立体农业"布局的影响[J]. 中国农业气象(4): 14-19.

朱方方, 程金花, 郑雪慧, 等, 2020. 马尾松林地不同枯落物覆盖下土壤入渗特征[J]. 水土保持学报, 34(4): 85-97.

朱会敏, 2017. 浅析农田防护林的功效[J]. 农民致富之友(5): 227.

朱教君, 2013. 防护林学研究现状与展望[J]. 植物生态学报, 37(9): 872-888.

朱教君, 郑晓, 2019. 关于三北防护林体系建设的思考与展望——基于 40 年建设综合评估结果[J]. 生态学杂志, 38(5): 1600-1610.

朱金兆, 魏天兴, 张学培, 2002. 基于水分平衡的黄土区小流域防护林体系高效空间配置[J]. 北京林业大学学报, 24(5/6): 5-13.

朱金兆, 周心澄, 胡建忠, 2004. 对三北防护林体系工程的思考与展望[J]. 水土保持研究, 11(1): 189-192.

朱可仁, 1992. 印度的社会林业[J]. 江西林业科技(3): 44-47.

朱丽, 秦富仓, 姚云峰, 等, 2012. 华北土石山区流域防护林空间配置模式[J]. 江苏农业科学, 40(1): 333-339.

朱丽丽, 2012. 农田防护林的营造技术探析[J]. 现代园艺(16): 38-39.

朱强, 俞孔坚, 李迪华, 2005. 景观规划中的生态廊道宽度[J]. 生态学报, 25(9): 2406-2412.

朱清科, 沈应柏, 朱金兆, 1999. 黄土区农林复合系统分类体系研究[J]. 北京林业大学学报(3): 39-43.

朱廷曜, 关德新, 吴家兵, 等, 2004. 论林带防风效应结构参数及其应用[J]. 林业科学, 40(4): 9-14.

朱文元, 1991. 加拿大环境保护的绿色计划[J]. 国际科技交流(9): 32-34.

朱玉伟, 桑巴叶, 王永红, 2015. 新疆农田防护林防风固沙服务功能价值核算[J]. 中国农学通报, 31(22): 7-12.

朱志芳, 龚固堂, 陈俊华, 等, 2008. 防护林体系空间配置研究综述[J]. 世界林业研究, 21(6): 36-40.

ARORA K, MICKELSON S K, BAKER J L, 2003. Effectiveness of vegetated buffer strips in reducing pesticide transport in simulated runoff[J]. Transactions of the ASAE, 46(3): 635-644.

BAGNOLD R A, 1941. The physics of blown sand and desert[M]. London: Methuen & Co. Ltd.

BARLING R D, MOORE I D, 1994. Role of buffer strips in management of waterway pollution: A review[J]. Environmental Management, 18(4): 543-558.

BELT K, GROFFMAN P, NEWBOLD D, et al., 2014. Recommendations of the expert panel to reassess removal rates for riparian forest and grass buffers best management practices[J]. Chesapeake Bay Program: Annapolis, MD, USA.

BOYD P M, BAKER J L, MICKELSON S K, et al., 2003. Pesticide transport with surface runoff and subsurface drainage through a vegetative filter strip[J]. Transactions of the ASAE, 46(3): 675-684.

BRAZIER J R, BROWN G W, 1973. Buffer strips for stream temperature control[R]. Corvallis: Oregon State University.

BRINSON M M, 1981. Riparian ecosystems: Their ecology and status[M]. Washington D C: US Fish and Wildlife Service FWS / OBS 81/17.

BUDD W W, Cohen P L, SAUNDERS P R, et al., 1987. Stream corridor management in the Pacific Northwest: I. Determination of stream-corridor widths[J]. Environmental Management, 11: 587-597.

CHOI J Y, 2001. Establishment and management of riparian buffer zones in Han River basin, Korea[J]. Transactions on Ecology and the Environment, 48: 109-115.

CLARK E H, 1985. The off-site costs of soil erosion[J]. Journal of Soil and Water Conservation, 40(1): 19-22.

COOPER J R, GILLIAM J W, DANIELS R B, et al., 1987. Riparian areas as filters for agricultural sediment[J]. Soil Science Society of America Journal, 51(2): 416-420.

COOPER J R, GILLIAM J W, JACOBS T C, 1986. Riparian areas as a control of nonpoint pollutants[J]. Watershed Research Perspectives, 166-192.

CORRELL D L, WELLER D E, 1989. Factors limiting processes in freshwater wetlands: An agricultural primary stream riparian forest[C]. Proceedings of a symposium held at Charleston, 9-23.

CUI X W, LIANG J, LU W Z, et al., 2018. Stronger ecosystem carbon sequestration potential of mangrove wetlands with respect to terrestrial forests in subtropical China[J]. Agricultural and Forest Meteorology, 249: 71-80.

DANIELS R B, GILLIAM J W, 1996. Sediment and chemical load reduction by grass and riparian filters[J]. Soil Science Society of America Journal, 60(1): 246-251.

DAVIES P E, NELSON M, 1994. Relationships between riparian buffer widths and the effects of logging on stream habitat, invertebrate community composition and fish abundance[J]. Marine and Freshwater Research, 45(7): 1289-1305.

DEGRAAF R M, RUDIS D D, 1990. Herpetofaunal species composition and relative abundance among three new England forest types[J]. Forest Ecology and Management, 32(2-4): 155-165.

ERMAN D C, NEWBOLD J D, ROBY K B, 1977. Evaluation of streamside bufferstrips for protecting aquatic organisms[D]. Davis: University of California, California Water Resources Center.

FERREIRA A D, LAMBERT R J, 2011. Numerical and wind tunnel modeling on the windbreak effectiveness to control the aeolian erosion of conical stockpiles[J]. Environmental Fluid Mechanics, 11: 61-76.

FISCHER R A, FISCHENICH J C, 2000. Design recommendations for riparian corridors and vegetated buffer strips[M]. Vicksburg: Army Engineer Research and Development Center.

FRIMPONG E A, SUTTON T M, LIM K J, et al., 2005. Determination of optimal riparian forest buffer dimensions for stream biota-landscape association models using multimetric and multivariate responses[J]. Canadian Journal of Fisheries and Aquatic Sciences, 62(1): 1-6.

GILLIAM J W, SKAGGS R W, DOTY C W, 1986. Controlled agricultural drainage: An alternative to riparian vegetation[J]. Journal of Irrigation and Drainage Engineering(3): 225-243.

HANSON G C, GROFFMAN P M, GOLD A J, 1994. Symptoms of nitrogen saturation in a riparian wetland[J]. Ecological Applications, 4(4): 750-756.

HAWES E, SMITH M, 2005. Riparian buffer zones: functions and recommended widths[J]. Yale School of Forestry and Environmental Studies.

HEISLER G M, DEWALLE D R, 1988. 2. Effects of windbreak structure on wind flow[J]. Agriculture, Ecosystems & Environment, 22: 41-69.

JORDAN T E, CORRELL D L, WELLER D E, 1993. Nutrient interception by a riparian forest receiving inputs from adjacent cropland[J]. Journal of Environmental Quality, 22(3): 467-473.

JØRGENSEN S E, 2009. Applications in ecological engineering[M]. 1st ed. Pittsburgh: Academic Press.

KASSAS M, 1995. Desertification: a general review[J]. Journal of Arid Environments, 30(2): 115-128.

KESKITALO J, 1990. Occurrence of vegetated buffer zones along brooks in the catchment area of lake Tuusulanjarvi, South Finland[J]. Aqua Fennica, 20(1): 55-64.

KREBS C J, 2003. Ecology[M]. 5th ed. Beijing: Science Press.

LARGE A R G, PETTS G E, 1996. Historical channel-floodplain dynamics along the River Trent: Implications for river rehabilitation[J]. Applied Geography, 16(3): 191-209.

LEE P, SMYTH C, BOUTIN S, 2004. Quantitative review of riparian buffer width guidelines from Canada and the United States[J]. Journal of Environmental Management, 70(2): 165-180.

LIM T T, EDWARDS D R, WORKMAN S R, et al., 1998. Vegetated filter strip removal of cattle manure constituents in runoff[J]. Transactions of the ASAE, 41(5): 1375-1381.

LIU H W, WANG H, GAO W F, et al., 2019. Phytoremediation of three herbaceous plants to remove metals from urban runoff[J]. Bulletin of Environmental Contamination and Toxicology, 103: 336-341.

LORION C M , KENNEDY B P, 1999. Riparian forest buffers mitigate the effects of deforestation on fish assemblages in tropical headwater streams[J]. Ecological Applications, 19(2): 468-479.

LOWRANCE R, 1992. Groundwater nitrate and denitrification in a coastal plain riparian forest[J]. Journal of Environmental Quality(21): 401-405.

LOWRANCE R, ALTIER L S, NEWBOLD J D, et al., 1997. Water quality functions of riparian forest buffers in Chesapeake Bay watersheds[J]. Environmental Management, 21(5): 687-712.

LOWRANCE R, MCINTYRE, LANCE J C, 1988. Erosion and deposition in a coastal plain watershed measured using CS-137[J]. Journal of Soil and Water Conservation, 43(2): 195-198.

LOWRANCE R, TODD R, FAIL JR J, et al., 1984. Riparian forests as nutrient filters in agricultural watersheds[J]. BioScience, 34(6): 374-377.

LOWRANCE R R, TODD R L, ASMUSSEN L E, 1983. Waterborne nutrient budgets for the riparian zone of an agricultural watershed[J]. Agriculture, Ecosystems & Environment, 10(4): 371-384.

LOWRANCE R R, VELLIDIS G, HUBBARD R K, 1995. Denitrification in a restored riparian forest wetland[R]. American Society of Agronomy, Crop Science Society of America, and Soil Science Society of America. Journal of Environmental Quality, 24(5): 808-815.

LUNDGREN B, 1987. ICRAF's first ten years[J]. Agroforestry Systems, 5: 197-217.

LUO L, MA Y, ZHANG S, et al., 2009. An inventory of trace element inputs to agricultural soils in China[J]. Journal of Environmental Management, 90(8): 2524-2530.

MAGETTE W L, BRINSFIELD R B, PALMER R E, et al., 1989. Nutrient and sediment removal by vegetated filter strips[J]. Transactions of the ASAE, 32(2): 663-667.

MANDER Ü, KUUSEMETS V, LOHMUS K, et al., 1997. Efficiency and dimensioning of riparian buffer zones in agricultural catchments[J]. Ecological Engineering, 8(4): 299-324.

MASSEL S R, FURUKAWA K, BRINKMAN R M, 1999. Surface wave propagation in mangrove forests[J]. Fluid Dynamics Research, 24(4): 219-249.

MCNAUGHTON K G, 1988. 1. Effects of windbreaks on turbulent transport and microclimate[J]. Agriculture, Ecosystems & Environment, 22-23: 17-39.

NORMAN W B, 1989. Shelterbelts and windbreaks in the great plains[J]. Journal of Forestry, 87(4): 32-36.

OSBORNE L L, KOVACIC D A, 1993. Riparian vegetated buffer strips in water quality-restoration and stream management[J]. Freshwater Biology, 29(2): 243-258.

PALONE R S, TODD A H, 1998. Chesapeake Bay riparian handbook: A guide for establishing and maintaining riparian forest buffers[M]. Washington D C: USDA Forest Service.

PETERJOHN W T, CORRELL D L, 1984. Nutrient dynamics in an agricultural watershed: observations on the role of a riparian forest[J]. Ecology, 65(5): 1466-1475.

PHILLIPS J D, 1989. An evaluation of the factors determining the effectiveness of water quality buffer zones[J]. Journal of Hydrology, 107(1-4): 133-145.

POLYAKOV V, FARES A, RYDER M H, 2005. Precision riparian buffers for the control of nonpoint source pollutant loading into surface water: A review[J]. Environmental Reviews, 13(3): 129-144.

RABENI C F, SOWA S P, 1996. Integrating biological realism into habitat restoration and conservation strategies for small streams[J]. Canadian Journal of Fisheries and Sciences, 53(S1): 252-259.

ROHLING J, 1998. Corridors of green[J]. Wildlife of North Carolina(5): 22-27.

STEINBLUMS I J, FROEHLICHAND H A, LYONS J K, 1984. Designing stable buffer strips for stream protection[J]. Journal of Forestry, 82(1): 49-52.

SWIFT JR L W, 1986. Filter strip widths for forest roads in the southern Appalachians[J]. Southern Journal of Applied Forestry, 10(1): 27-34.

SYVERSEN N, BORCH H, 2005. Retention of soil particle fractions and phosphorus in cold-climate buffer zones[J]. Ecological Engineering, 25(4): 382-394.

TUZET A, WILSON J D, 2007. Measured winds about a thick hedge[J]. Agricultural and Forest Meteorology, 145(3-4): 195-205.

VELLIDIS G, LOWRANCE R, GAY P, et al., 2002. Herbicide transport in a restored riparian forest buffer system[J]. Transactions of the ASAE, 45(1): 89-97.

VOUGHT L B-M, DAHL J, PEDERSEN C L, et al., 1994. Nutrient retention in riparian ecotones[J]. Ambio, 23(6): 343-348.

WEISSTEINER C J, PISTOCCHI A, MARINOV D, et al., 2014. An indicator to map diffuse chemical river pollution considering buffer capacity of riparian vegetation—A pan-European case study on pesticides[J]. Science of the Total Environment, 484(15): 64-73.

WENGER S, 1999. A review of the scientific literature on riparian buffer width extent and vegetation[M]. Georgia: University of Georgia Press.

YOUNG R A, HUNTRODS T, ANDERSON W, 1980. Effectiveness of vegetated buffer strips in controlling pollution from feedlot runoff[J]. Journal of Environmental Quality, 9(3): 483-487.

索　引

B

崩岗治理　80

庇护林　142

濒危野生动植物抢救性保护及
　自然保护区建设工程　19

C

草本植被缓冲带　185

草牧场防护林　10，133

长江流域防护林工程　27

城郊缓冲带　187

D

道路防护林　11

顶林-腰果-底谷（养殖）生态林
　配置模式　74

F

防风固沙林　9，120

防护林　6

防护成熟　230

防护林建设工程　18

防护林体系　6，223

防沙治沙工程　19

风沙流　116

封禁治理　55，76

G

工矿区防护林　11

H

沟道生态林　65

沟系生态林配置模式　53

河岸缓冲带　175

河岸缓冲带类型　185

河岸缓冲带适宜宽度　187

河岸缓冲带最小宽度　190

海岸防护林　10

海岸红树林造林技术　217

海岸木麻黄造林技术　214

海岸消浪林带　210

护坡放牧林　48

护坡经济林　50

护坡种草工程　49

J

紧密结构的林带　85

近自然森林经营　229

京津风沙源治理工程　27

K

空中牧场　138

L

两屏三带　17

两区植被缓冲带　186

林菜模式　111

林草模式　111

林草植被恢复技术　228

林带间距 88，163

林带结构 85，163

林带宽度 89，163

林带走向 88，163

林副复合模式 104

林菌模式 111

林粮模式 111

林牧复合模式 103

林农复合模式 102

林禽模式 110

林下经济 106

林药模式 111

林业 2

林业产业建设工程 19

林油模式 111

林渔复合模式 103

林种的立体配置 44

林种的水平配置 44

绿篱围栏 136

绿洲防护林体系 126

N

农林复合经营 93

农林复合经营的结构 94

农林复合经营分类 98

农林复合经营分区 101

农田防护林 10

农业面源污染 172

农业型小流域 58

P

平原绿化工程 28

坡改梯工程 154

坡面防蚀林 47

Q

起沙风速 116

全国农林复合经营系统分类体
系 99

全国生态环境建设类型区 15

S

三北防护林工程 26

三道防线布设 69

三改一配套 154

三区植被缓冲带 186

桑基鱼塘 103

森林培育 5

沙丘移动 118

生态工程 1

生态-经济型小流域 58

生态林空间配置 43，226

生态林业工程 2

生态-农业-经济型小流域 58

生态系统 4

生态系统的脆弱性 5

生态型小流域 57

湿地保护与恢复工程 18

石漠化 144

水流调节林带 70

水土保持林 9，42

水源保护林 9，60

疏透（稀疏）结构 85

锁边林 129

T

太行山绿化工程　27

梯田地坎（埂）防护林　52

天然林资源保护工程　17，26

天然植被缓冲带　187

庭院复合模式　104

透风（通风）结构　85

退耕还林工程　18，26

Y

沿海基干林带　209

野生动物缓冲带　187

一圈三区五带　17

Z

植被恢复　229

植物篱　51，171

珠江流域防护林工程　27